经典手编毛衣

150例

谭阳春 主编

辽宁科学技术出版社

·沈 阳·

本书编委会

主　编　谭阳春

编　委　王艳青　罗　超　李玉栋　贺梦瑶　王丽波

图书在版编目（CIP）数据

经典手编毛衫150例/谭阳春主编. —沈阳：辽宁科
学技术出版社，2011.9
　　ISBN 978-7-5381-7023-8

　　I. ①经… II. ①谭… III. ①毛衣—编织—图集
IV. ①TS941.763-64

　　中国版本图书馆CIP数据核字（2011）第115945号

如有图书质量问题，请电话联系
湖南攀辰图书发行有限公司
地　　址：长沙市车站北路236号芙蓉国土局B
　　　　　栋1401室
邮　　编：410000
网　　址：www.penqen.cn
电　　话：0731-82276692　82276693

出版发行：辽宁科学技术出版社
　　　　　（地址：沈阳市和平区十一纬路29号　邮编：110003）
印 刷 者：湖南新华精品印务有限公司
经 销 者：各地新华书店
幅面尺寸：185mm×210mm
印　　张：9
字　　数：40千字
出版时间：2011年9月第1版
印刷时间：2011年9月第1次印刷
责任编辑：卢山秀　众　合
摄　　影：郭　力
封面设计：天闻·尚视文化
版式设计：天闻·尚视文化
责任校对：合　力

书　　号：ISBN 978-7-5381-7023-8
定　　价：24.80元
联系电话：024-23284376
邮购热线：024-23284502
淘宝商城：http://lkjcbs.tmall.com
E-mail：lnkjc@126.com
http://www.lnkj.com.cn
本书网址：www.lnkj.cn/uri.sh/7023

目录
CONTENTS

动感条纹衫

做法：P073~P074

搭配指数

★★★★

红色与黑色相间的横条纹，十分打眼，胸前一排扣子的点缀，使毛衣增色不少。

娴静条纹衫

做法：P075~P076

适合体型：苗条体型，高挑体型。
适合场合：逛街，图书馆，约会。

搭配指数
★★★★

条纹简洁的样式怎么看都很经典，一条简单围巾的搭配就会有不同视觉美感，突显出你娴静的淑女气质。

靓丽修身衫

做法：P077~P078

适合体型：微胖体型，高挑体型。
适合场合：郊游，逛街，上班。

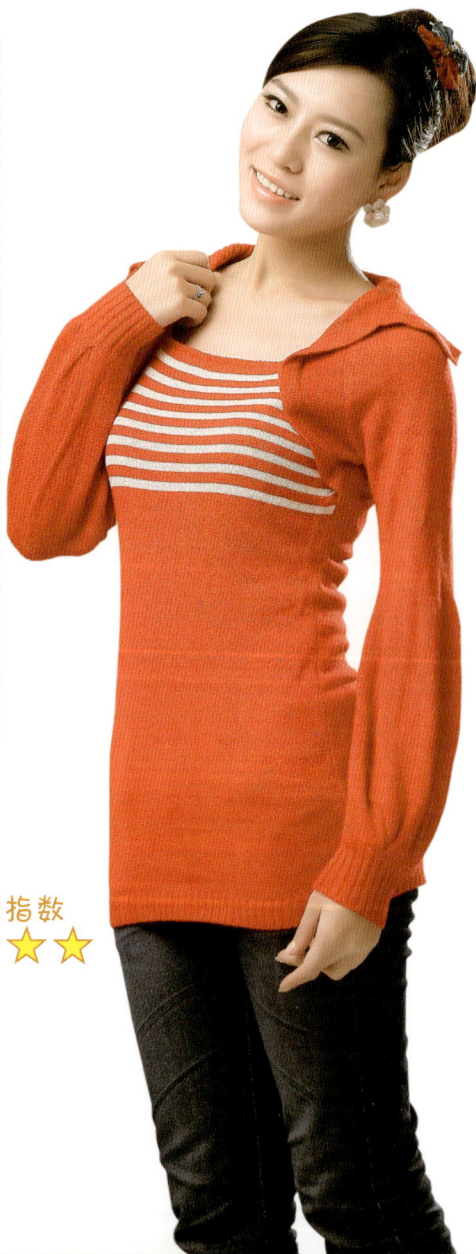

搭配指数
★★★★

抢眼的红色被胸前的白色条纹
间隔开来，使毛衣更显活泼，搭配黑色的
牛仔裤，更能衬托出女性的独立和干练。

知性纽扣衫

做法：P079~P080

适合体型：苗条体型，高挑体型，微胖体型。
适合场合：居家，公园。

搭配指数
★ ★ ★ ★

淡雅的色彩，简洁的设计，下摆宽松的造型很适合隐藏微胖的身材，是胯部宽大的女性的不二选择。

熟女竖纹衫

做法：P081~P082

适合体型：苗条体型，高挑体型。
适合场合：郊游，居家。

搭配指数
★ ★ ★ ★

此款为竖纹简约型设计，时尚、大方。贴身的设计让你的好身材尽显无疑，搭配上淡雅的颜色，更能散发出动人、优雅的熟女魅力。

浪漫条纹衫

做法：P083~P084

适合体型：苗条体型，微胖体型。
适合场合：郊游，聚会。

搭配指数
★ ★ ★ ★

淡雅的颜色加上别致的设计，时尚新潮，让人眼前一亮，这样有型的毛衣穿在身上，怎么看都不会腻。

优雅束身衫

做法：P085~P086

适合体型：苗条体型，高挑体型。
适合场合：郊游，逛街，上班。

搭配指数
★★★★

束身的设计能很好地展示出女性的婀娜多姿，变换的菱形条纹展示出活力的另一面。

休闲圆领衫

做法：P087~P088

适合体型：微胖体型，高挑体型。
适合场合：郊游，约会。

搭配指数
★★★★

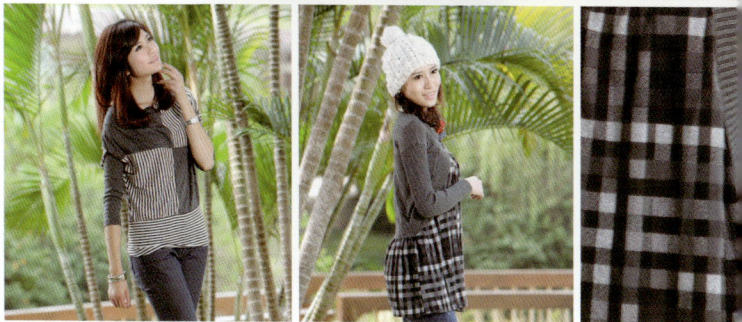

独特的格子设计，胸前花朵的点缀，不免让人眼前一亮，休闲中带有些许甜美的迷人味道。

活力条纹衫

做法：P089~P090

适合体型：苗条体型，高挑体型。
适合场合：郊游，访友。

搭配指数
⭐⭐⭐⭐

简约的斜形条纹设计，避免了审美的疲劳，不需要复杂的搭配，就可以独占旁人的目光。

迷人条纹衫

做法：P091~P092

适合体型：苗条体型，高挑体型。
适合场合：郊游，访友。

搭配指数
★★★★★

条纹的黑白间隔搭配，摆脱了纯色调的单调感，束腰的设计，能更好地呈现出上半身苗条下半身修长的视觉效果。

优雅条纹衫

做法：P093~P094

适合体型：微胖体型，高挑体型。
适合场合：郊游，居家。

搭配指数
★★★★

迷人的条纹花样，活泼而又不失稳重，搭配V领的设计，露出迷人的锁骨，不经意间散发着优雅的女性魅力。

甜美条纹衫

做法：P095~P096

适合体型：苗条体型，高挑体型。
适合场合：居家，逛街。

搭配指数
★ ★ ★ ★

条纹既能体现甜美的女生气息，又有显瘦的视觉效果，系带的细节设计，展示出女性可爱、俏皮的一面。

V领条纹衫

做法：P097~P098

适合体型：苗条体型，高挑体型。
适合场合：郊游，逛街，上班。

搭配指数
★★★★

粗细相间条纹的独特设计，使你在人群中更易脱颖而出，深V领的设计，更能突显女性的成熟魅力！

靓丽条纹衫

做法：P098~P100

适合体型：微胖体型，高挑体型。
适合场合：郊游，访友。

搭配指数
★★★★

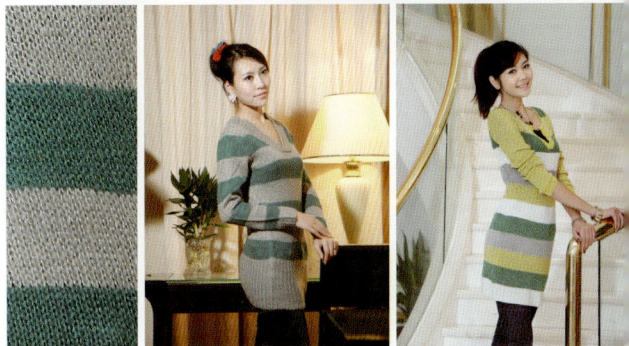

宽条纹的设计自然、大方，束腰的造型，衬托出女性完美的曲线，黄色，绿色的搭配散发出女性活力四射的青春气息。

个性条纹衫

做法：P100~P101

适合体型：苗条体型，娇小体型。
适合场合：上班，逛街。

搭配指数
★★★★

个性鲜明的条纹，总会给人独特的视觉美感，简洁的造型能更好地诠释出属于女性的独特魅力。

休闲印花衫

做法：P102~P103

适合体型：微胖体型，高挑体型。
适合场合：郊游，运动。

搭配指数
★★★★

十分抢眼的字母印花，饱满而不凌乱，开襟的设计让你动静皆宜，是周末着装的不错选择。

俏皮长袖衫

做法：P104~P105

适合体型：苗条体型，高挑体型。
适合场合：郊游，约会。

搭配指数
★ ★ ★ ★

立体的白色圆点打破了黑色针织衫的沉闷，让整体的风格顿时活泼起来，别致柔软的针织毛衣无论是实用性还是舒适性都得到很好的提升。

时尚印花衫

做法：P105~P106

适合体型：苗条体型，高挑体型，微胖体型。
适合场合：郊游，居家。

搭配指数
⭐⭐⭐⭐

朴实的浅灰色系，配上简单的图案点缀，更能展示出女性自然、随性的一面，喜欢宅在家里的你不妨试试这款长衫，别有一番居家女人味。

休闲长袖衫

做法：P107~P109

适合体型：微胖体型，高挑体型。
适合场合：郊游，访友。

搭配指数

★★★★

休闲风格设计，灰与白的颜色搭配让你倍感亲切，两肩处的凸起圆点装饰让人印象深刻。

条纹蝙蝠衫

做法：P110~P111

适合体型：苗条体型，高挑体型，微胖体型。
适合场合：郊游，逛街，约会。

搭配指数
★★★★

竖纹主打是否让人眼前一亮？腰处的横纹设计让整款毛衣不失个性又统一在一个整体，将条纹装饰运用到了极致！

可爱条纹衫

做法：P112~P113

适合体型：苗条体型，高挑体型。
适合场合：郊游，逛街，约会。

搭配指数
⭐⭐⭐⭐

个性时尚的印花图案是少女的最爱，中间的大片留白，使人的注意力都被图案吸引过去，颇具设计感。

妩媚条纹衫

做法：P114~P115

适合体型：苗条体型，高挑体型，微胖体型。
适合场合：郊游，逛街，居家。

搭配指数
★★★★

黑色总是给人一种琢磨不透的神秘感，细长条纹的设计使毛衣变得更有活力，领口处的条纹恰到好处地展示出女性的高雅妩媚。

舒适圆领长衫

做法：P116~P117

搭配指数
★★★★

粗棒针的波浪纹路，增强了毛衣的层次感，整齐的领口，更能衬出颀长的脖子。

风韵圆领长衫

做法：P118~P119

适合体型：微胖体型，高挑体型。
适合场合：居家，逛街。

搭配指数
★★★★

兼具保暖与时尚的基础色毛衣总
会成为时尚潮人们的百搭宠儿，颜色淡雅和
款式简洁是它的特色。

性感深V领衫

做法：P120~P121

适合体型：苗条体型，娇小体型。
适合场合：郊游，居家。

搭配指数
★★★★

深V领的设计，以及胸部花纹聚拢的造型，增强了熟女气质，搭配一件素色的裹胸，加上别致花纹的点缀，让你在拥有小性感的同时，散发出温婉含蓄的熟女气息。

淑女圆领衫

做法：P122~P123

适合体型：苗条体型，高挑体型。
适合场合：郊游，逛街。

搭配指数
★★★★

秋季淑女范的米色长袖衫给人
一种温暖的感觉，圆领的设计，使着装者
优雅气质立马突显出来！

白色V领衫

做法：P124~P126

适合体型：苗条体型，娇小体型。
适合场合：郊游，访友。

搭配指数
★ ★ ★ ★

款型简单大方，尽显自然纯净之美，无论配牛仔裤或是迷你裙都能穿出个性，是百搭的必备单品。

灰色休闲V领衫

做法：P127~P128

适合体型：苗条体型，高挑体型。
适合场合：郊游，逛街，约会。

搭配指数
★ ★ ★ ★

灰色，是单色系的时尚首选，要想休闲感更强，就用腰带在腰间一系，舒适逛街就是这么简单。V领的设计，十分性感。

活力V领衫

做法：P129~P130

适合体型：苗条体型，高挑体型，微胖体型。
适合场合：逛街，访友，约会。

搭配指数
★★★★

橙黄色是欢快活泼的代表色彩，是暖色系中最温暖的颜色，以它为主色调，能集中展示出女性的甜美与活力。V型领口设计，可爱又性感。

褶皱V领衫

做法：P131~P132

适合体型：苗条体型，娇小体型。
适合场合：郊游，访友。

搭配指数
★★★★

重叠式V领设计使这款长袖衫更有层次感，黄色从呆板的紫色和黑色中跳跃出来，更添几分温柔、甜美。

033

镂空V领衫

做法：P133~P134

适合体型：苗条体型，娇小体型。
适合场合：约会，逛街。

搭配指数
★★★★

领
口
034

/// 低领，镂空，加上独有的毛皮设计，综合在一起非常时尚。搭配吊带衫或者长裙都是非常漂亮的。

时尚V领开衫

做法：P135~P136

适合体型：苗条体型，娇小体型。
适合场合：上班，逛街。

搭配指数
★★★★

黑色展示出女性干练而沉稳的一面，两肩与口袋处的绒毛点缀，散发出女性时尚与可爱的另一面。

气质圆领长衫

做法：P136~P139

适合体型：苗条体型，高挑体型。
适合场合：上班，逛街。

搭配指数
★★★★

如果你也是高挑身材的女孩，其实也可以尝试下这样的着装，系上经典的皮带，搭配简单的毛衣链，你也可以成为人群中的亮点。

大气翻领衫

做法：P139~P141

适合体型：苗条体型，高挑体型，微胖体型。
适合场合：郊游，居家、访友。

搭配指数
★★★★

翻领毛衣飘逸自然，十分大气，系带设计，能很好地展示出女性的优雅气质。

深色翻领长衫

做法：P142~P144

做法：P142~P144

适合体型：苗条体型，高挑体型。
适合场合：郊游，约会。

搭配指数
★★★★

黑色总会成为成熟女人的首选，举手投足间都散发着迷人的气质，褶皱设计十分抢眼，让毛衣更加时尚。

塑身圆领长衫

做法：P144~P146

适合体型：微胖体型，高挑体型。
适合场合：郊游，上班。

搭配指数
★★★★

贴身的设计能更好地展示女性身体曲线美，圆形领口更添一份淑女魅力。

优雅V领连衣裙

做法：P147~P148

适合体型：苗条体型，高挑体型。
适合场合：郊游，居家。

搭配指数
★★★★

不需要太过张扬的配饰，一件针织连衣裙配上贴身的打底裤，娴雅、淑女，散发亲和力，最适合闺蜜们的周末聚会了。

纯白V领开衫

做法：P149~P150

做法：P149~P150

适合体型：苗条体型，高挑体型。
适合场合：约会，逛街。

搭配指数
★★★★

纯白的长款毛衣给人一种脱俗的清新感，散发着文静而秀丽的气息，可以搭配围巾或者裹胸，整体感觉会更时尚、更活泼。

041

甜美荷叶领衫

做法：P151~P152

适合体型：苗条体型，娇小体型。
适合场合：约会，逛街，上班。

搭配指数
★★★★

领口

百搭的浅色系短装，衣领运用荷叶边修饰，增加立体的美感，腰间采用束腰式设计突显身材。

系带V领长衫

做法：P153~P155

适合体型：苗条体型，高挑体型，微胖体型。
适合场合：郊游，访友。

搭配指数
★ ★ ★ ★

穿惯了基础款毛衣的你，不妨选择这样别致设计的褶皱长衫，系带的设计展示出了女人的独特魅力。

圆领职业毛衫

做法：P156~P157

适合体型：微胖体型，高挑体型。
适合场合：上班，逛街，约会。

搭配指数
★★★★

这款毛衣时尚感十足，宽大的圆翻领设计十分大气，有一份稳重的感觉，适合职场女性混搭些配饰进行点缀。

白色圆领镂空衫

做法：P158~P159

适合体型：苗条体型，娇小体型。
适合场合：郊游，逛街，上班。

搭配指数
★★★★

突显清纯气质的素色镂空针织衫，系带的细节设计很好地展示出女性纯净、柔美的气质。

简约V领衫

做法：P160~P161

适合体型：苗条体型，高挑体型。
适合场合：上班，逛街。

搭配指数
★★★★

这款毛衣色彩统一，腰部的扣子设计是亮点，不仅展示出熟女成熟干练的一面，还能穿出令人艳美的好身材。

V领长袖衫

做法：P162~P164

适合体型：微胖体型，高挑体型。
适合场合：上班，逛街。

搭配指数
★★★★

宽大的领口和褶皱式腰部设计是视
觉亮点，搭配黑珠项链，会增加时尚指数。

圆领镂空衫 做法：P165~P166

适合体型：苗条体型，高挑体型。
适合场合：居家，逛街，约会。

搭配指数
★★★★

亮丽的色调带来强烈的视觉效果，镂空的菱形花纹十分美观。

百搭长袖衫

做法：P167~P169

搭配指数

★★★★☆

这种优雅、休闲的长袖衫，最适合在秋季搭配短裤长靴，是一款不可或缺的单品。

活力短袖衫

做法：P170~P171

适合体型：苗条体型，娇小体型。
适合场合：郊游，逛街，居家。

搭配指数
★★★★

袖
型
050

短袖的设计，摒弃了长袖毛
衣的臃肿肥实，显得干练而轻盈，跟各
种衣物搭配都很合适。

背带长袖衫

做法：P172~P174

适合体型：苗条体型，高挑体型，微胖体型。
适合场合：郊游，约会。

搭配指数
★★★★

丰富的色彩备受美女们的青睐，背心式的款式设计让人感觉很有朝气，搭配牛仔裤，彰显年轻活力。

印花长袖衫

做法：P175～P176

适合体型：苗条体型，高挑体型，娇小体型。
适合场合：郊游，访友。

搭配指数
★★★★

漂亮的印花衫搭配牛仔裤，让平时厌倦了正装的你多了份自然、随意。

长袖塑身衫

做法：P177~P179

适合体型：苗条体型，高挑体型。
适合场合：居家，逛街。

搭配指数
★★★★

///// 艳丽的大红，突显职业女性的稳重与热情；含蓄的玫红，展示出女性的甜美与温柔，别致的图案流露出自然随性的味道。

性感无袖衫 做法：P180~P181

适合体型：苗条体型，高挑体型，微胖体型。
适合场合：郊游，上班。

搭配指数
★★★★

宽大的V领露出颈部动人曲线，简洁的设计搭配黑色裹胸，展示出让人无法拒绝的性感。

花纹长袖衫

做法：P181~P183

适合体型：苗条体型，高挑体型。
适合场合：郊游，约会，居家。

搭配指数
★★★★

别致的雪花图纹俏皮可爱，条纹及裙摆式的独特设计，更展现出你优雅大方的气质。

灰色长袖衫

做法：P183~P185

适合体型：苗条体型，高挑体型。
适合场合：郊游，逛街，约会。

搭配指数
★★★★

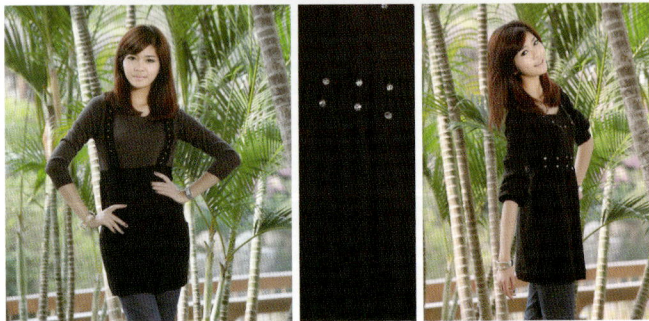

柔软的毛线，穿起来十分舒适，闪亮的小钻石打破了大片黑色的呆板，背带式的设计使款式更显活泼、可爱。

温馨长袖衫

做法：P185~P187

适合体型：微胖体型，高挑体型。
适合场合：上班，逛街。

搭配指数
⭐⭐⭐⭐

黑色毛衣穿出束身的视觉效果，让你显瘦迷人。搭配上项链或者小坎肩能穿出不同的气质。

魅力短袖衫　　做法：P187~P188

适合体型：苗条体型，娇小体型。
适合场合：郊游，居家。

搭配指数
★★★★

优雅的黑色高领设计，透着神秘的美丽，白色条纹的点缀，打破了黑色的沉闷，搭配一条项链会更有气质。

曼妙V领长衫

做法：P189~P190

适合体型：苗条体型，高挑体型。
适合场合：郊游，访友。

搭配指数
★★★★

灰色的基调曼妙、素雅，束身的设计，是百搭的单品，搭配紧身牛仔裤，完美展现女性的性感身材。

中长袖细纹衫

做法：P191~P192

适合体型：苗条体型，高挑体型，微胖体型。
适合场合：郊游，居家。

搭配指数
★★★★

灰色简单不夸张，让人非常舒服，宽松的款式但却不显臃肿，搭配一条深灰色牛仔裤，甜美可爱。

潮流长袖衫

做法：P193~P194

适合体型：苗条体型，高挑体型。
适合场合：郊游，上班。

搭配指数
★★★★

V领设计性感时尚，波纹图案的点缀，使整件毛衣在视觉感受上更有规律。

麻花股长袖衫

做法：P194~P196

适合体型：微胖体型，娇小体型。
适合场合：郊游，约会。

搭配指数
★★★★

微喇的袖口，宽松的下摆，别致的花纹，整款毛衣个性十足，在秋风中，可爱飘逸又灵动。

时尚无袖衫

做法：P197~P198

适合体型：苗条体型，娇小体型。
适合场合：聚会，逛街。

搭配指数
★ ★ ★ ★

粗针的设计纹路更显自然大气，领边绒毛的搭配时尚性感，让你在派对上既显端庄，又不失活力。

个性印花长袖衫

做法：P198~P200

适合体型：苗条体型，高挑体型，微胖体型。
适合场合：郊游，居家。

搭配指数
★★★★

独特抢眼的图案设计是一大特色，身着这样的秋衫，在哪里都会是一道亮丽的风景线。

飘逸蝙蝠衫

做法：P200~P201

适合体型：微胖体型，高挑体型。
适合场合：约会，逛街。

搭配指数
★★★★

大V领的设计凸显着职业女性的强大气场，宽松的蝙蝠衫款式又多了几分柔美的女人味，搭配一些配饰会更好地散发女性的迷人魅力了。

休闲长袖衫

做法：P202~P203

适合体型：苗条体型，高挑体型，微胖体型。
适合场合：郊游，运动。

搭配指数
★★★★

整款毛衣简洁、自然，大方、亲切的风格受到了女性的喜爱，可搭配些项链点缀。

宽松短袖长衫

做法：P204~P205

适合体型：苗条体型，高挑体型，微胖体型。
适合场合：约会，逛街。

搭配指数
★★★★

大V领十分抢眼，内搭深色打底衫，十分性感，宽松的袖口设计，个性时尚。

风情长袖衫

做法：P206~P207

适合体型：苗条体型，娇小体型。
适合场合：郊游，居家。

搭配指数
★★★★

极具浪漫风情的印花针织衫，充满温暖气息，搭配一些配饰将会增色不少。

白色长袖衫

做法：P208~P209

适合体型：苗条体型，高挑体型，微胖体型。
适合场合：约会，逛街。

搭配指数
★★★★

白色长袖衫纯净、清新，褶皱的设计更好地展现出了女性娴熟、高雅的气质。

亮丽长袖衫

做法：P210~P211

适合体型：苗条体型，娇小体型。
适合场合：郊游，居家，访友。

搭配指数
★★★★

亮丽抢眼的黄色，总会给人温暖文静的感觉，竖条花纹的点缀更是恰到好处。而且这样的暖色系很衬肤色，是皮肤白皙的女性的不二选择。

中长袖镂空衫

做法：P212~P213

适合体型：苗条体型，高挑体型，娇小体型。
适合场合：郊游，逛街，约会。

搭配指数
★★★★

纯净甜美的镂空衫，在衣身点缀
大量花形图案，十分精美。搭配一顶白色毛
线的帽子，清新脱俗。

柔美长袖衫

做法：P214~P215

做法：P214~P215

适合体型：苗条体型，高挑体型，微胖体型。
适合场合：郊游，居家。

搭配指数
★ ★ ★ ★

麻花色格子的运用让人眼前一亮，黑白条纹的间隔，使毛衣有了韵律感，搭配一条项链更衬气质。

制作图解

动感条纹衫

【成品尺寸】 衣长85cm　胸围96cm　袖长55cm

【工具】 1.7mm棒针

【材料】 黑色、红色纯羊毛线

【密度】 10cm²：44针×53行

【附件】 扣子8枚

【制作过程】 前片：分别按图起针，织双罗纹15cm后，改织下针，并间色，织至52cm时，分成左右2片，织至完成。后片：按图起针，织双罗纹15cm后，改织下针，织至完成，袖窿和领窝按图加减针。袖片：按图起针，织双罗纹15cm后，改织下针，并间色，织至完成。袖片和袖山按图加减针，全部缝合。门襟另织5cm双罗纹，按图缝合，缝上扣子。整件毛衣编织完成。

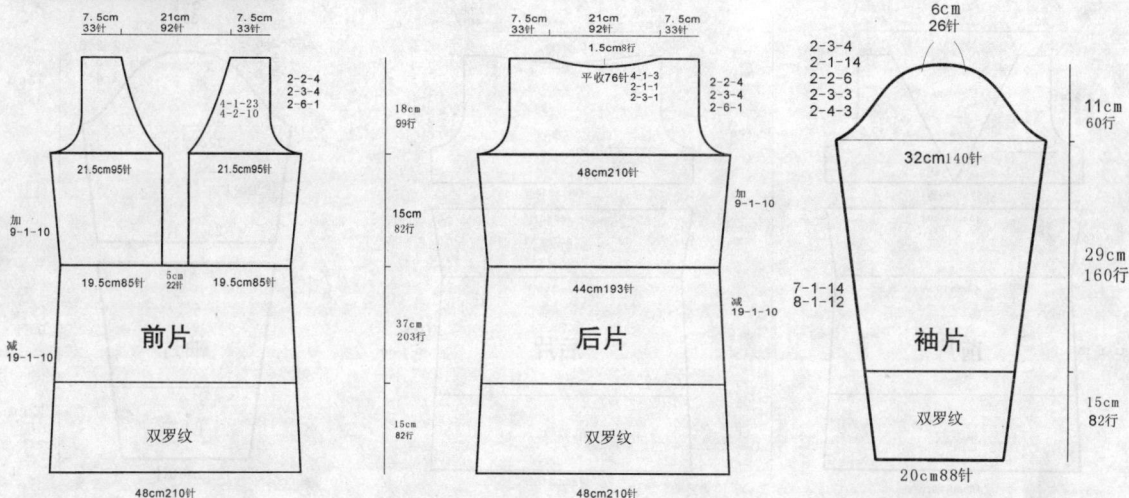

前片

- 7.5cm 33针　21cm 92针　7.5cm 33针
- 2-2-4 / 2-3-4 / 2-6-1
- 4-1-23 / 4-2-10
- 21.5cm95针　21.5cm95针
- 加 9-1-10
- 19.5cm85针　5cm 22针　19.5cm85针
- 减 19-1-10
- 双罗纹
- 48cm210针

后片

- 7.5cm 33针　21cm 92针　7.5cm 33针
- 1.5cm8行
- 平收76针 4-1-3 / 2-1-1 / 2-3-1
- 2-2-4 / 2-3-4 / 2-6-1
- 18cm 99行
- 48cm210针
- 15cm 82行
- 加 9-1-10
- 44cm193针
- 减 19-1-10
- 37cm 203行
- 15cm 82行
- 双罗纹
- 48cm210针

袖片

- 6cm 26针
- 2-3-4 / 2-1-14 / 2-2-6 / 2-3-3 / 2-4-3
- 11cm 60行
- 32cm140针
- 29cm 160行
- 7-1-14 / 8-1-12
- 袖片
- 15cm 82行
- 双罗纹
- 20cm88针

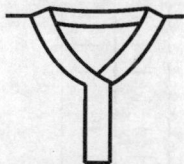

领子结构图

- 5cm 27行
- 编织方向
- 门襟　双罗纹
- 88cm387针

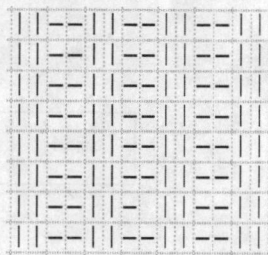

双罗纹

【成品尺寸】衣长87cm　胸围96cm　袖长53cm

【工具】1.7mm棒针

【材料】红色、黑色纯羊毛线

【密度】10cm²：44针×53行

【制作过程】前片：分上、下2片编织，上片分左、右2片编织，分别按编织方向起针，织下针，按图所示，织至完成；下片按图起针，织15cm单罗纹后，改织下针，并间色，织至完成。后片：分上、下2片编织，上片按编织方向起针，织下针，并编入图案，织至完成；下片按图起针，织15cm单罗纹后，改织下针，并间色，织至完成，袖窿和领窝按图加减针。袖片：分上、下2片编织，上片按编织方向起针，织下针，并编入图案，织至完成；下片按图起针，织12cm单罗纹后，改织下针，并间色，织至完成。袖片和袖山按图加减针，全部缝合。领圈花边另织8cm单罗纹，形成皱褶的花边领。整件毛衣编织完成。

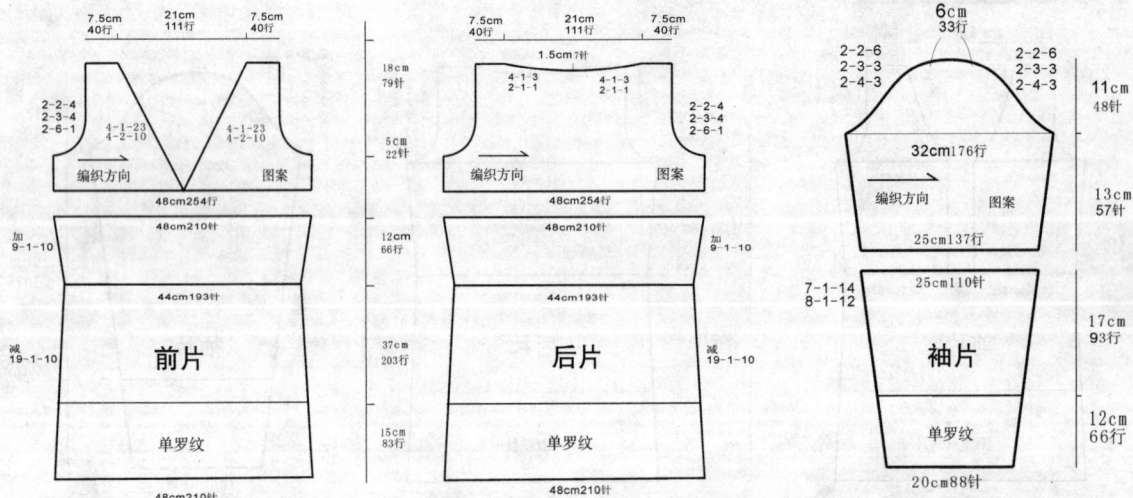

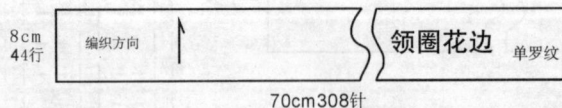

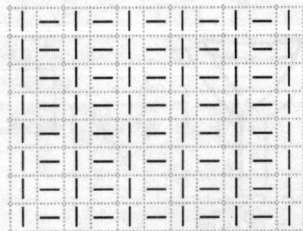

前片

7.5cm 40行　21cm 111行　7.5cm 40行

2-2-4
2-3-4
2-6-1

4-1-23
4-2-10　4-1-23
4-2-10

编织方向　图案

48cm254行

加 9-1-10

48cm210针

44cm193针

减 19-1-10

单罗纹

48cm210针

后片

7.5cm 40行　21cm 111行　7.5cm 40行

1.5cm 7针

18cm 79针

4-1-3
2-1-1　4-1-3
2-1-1

2-2-4
2-3-4
2-6-1

5cm 22行

编织方向　图案

48cm254行

12cm 66行

48cm210针

加 9-1-10

44cm193针

减 19-1-10

37cm 203行

单罗纹

15cm 83行

48cm210针

袖片

6cm 33行

2-2-6
2-3-3
2-4-3

2-2-6
2-3-3
2-4-3

11cm 48针

32cm176行

编织方向　图案

13cm 57针

25cm137针

7-1-14
8-1-12

25cm110针

17cm 93行

单罗纹

12cm 66行

20cm88针

领圈花边

8cm 44行　编织方向　领圈花边　单罗纹

70cm308针

单罗纹

娴静条纹衫

【成品尺寸】衣长85cm　胸围96cm　袖长53cm

【工具】1.7mm棒针

【材料】红色、灰色纯羊毛线

【密度】10cm²：44针×55行

【制作过程】前片：按图起针，织5cm单罗纹后，改织下针，并间色，织至完成。后片：按图起针，织5cm单罗纹后，改织下针，并间色，织至完成。袖窿和领窝按图加减针。袖片：按图起针，织10cm单罗纹后，改织下针，并间色，织至完成。袖片和袖山按图加减针，全部缝合。领圈另织5cm下针，褶边缝合，形成双层圆领。围巾另织，用于装饰。整件毛衣编织完成。

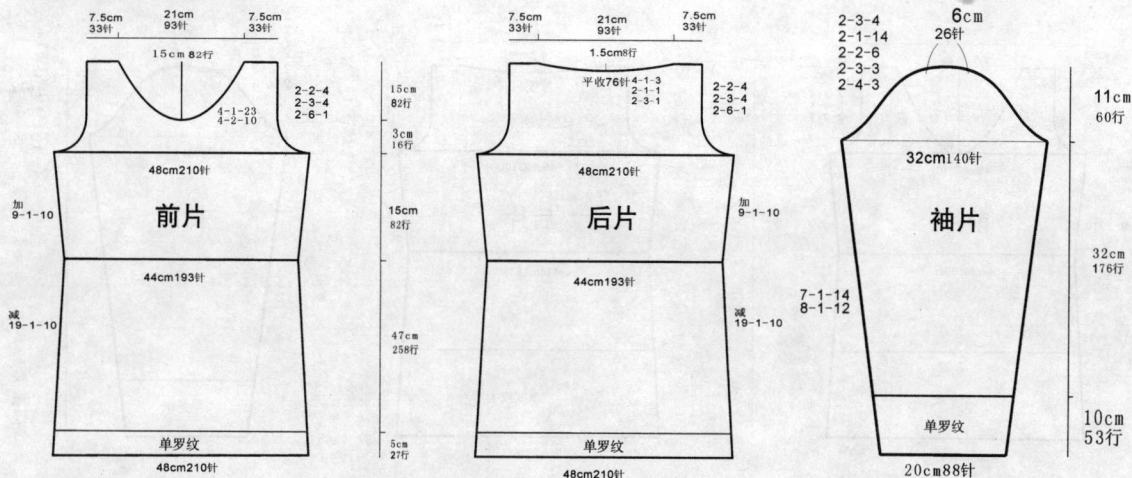

前片

7.5cm 33针　21cm 93针　7.5cm 33针
15cm 82行
2-2-4
2-3-4
2-6-1
4-1-23
4-2-10
48cm210针
44cm193针
加 9-1-10
减 19-1-10
单罗纹
48cm210针

15cm 82行　3cm 16行　15cm 82行　47cm 258行　5cm 27行

后片

7.5cm 33针　21cm 93针　7.5cm 33针
1.5cm8行
平收76针 4-1-3
2-1-1
2-3-1
2-2-4
2-3-4
2-6-1
48cm210针
44cm193针
加 9-1-10
减 19-1-10
单罗纹
48cm210针

袖片

2-3-4
2-1-14
2-2-6
2-3-3
2-4-3
6cm 26针
11cm 60行
32cm140针
32cm 176行
7-1-14
8-1-12
10cm 53行
单罗纹
20cm88针

围巾

15cm 82行　编织方向
120cm528针

领圈 双罗纹

5cm 27行　编织方向
51cm224针

领子结构图

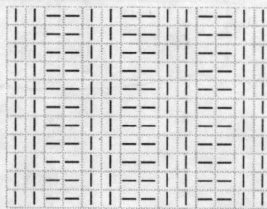

双罗纹

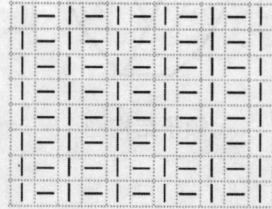

单罗纹

【成品尺寸】衣长85cm　胸围96cm　袖长53cm

【工具】1.7mm棒针

【材料】咖啡色、红色纯羊毛线

【密度】10cm²：44针×55行

【制作过程】前片：按图起针，织20cm单罗纹后，改织下针，并间色，织至完成。后片：按图起针，织20cm单罗纹后，改织下针，并间色，织至完成，袖窿和领窝按图加减针。袖片：按图起针，织10cm单罗纹后，改织下针，织至完成。袖片和袖山按图加减针，全部缝合，领圈织单罗纹，按结构图缝合。整件毛衣编织完成。

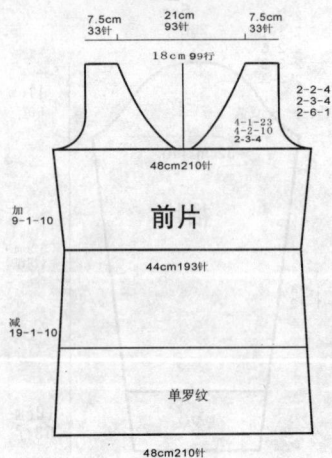

前片

7.5cm 33针　21cm 93针　7.5cm 33针
18cm99行
2-2-4
2-1-14
2-6-1
4-1-23
4-2-10
2-3-4
48cm210针
加 9-1-10
44cm193针
减 19-1-10
单罗纹
48cm210针

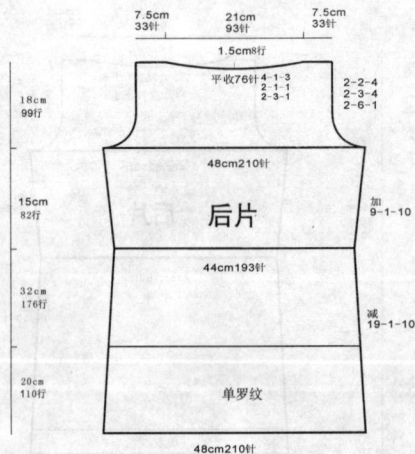

后片

7.5cm 33针　21cm 93针　7.5cm 33针
1.5cm8行
平收76针 4-1-3
2-1-1
2-3-1
2-2-4
2-3-4
2-6-1
18cm 99行
15cm 82行
32cm 176行
20cm 110行
48cm210针
加 9-1-10
44cm193针
减 19-1-10
单罗纹
48cm210针

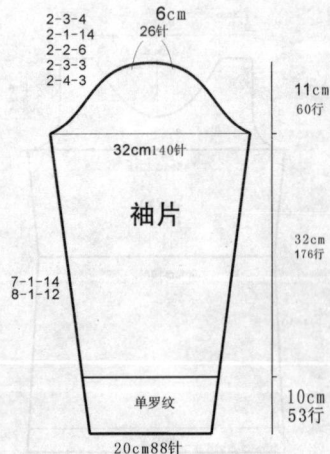

袖片

2-3-4
2-1-14
2-2-6
2-2-2
2-4-3
6cm 26针
11cm 60行
32cm140针
32cm 176行
7-1-14
8-1-12
单罗纹
10cm 53行
20cm88针

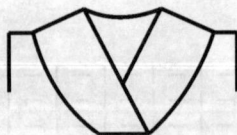

领子结构图

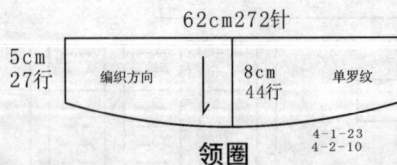

62cm272针
5cm 27行
编织方向
8cm 44行
单罗纹
4-1-23
4-2-10
领圈

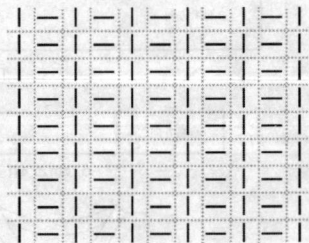

单罗纹

靓丽修身衫

【成品尺寸】 衣长65cm　胸围96cm　袖长53cm

【工具】 1.7mm棒针

【材料】 黑色、红色纯羊毛线

【密度】 $10cm^2$：44针×57行

【附件】 布扣子1枚

【制作过程】 前片：按图起针，织8cm双罗纹后，改织下针，按图所示，织至完成。后片：按图起针，织8cm双罗纹后，改织下针，并编入图案，袖窿和领窝按图加减针。袖片：按图起针，织8cm双罗纹后，改织下针，织至完成，袖片和袖山按图加减针，全部缝合。领：另织10cm双罗纹，与领圈缝合，形成立领，缝上布扣子。整件毛衣编织完成。

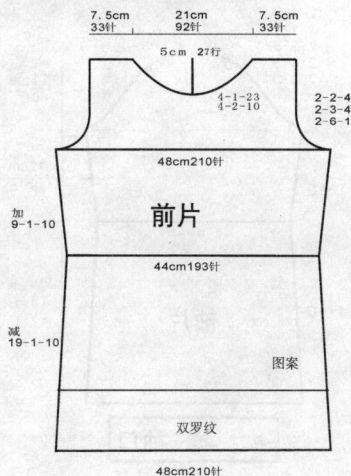

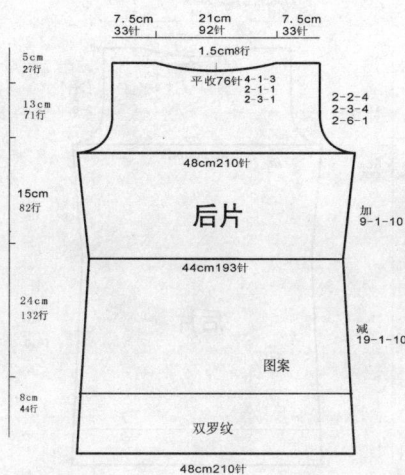

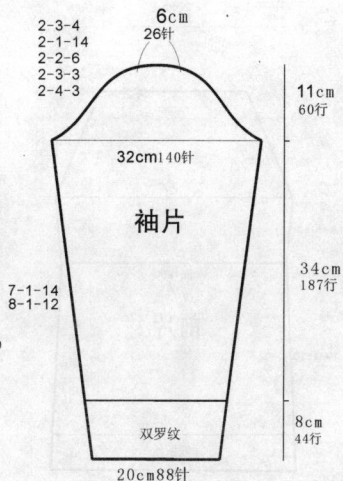

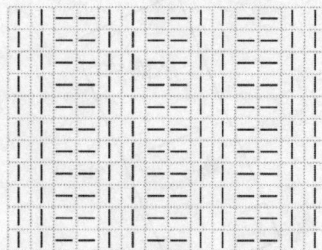

前片

| 7.5cm 33针 | 21cm 92针 | 7.5cm 33针 |

5cm 27行

4-1-23
4-2-10

2-2-4
2-3-4
2-6-1

48cm210针

加 9-1-10

44cm193针

减 19-1-10

图案

双罗纹

48cm210针

后片

| 7.5cm 33针 | 21cm 92针 | 7.5cm 33针 |

5cm 27行

1.5cm8行

13cm 71行

平收76针 4-1-3
2-1-1
2-3-1

2-2-4
2-3-4
2-6-1

48cm210针

15cm 82行

加 9-1-10

44cm193针

24cm 132行

减 19-1-10

图案

8cm 44行

双罗纹

48cm210针

袖片

2-3-4
2-1-14
2-2-6
2-3-2
2-4-3

6cm 26针

11cm 60行

32cm140针

34cm 187行

7-1-14
8-1-12

双罗纹

8cm 44行

20cm88针

领子结构图

领

编织方向　领　双罗纹

30cm132针

2-1-2
4-1-1
6-1-10

10cm 55行

42cm184针

双罗纹

【成品尺寸】衣长75cm　胸围96cm　袖长55cm

【工具】1.7mm棒针

【材料】红色、白色纯羊毛线

【密度】10cm²：44针×55行

【制作过程】前片：按图起针，织5cm双罗纹后，改织下针，并按图间色，织至完成。后片：按图起针，织5cm双罗纹后，改织下针，织至完成，袖窿和领窝按图加减针。袖片：按图起针，织下针，织至完成，袖片和袖山按图加减针，袖口另织，与打皱褶的袖片缝合。小前片：另织，按图起针，先织双层平针底边后，改织下针，织至完成后，按图全部缝合。领：后领圈挑针，织10cm双罗纹，与小前片肩部多余部分缝合，形成翻领。整件毛衣编织完成。

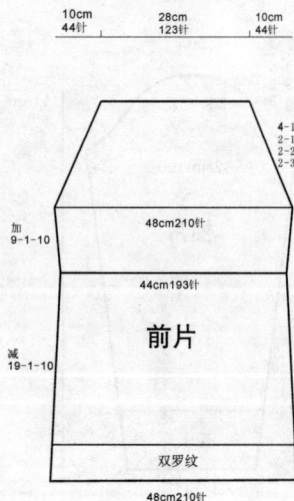

前片

10cm 44针　28cm 123针　10cm 44针

4-1-10
2-1-11
2-2-11
2-3-2

加 9-1-10

48cm210针

44cm193针

减 19-1-10

双罗纹

48cm210针

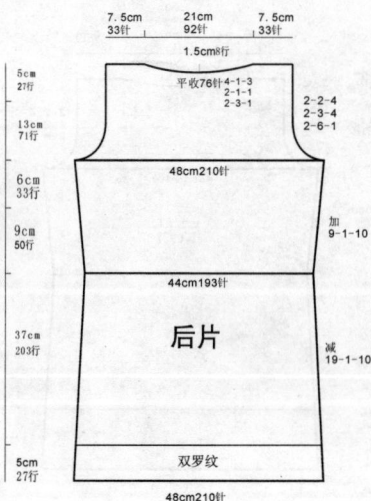

后片

7.5cm 33针　21cm 92针　7.5cm 33针

1.5cm6行

5cm 27行

13cm 71行

平收76针 4-1-3
2-1-1
2-3-1

2-2-4
2-3-4
2-6-1

6cm 33行

48cm210针

9cm 50行

加 9-1-10

44cm193针

37cm 203行

减 19-1-10

双罗纹

5cm 27行

48cm210针

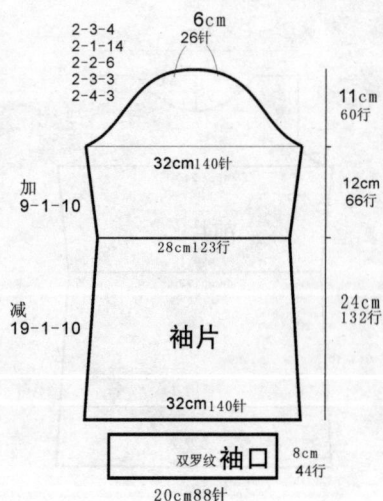

袖片

2-3-4
2-1-14
2-2-6
2-3-3
2-4-3

6cm 26针

11cm 60行

加 9-1-10

32cm140针

12cm 66行

28cm123行

减 19-1-10

24cm 132行

32cm140针

双罗纹 袖口

8cm 44行

20cm88针

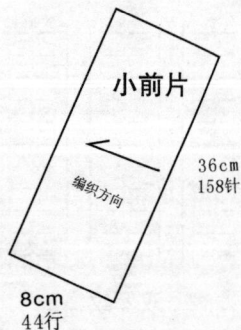

小前片

编织方向

36cm 158针

8cm 44行

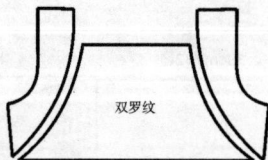

双罗纹

领子结构图

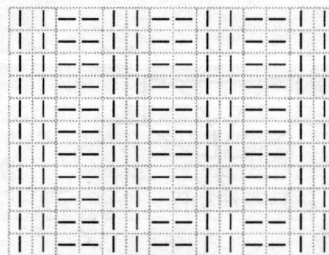

双罗纹

078

知性纽扣衫

【成品尺寸】衣长80cm　胸围96cm　袖长55cm

【工具】1.7mm棒针

【材料】红色、白色、灰色等纯羊毛线

【密度】10cm²：22针×32行

【附件】扣子5枚

【制作过程】前片：分左、右2片编织，分别按图起针，织双罗纹，并按图间色，在门襟入8cm处加针，织至62cm时，门襟入8cm处减针，织至完成后门襟继续织11cm的后领边。后片：按图起针，织双罗纹，并按图间色，在侧缝入8cm处减针，织至完成，袖窿和领窝按图加减针。袖片：按图起针，织双罗纹织至完成，袖片和袖山按图加减针。全部缝合，前片加长部分与后片缝合，缝上扣子。整件毛衣编织完成。

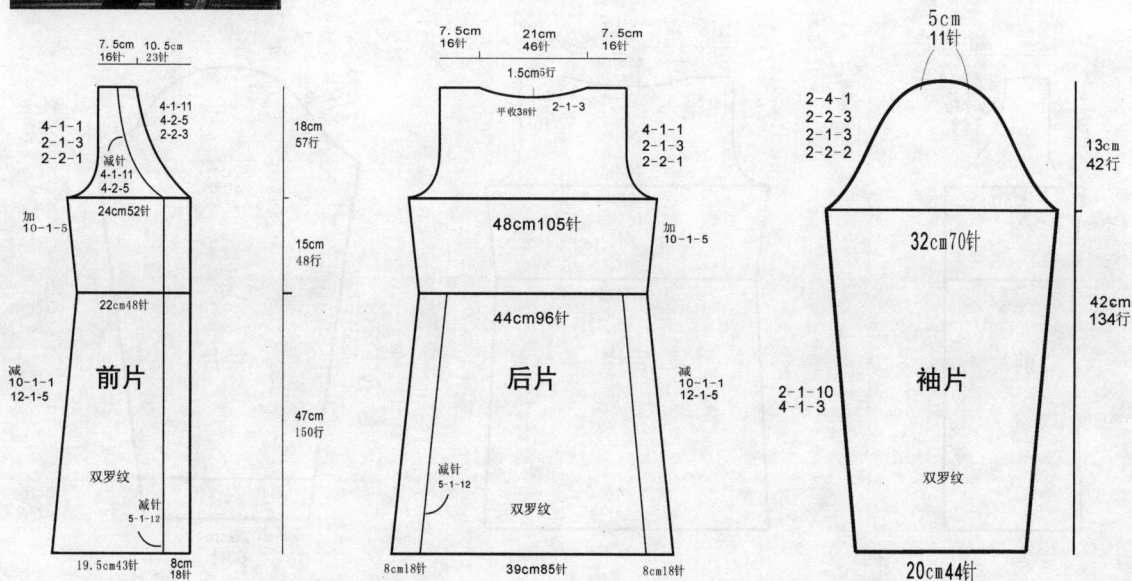

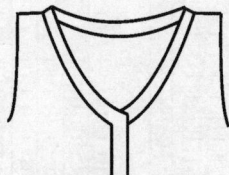

领子结构图

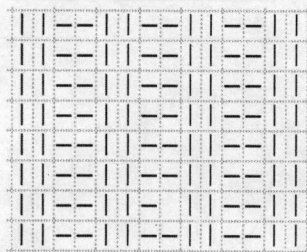

双罗纹

【成品尺寸】衣长85cm　胸围96cm　袖长53cm
【工具】1.7mm棒针
【材料】米黄色、灰色纯羊毛线
【密度】10cm²：44针×54行
【附件】扣子3枚
【制作过程】前片：分左、右2片编织，分别按图起针，先织双层平针底边，后改织下针，按图所示，织至完成。后片：按图起针，先织双层平针底边，后改织下针，织至完成，袖窿和领窝按图加减针。袖片：按图起针，织5cm单罗纹后，改织下针，并编织图案，织至完成，袖片和袖山按图加减针，全部缝合。门襟：为长矩形另织，与前片至领圈缝合，缝上扣子。整件毛衣编织完成。

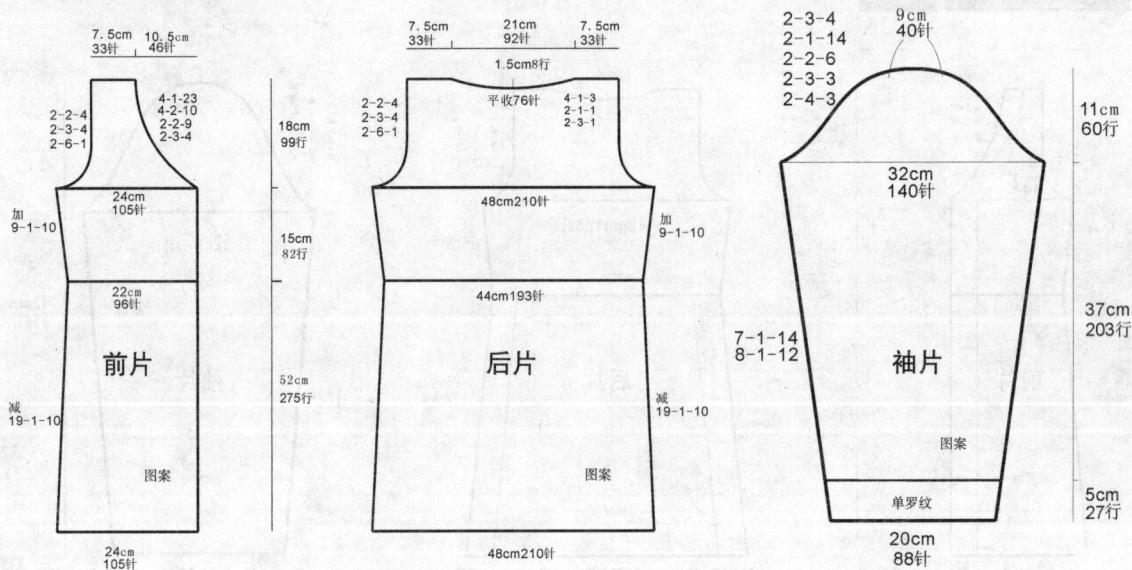

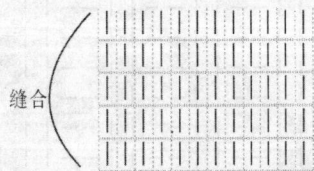

双层平针底边图解

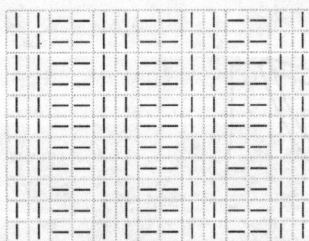

双罗纹

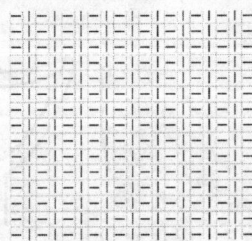

单罗纹

熟女竖纹衫

【成品尺寸】 衣长85cm　胸围96cm　连肩袖长60cm

【工具】 1.7mm棒针

【材料】 深灰色、浅灰色纯羊毛线

【密度】 10cm²：44针×47行

【附件】 装饰花1朵

【制作过程】 前片：分上、下2片编织，上片从袖片织起，按编织方向起针，织单罗纹25cm后，改织花样，并间色，织至另一袖，腋下和领窝按图加减针；下片按图起针，织单罗纹20cm，织至完成。后片：分上、下2片编织，上片从袖片织起，按编织方向起针，织10cm单罗纹后，改织花样，并间色，织至另一袖；下片按图起针，织单罗纹20cm，织至完成。全部缝合，缝上装饰花。整件毛衣编织完成。

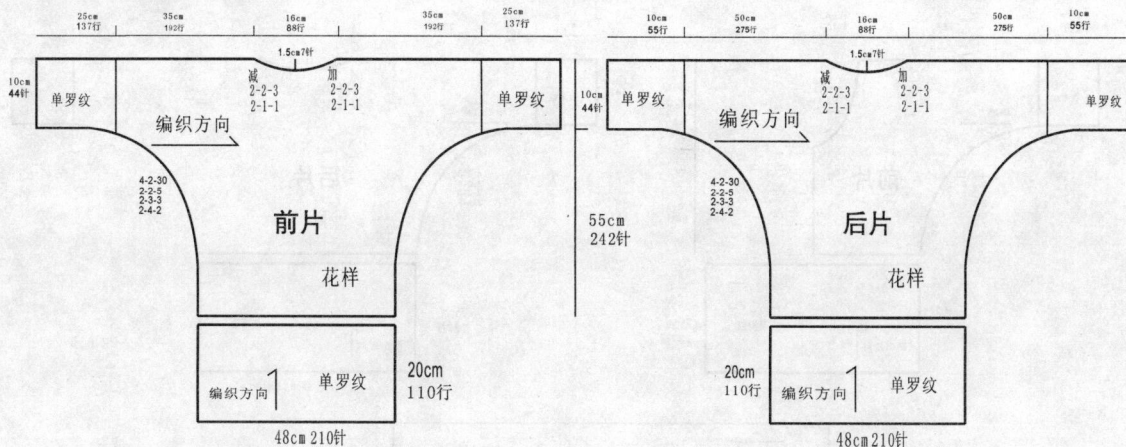

前片

后片

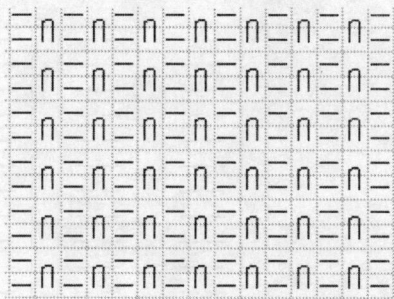

花样

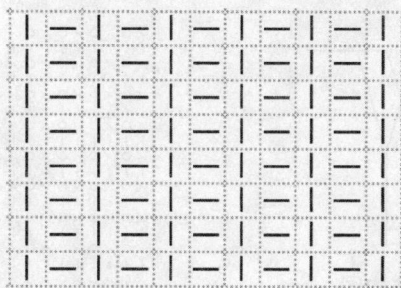

单罗纹

【成品尺寸】衣长65cm　胸围96cm　连肩袖长60cm

【工具】1.7mm棒针

【材料】深蓝色、白色纯羊毛线

【密度】10cm²：44针×48行

【附件】装饰扣子3枚

【制作过程】前片：分上、下两部分编织，上部分分左、右2片编织，分别从袖片织起，按编织方向起针，织双罗纹10cm后，改织花样，并间色，织至完成，腋下和领窝按图加减针；下部分按图起针，织双罗纹25cm，织至完成。后片：分上、下两部分编织，上部分按编织方向起针，织10cm双罗纹后，改织花样，织至另一袖；下部分按图起针，织双罗纹25cm，织至完成，全部缝合。门襟另织，与前片缝合，缝上装饰扣子。整件毛衣编织完成。

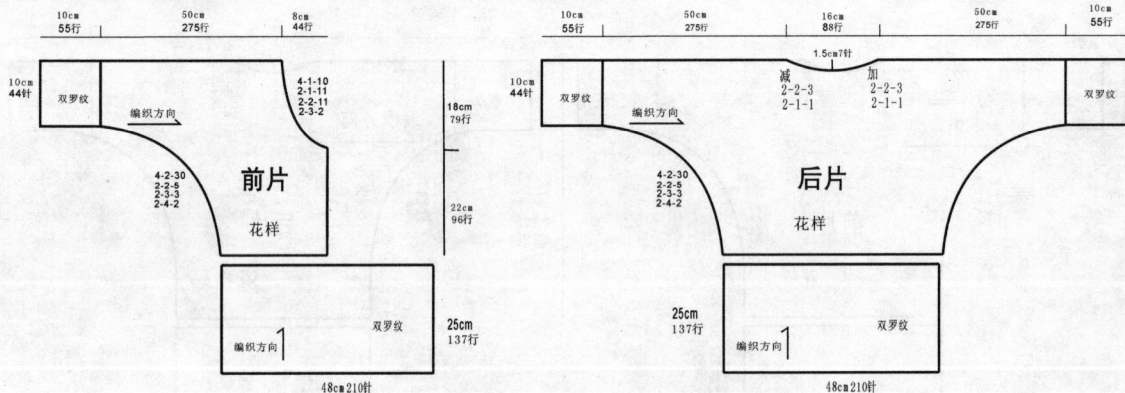

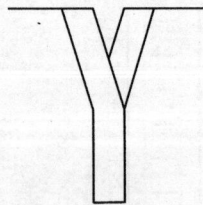

领子结构图

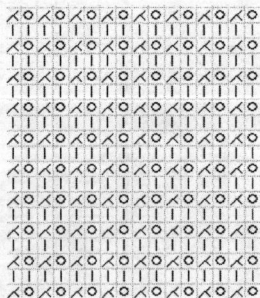

花样

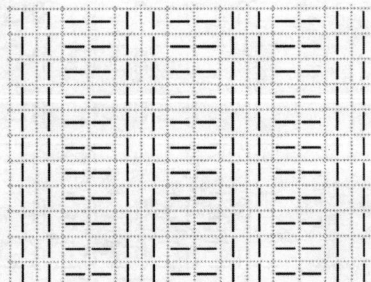

双罗纹

浪漫条纹衫

【成品尺寸】 衣长85cm　胸围96cm　袖长45cm

【工具】 1.7mm棒针　小号钩针

【材料】 浅灰色、墨绿色、黑色纯羊毛线

【密度】 10cm²：44针×54行

【制作过程】 前片：按图起针，织3cm双罗纹后，改织花样A，织至完成。后片：按图起针，织3cm双罗纹后，改织下针，织至完成，袖窿和领窝按图加减针。袖片：按图起针，织花样A，织至完成，打皱褶与袖口缝合，然后全部缝合。领：打皱褶后挑针，织5cm双罗纹，形成圆领。衣袋另织，与前片缝合。整件毛衣编织完成。

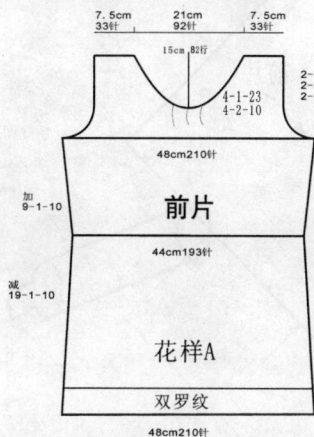

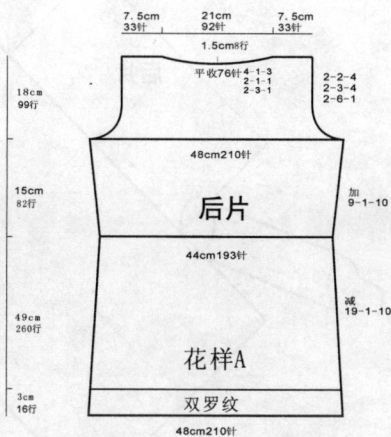

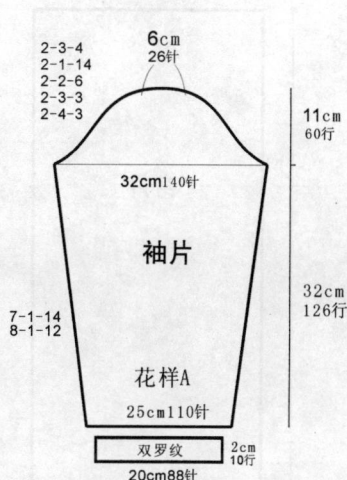

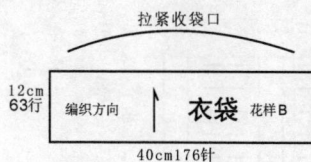

领子结构图

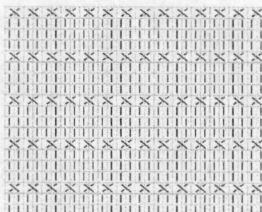

花样A

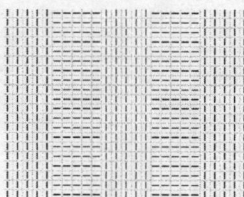

花样B

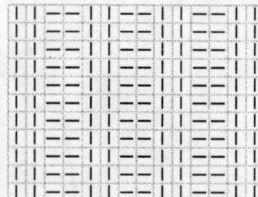

双罗纹

083

【成品尺寸】衣长45cm　胸围90cm　肩袖长42cm

【工具】5号棒针

【材料】灰色绒线400g　米色绒线500g

【密度】10cm²：35针×48行

【附件】扣子3枚

【制作过程】身片（两片）：普通起针法起216针，配色下针编织432行后收针。按相同方式织出另一片。身片缝合：按图解前片向内翻折至箭头指处缝合，后片向外翻折至箭头处缝合。领：缝合袖口处挑112针，按图解袖下减针织20cm后两边收针，按图所示双罗纹处继续往上织5cm后以双罗纹针收针。整件毛衣编织完成。

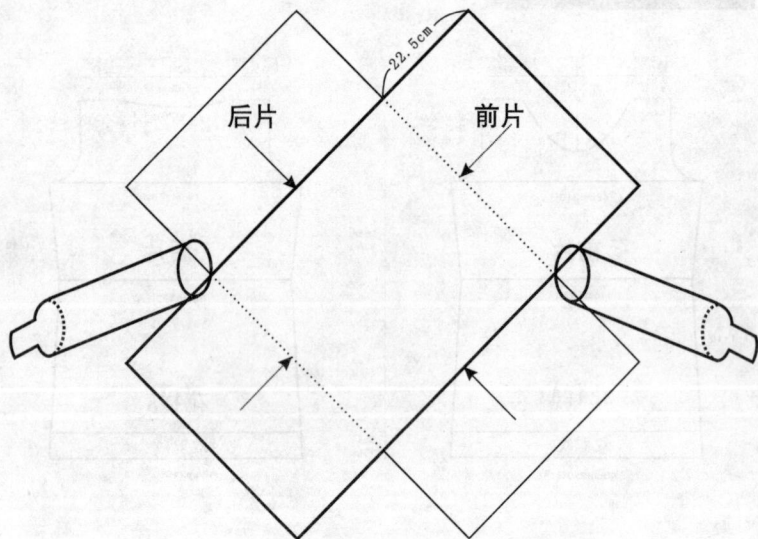

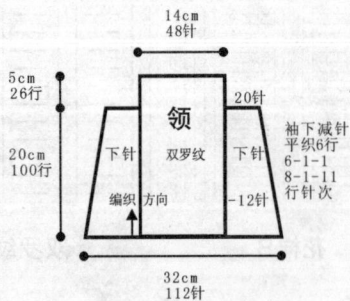

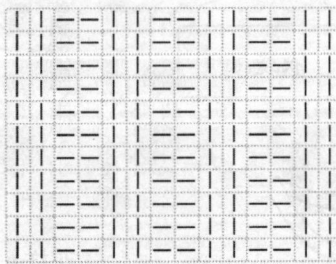

身片

下针
配色为24行米色
24行灰色交替织

90cm
432行

45cm
216针

编织方向

后片　前片

22.5cm

14cm
48针

5cm
26行

领

20针

20cm
100行

下针　双罗纹　下针
-12针

编织方向

袖下减针
平均6行
6-1-1
8-1-11
行针次

32cm
112针

双罗纹

084

优雅束身衫

【成品尺寸】衣长85cm　胸围96cm　连肩袖长23cm

【工具】1.7mm棒针

【材料】深蓝、白色纯羊毛线

【密度】10cm²：44针×54行

【附件】扣子3枚

【制作过程】前片：按图起针，先织双层平针底边，后改织下针，按图所示，织至完成，袖窿和领窝按图加减针。后片：按图起针，与前片的编织方法一样。袖片：按图起针，先织双层平针底边，后改织下针，并编入图案，织至完成，同样方法编织另一袖，袖山按图加减针，全部缝合。领：另织，按编织方向织单罗纹，与领圈缝合后，形成高领，缝上扣子。整件毛衣编织完成。

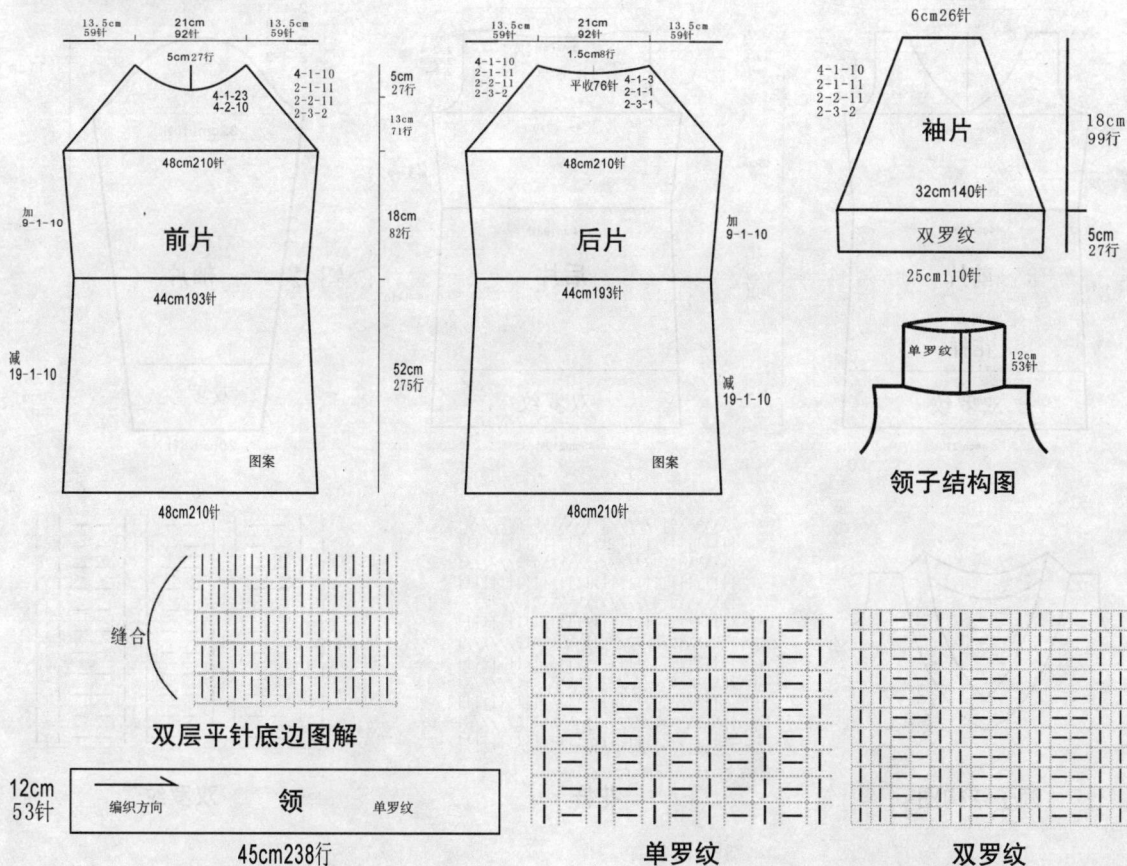

前片

13.5cm 59针　21cm 92针　13.5cm 59针

5cm 27行

4-1-10
4-1-23
4-2-10

48cm210针

加 9-1-10

44cm193针

减 19-1-10

48cm210针

图案

后片

13.5cm 59针　21cm 92针　13.5cm 59针

1.5cm8行

4-1-10
2-1-11
2-2-11
2-3-2

平收76针

4-1-3
2-1-11
2-3-1

5cm 27行

13cm 71行

48cm210针

18cm 82行

44cm193针

加 9-1-10

减 19-1-10

52cm 275行

48cm210针

图案

袖片

6cm26针

4-1-10
2-1-11
2-2-11
2-3-2

18cm 99行

32cm140针

双罗纹

5cm 27行

25cm110针

领子结构图

单罗纹　12cm 53针

双层平针底边图解

缝合

领

12cm 53针

编织方向　领　单罗纹

45cm238行

单罗纹

双罗纹

085

【成品尺寸】衣长85cm 胸围96cm 袖长53cm

【工具】1.7mm棒针

【材料】浅灰色、红色等纯羊毛线

【密度】10cm²：44针×55行

【制作过程】前片：按图起针，织10cm双罗纹后，改织花样，并间色，织至完成。后片：按图起针，织10cm双罗纹后，改织下针，织至完成，袖窿和领窝按图加减针。袖片：按图起针，织10cm双罗纹后，改织下针，织至完成，袖片和袖山按图加减针，全部缝合。领：挑针织5cm下针，褶边缝合，形成双层V领。整件毛衣编织完成。

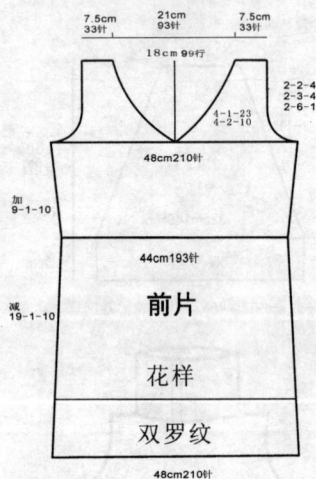

前片

花样

双罗纹

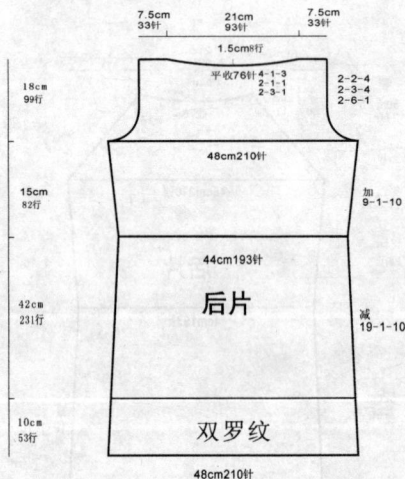

后片

双罗纹

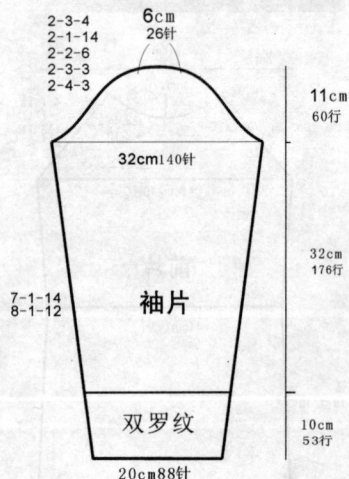

袖片

双罗纹

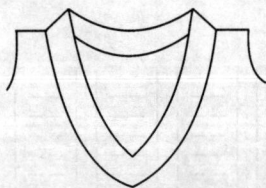

领子结构图

花样

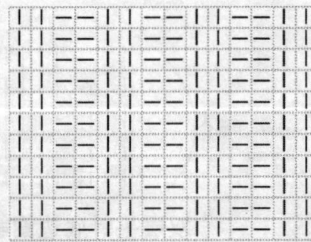

双罗纹

休闲圆领衫

【成品尺寸】衣长85cm　胸围96cm　连肩袖长62cm

【工具】1.7mm棒针

【材料】蓝色纯羊毛线

【密度】10cm²：44针×53行

【附件】扣子2枚　装饰花1朵　毛绒布

【制作过程】前片：分内前片和外前片2部分编织，内前片用毛绒布按图尺寸缝制好；外前片分左右2片，按图起针，织下针，织至完成。后片：分上、下2片，上片按图起针，织下针，织至完成；下片用毛绒布按图尺寸缝制好，袖窿和领窝按图加减针。袖片：按图起针，织双罗纹，织至完成，袖片按图加针，按图全部缝合。后上片下摆和前片门襟另织，依次缝合，前领衬边另织，与衣片缝好。领圈：挑针，织10cm双罗纹，形成圆领，缝上扣子和装饰花。整件毛衣编织完成。

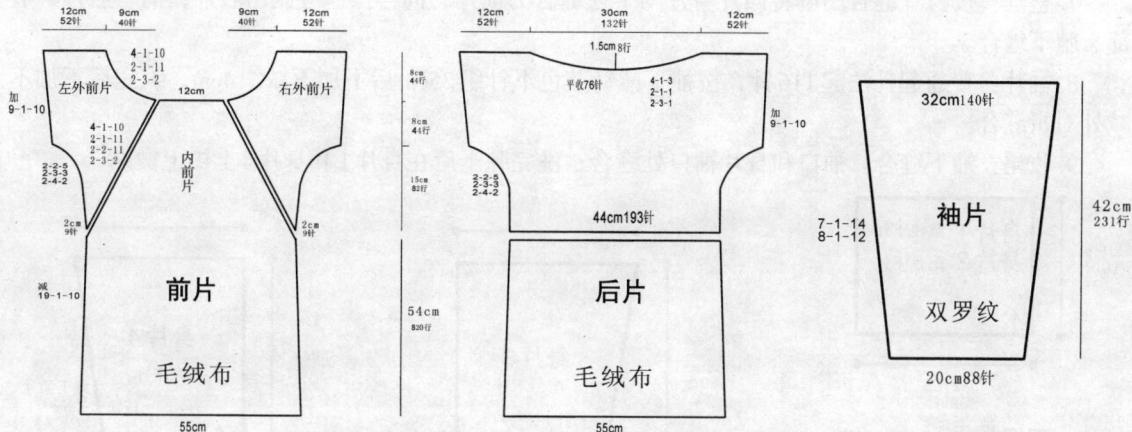

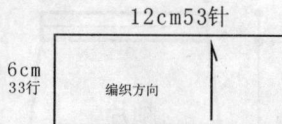

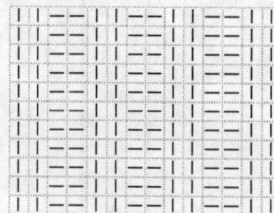

前片

- 12cm 52针
- 9cm 40针
- 9cm 40针
- 12cm 52针
- 左外前片　右外前片
- 12cm
- 加 9-1-10
- 4-1-10 / 2-1-11 / 2-3-2
- 4-1-10 / 4-1-11 / 2-2-11 / 2-3-2
- 2-3-3 / 2-3-3 / 2-4-2
- 内前片
- 2cm 9针
- 2cm 9针
- 减 19-1-10
- 毛绒布
- 55cm

后片

- 12cm 52针
- 30cm 132针
- 12cm 52针
- 1.5cm 8行
- 8cm 44行
- 平收76针
- 4-1-3 / 2-1-1 / 2-3-1
- 8cm 44行
- 加 9-1-10
- 15cm 82行
- 2-3-3 / 2-3-3 / 2-4-2
- 44cm193针
- 54cm 820行
- 毛绒布
- 55cm

袖片

- 32cm140针
- 42cm 231行
- 7-1-14 / 8-1-12
- 双罗纹
- 20cm88针

领圈 双罗纹

- 10cm 53行
- 编织方向
- 60cm264针

前片门襟 双罗纹 2片

- 6cm 33行
- 编织方向
- 23cm101针

前领衬边

- 12cm53针
- 6cm 33行
- 编织方向

后上片下摆 双罗纹

- 6cm 33行
- 编织方向
- 48cm210针

双罗纹

【成品尺寸】衣长60cm　胸围88cm　肩袖长71cm

【工具】4号棒针

【材料】黑色绒线300g　白色绒线300g　蓝色绒线300g

【密度】10cm²：36针×50行

【附件】烫贴2张

【制作过程】1. 衣服为全下针编织，配色3针白色、3针黑色。

　　2. 身片1（两片）：普通起针法起99针，蓝线下针编织20cm后收针。

　　3. 身片2（两片）：编织方法与身片1类似，不同之处为配色下针编织。

　　4. 身片3（两片）：普通起针法起81针，按腋下加针配色下针编织30cm后收针。

　　5. 身片4（两片）：编织方法与身片3类似，不同之处为蓝色下针编织。

6. 下摆（两条）：普通起针法起36针，配色下针织44cm后收针。

7. 整理：按身片缝合图解将四片身片与下摆缝合为前片，同样操作缝制出后片；前、后片、肩部、腋下缝合。

8. 袖片：普通起针法起116针，按袖下减针蓝色下针织25cm后不加不减织4cm，织完后不加不减处对折缝合。

9. 收尾：袖下缝合。袖口和身片袖口处缝合；洗完晾干后在身片1和身片4上烫上烫贴。

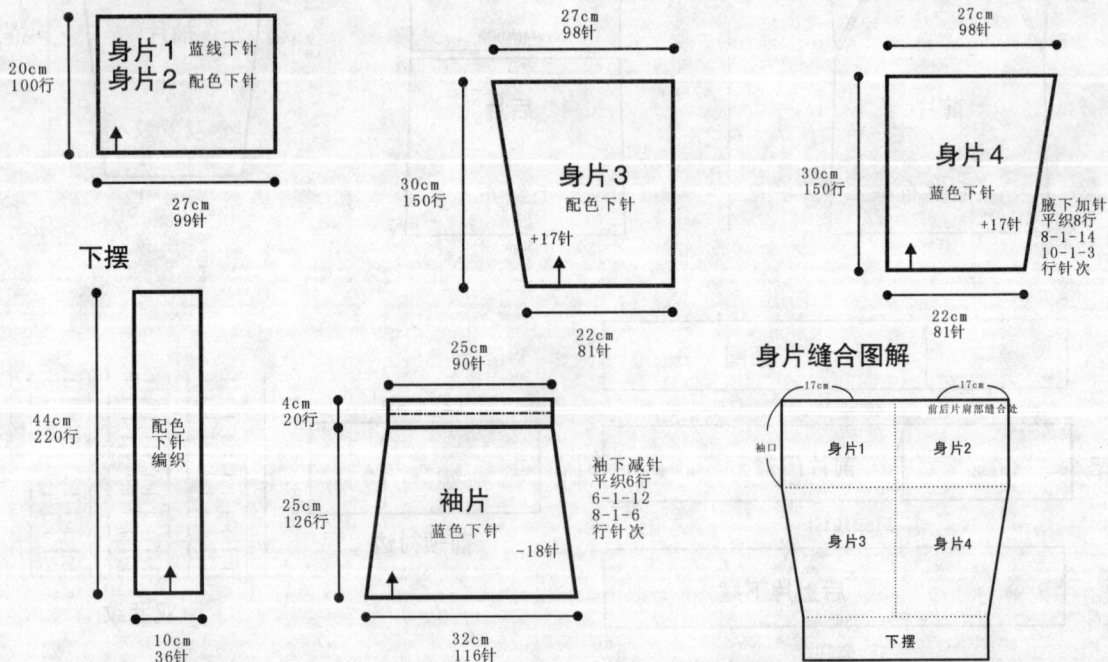

身片1　蓝线下针
身片2　配色下针
20cm 100行
27cm 99针

下摆
44cm 220行
配色下针编织
10cm 36针

27cm 98针
30cm 150行
身片3
配色下针
+17针
22cm 81针

27cm 98针
30cm 150行
身片4
蓝色下针
腋下加针
平织8行
8-1-14
10-1-3
行针次
22cm 81针

25cm 90针
4cm 20行
25cm 126行
袖片
蓝色下针
-18针
袖下减针
平织6行
6-1-12
8-1-6
行针次
32cm 116针

身片缝合图解
17cm　17cm
前后片肩部缝合处
袖口
身片1　身片2
身片3　身片4
下摆

088

活力条纹衫

【成品尺寸】衣长68cm　胸围96cm

【工具】1.7mm棒针

【材料】白色、咖啡色纯羊毛线

【密度】10cm²：44针×46行

【制作过程】前片：分上、下两片编织，上片按编织方向起针，织单罗纹，并间色，织至完成；下片按编织方向起针，织15cm双罗纹，上、下片缝合。后片：分上、下两片编织，与前片织法一样，领窝按图加减针，前后片缝合。领：挑针，织24cm单罗纹，形成自然垂下的垂坠领，袖口挑针。整件毛衣编织完成。

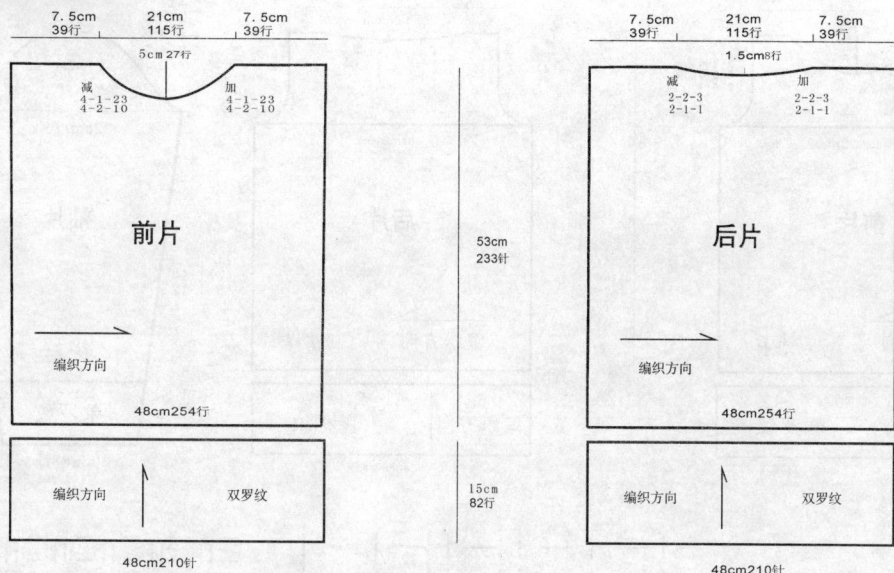

前片

| 7.5cm
39行 | 21cm
115行 | 7.5cm
39行 |

5cm 27行

减
4-1-23
4-2-10　　加
4-1-23
4-2-10

前片

编织方向

48cm254行

编织方向　双罗纹

48cm210针

后片

| 7.5cm
39行 | 21cm
115行 | 7.5cm
39行 |

1.5cm8行

减
2-2-3
2-1-1　　加
2-2-3
2-1-1

后片

编织方向

48cm254行

编织方向　双罗纹

48cm210针

53cm
233针

15cm
82行

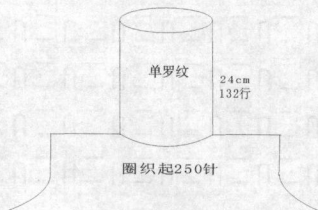

单罗纹

24cm
132行

圈织起250针

领子结构图

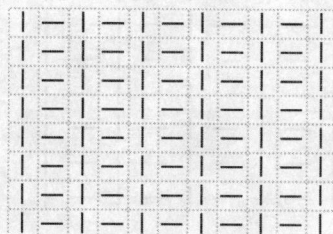

单罗纹

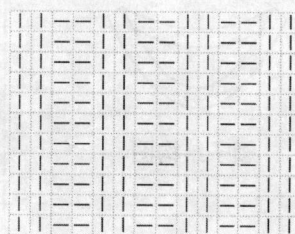

双罗纹

【成品尺寸】衣长70cm　胸围96cm　袖长53cm

【工具】1.7mm棒针

【材料】白色、杏色纯羊毛线

【密度】10cm²：44针×46行

【制作过程】前片：分上、下两片编织，上片按编织方向起针，织花样，并间色，织至完成；下片按编织方向起针，织单罗纹15cm，织至完成。后片：按图起针，织花样，并间色，织至完成，袖窿和领窝按图加减针。袖片：按编织方向起针，织10cm单罗纹后，改织花样，织至完成，袖片和袖山按图加减针，全部缝合。领：挑针，织5cm下针，褶边缝合，形成双层圆领。整件毛衣编织完成。

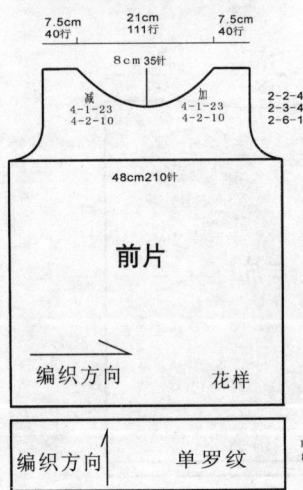

前片

7.5cm 40行　21cm 111行　7.5cm 40行
8cm 35针
减 4-1-23 4-2-10　加 4-1-23 4-2-10
2-2-4 2-3-4 2-6-1
48cm210针
编织方向　花样
编织方向　单罗纹　15cm 82行
48cm210针

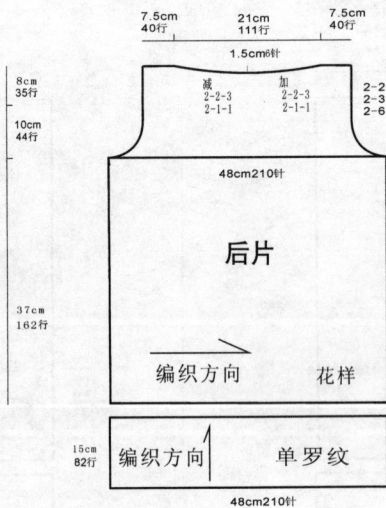

后片

8cm 35针　10cm 44行　37cm 162行
7.5cm 40行　21cm 111行　7.5cm 40行
1.5cm6针
减 2-2-3 2-1-1　加 2-2-4 2-1-1
2-2-4 2-3-4 2-6-1
48cm210针
编织方向　花样
15cm 82行　编织方向　单罗纹
48cm210针

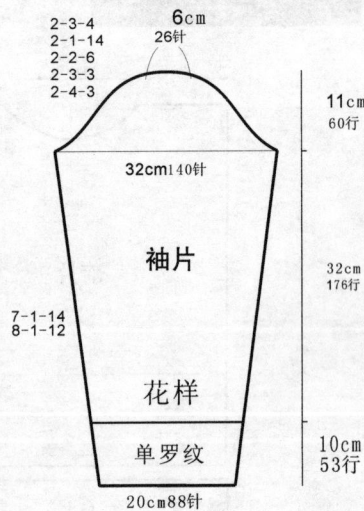

袖片

2-3-4 2-1-14 2-2-6 2-3-3 2-4-3
6cm 26针
32cm140针
11cm 60行
32cm 176行
7-1-14 8-1-12
花样
单罗纹
10cm 53行
20cm88针

领子结构图

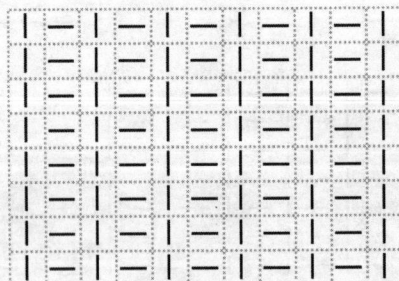

单罗纹

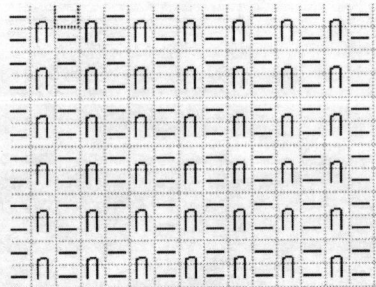

花样

迷人条纹衫

【成品尺寸】衣长85cm　胸围96cm　连肩袖长23cm

【工具】1.7mm棒针

【材料】深绿色、白色纯羊毛线

【密度】10cm²：44针×55行

【制作过程】前片：按图起针，织15cm双罗纹后，改织37cm下针，再织花样，并间色，织至完成，袖窿和领窝按图加减针。后片：按图起针，与前片的编织方法一样。袖片：按图起针，织5cm双罗纹后，改织下针，织至完成，同样方法编织另一袖，袖山按图加减针，全部缝合。领：挑198针，织24cm双罗纹，形成高领。整件毛衣编织完成。

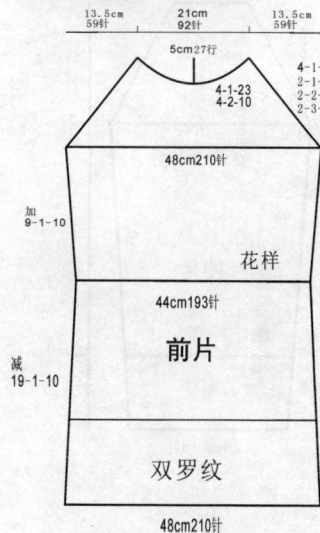

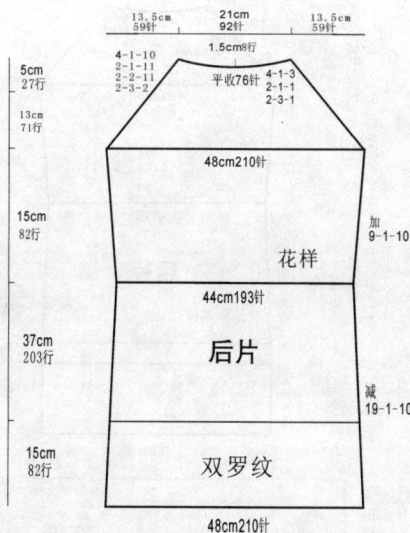

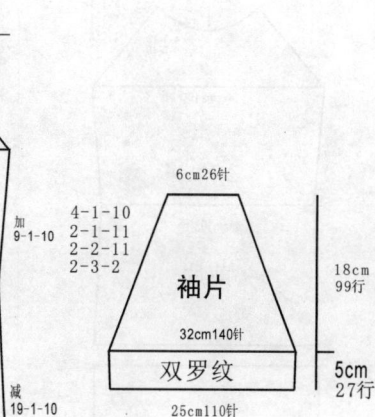

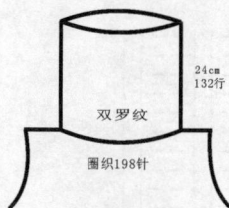

领子结构图

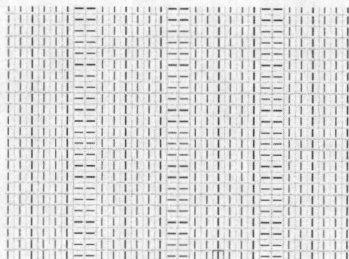

花样

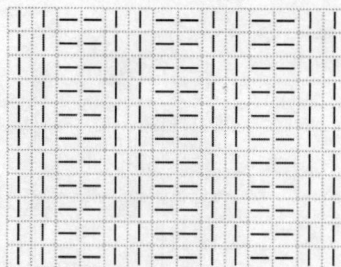

双罗纹

【成品尺寸】衣长85cm　胸围96cm　连肩袖长60cm
【工具】1.7mm棒针
【材料】蓝色、白色纯羊毛线
【密度】10cm²：44针×53行
【制作过程】前片：按编织方向织花样A，并间色，织至完成。后片：按图起针，织下针，并间色，织至完成，袖窿和领窝按图加减针。下摆另织好，与前、后片缝合。袖片：按图起针，织10cm双罗纹后，改织下针，并间色，织至完成，袖片和袖山按图加减针，全部缝合。领：另织，与领圈缝合，形成堆领。整件毛衣编织完成。

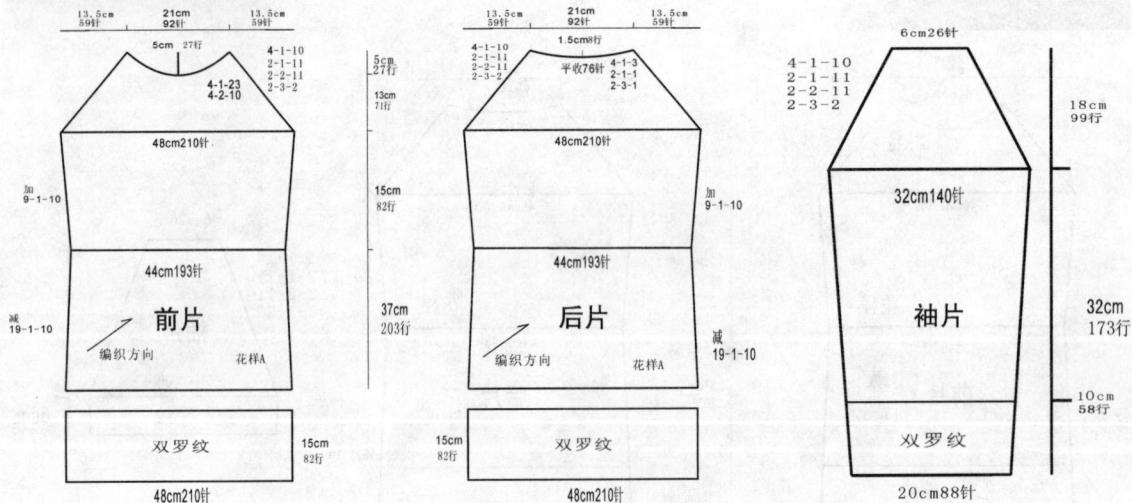

前片

13.5cm 59针　21cm 92针　13.5cm 59针
5cm 27行
4-1-10
2-1-11
2-2-11
2-3-2
4-1-23
4-2-10
48cm210针
加 9-1-10
44cm193针
编织方向　花样A
减 19-1-10
双罗纹　15cm 82行
48cm210针

后片

13.5cm 59针　21cm 92针　13.5cm 59针
1.5cm行
4-1-10
2-1-11
2-2-11
2-3-3
平收76针
4-1-3
2-1-1
2-3-2
5cm 27行
13cm 71行
48cm210针
15cm 82行
加 9-1-10
44cm193针
37cm 203行
编织方向　花样A
减 19-1-10
双罗纹　15cm 82行
48cm210针

袖片

6cm26针
4-1-10
2-1-11
2-2-11
2-3-2
18cm 99行
32cm140针
32cm 173行
双罗纹
10cm 58行
20cm88针

衣领

30cm 132针
编织方向　衣领　花样B
45cm238行

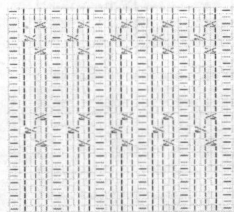

花样A

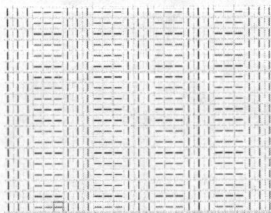

花样B

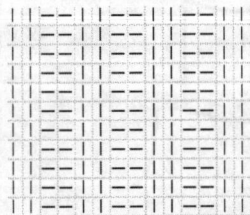

双罗纹

优雅条纹衫

【成品尺寸】衣长60cm　胸围96cm　袖长53cm

【工具】1.7mm棒针

【材料】白色、灰色纯羊毛线

【密度】10cm²：44针×55行

【附件】扣子2枚

【制作过程】前片：按图起针，织10cm双罗纹后，改织下针，并间色，织至完成。后片：按图起针，织10cm双罗纹后，改织下针，并间色，织至完成，袖窿和领窝按图加减针。袖片：按图起针，织10cm双罗纹后，改织下针，织至完成，全部缝合。领带：另织1条5cm双罗纹的长带子，与领圈缝合后，多余部分打结，作为飘带。前片衬边另织，与前片缝合后，缝上扣子。整件毛衣编织完成。

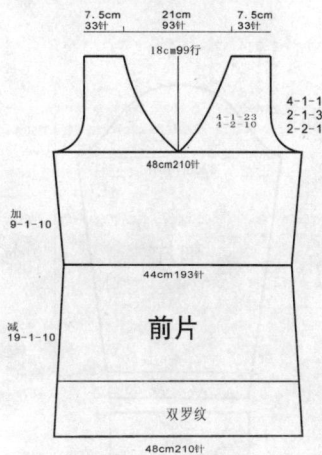

前片

7.5cm 33针　21cm 93针　7.5cm 33针
18cm99行
4-1-1
2-1-3
2-2-1
4-1-23
4-2-10
48cm210针
加 9-1-10
44cm193针
减 19-1-10
双罗纹
48cm210针

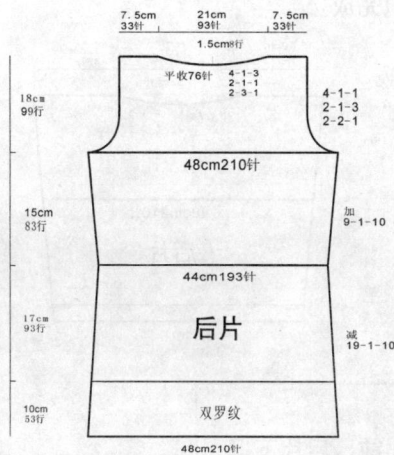

后片

7.5cm 33针　21cm 93针　7.5cm 33针
1.5cm行
平收76针　4-1-1
2-1-1
2-3-1
4-1-1
2-1-3
2-2-1
18cm 99行
48cm210针
15cm 83行
加 9-1-10
44cm193针
17cm 93行
减 19-1-10
10cm 53行
双罗纹
48cm210针

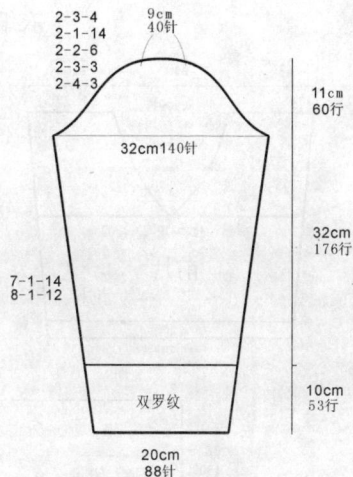

2-3-4
2-1-14
2-2-6
2-3-3
2-4-3
9cm 40针
11cm 60行
32cm140针
7-1-14
8-1-12
32cm 176行
双罗纹
10cm 53行
20cm 88针

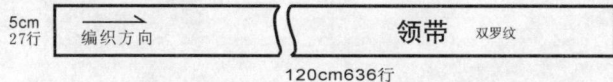

领带　双罗纹
5cm 27行　编织方向
120cm636行

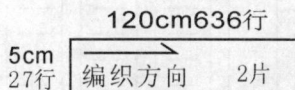

120cm636行
5cm 27行　编织方向　2片
前片衬边

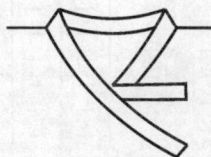

领子结构图

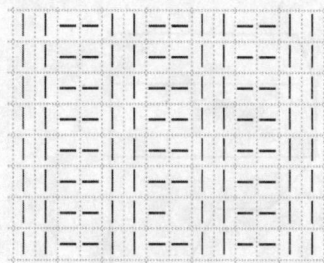

双罗纹

093

【成品尺寸】衣长70cm　胸围96cm　袖长60cm

【工具】1.7mm棒针

【材料】白色、杏色纯羊毛线

【密度】10cm²：44针×53行

【附件】扣子2枚

【制作过程】前片：按图起针，织3cm双罗纹后，改织花样，织至完成。后片：按图起针，织3cm双罗纹后，改织花样，织至完成，袖窿和领窝按图加减针。前、后片下摆：另织，按编织方向起针，织下针，并间色，织至完成后，与前、后片缝合。袖片：按图起针，织3cm双罗纹后，改织下针，织至完成，袖口：另织，按编织方向起针，织下针，并间色，织至完成，与袖片缝合后，再与前、后片全部缝合。帽子：另织，与领圈缝合后，再沿着帽缘和前领圈挑针，织3cm单罗纹。整件毛衣编织完成。

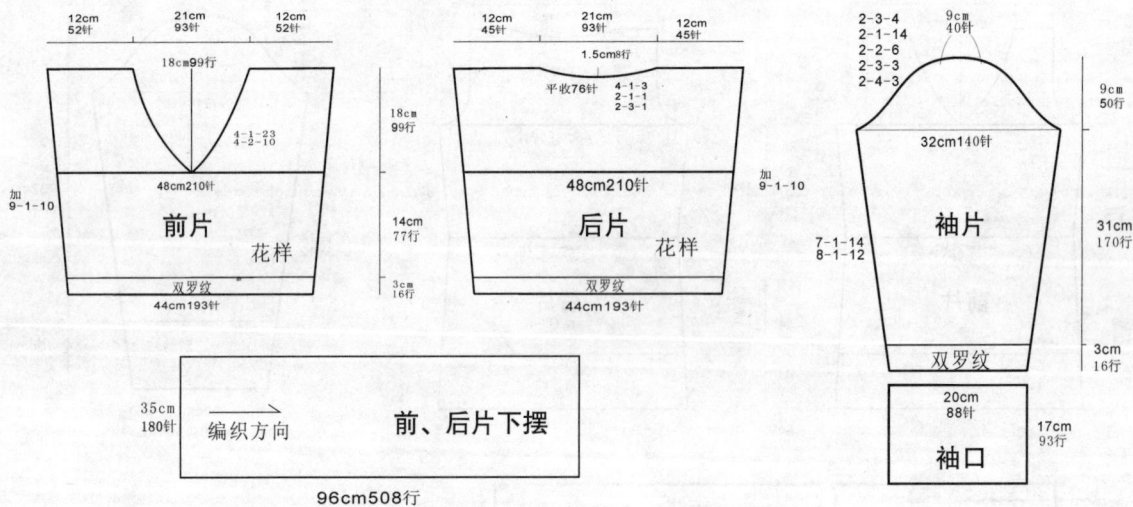

前片

花样

后片

花样

袖片

双罗纹

前、后片下摆

编织方向

96cm508行

袖口

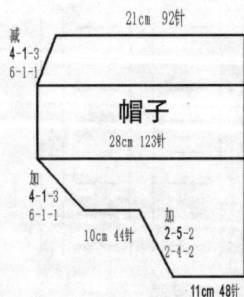

帽子

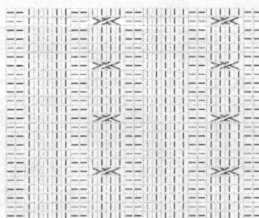

花样

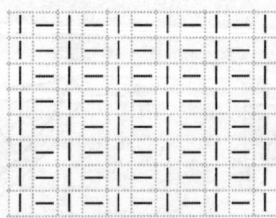

单罗纹

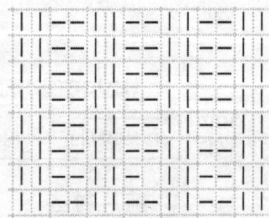

双罗纹

甜美条纹衫

【成品尺寸】衣长70cm　胸围96cm　袖长53cm

【工具】1.7mm棒针

【材料】黑色、白色纯羊毛线

【密度】10cm²：44针×55行

【附件】绳子1条

【制作过程】前片：分内前片和外前片编织，内前片按图起针，织下针，并间色，织至完成；外前片：按编织方向起针，织双罗纹，织至完成。后片：按图起针，织下针，织至完成，袖窿和领窝按图加减针。袖片：按图起针，织10cm双罗纹后，改织下针，织至完成。袖片和袖山按图加减针。外前片衬边：另织，按图索成皱褶，与内前片重叠后，全部缝合。领：挑针，织5cm下针，褶边缝合，形成双层圆领，缝上衣袋和绳子。整件毛衣编织完成。

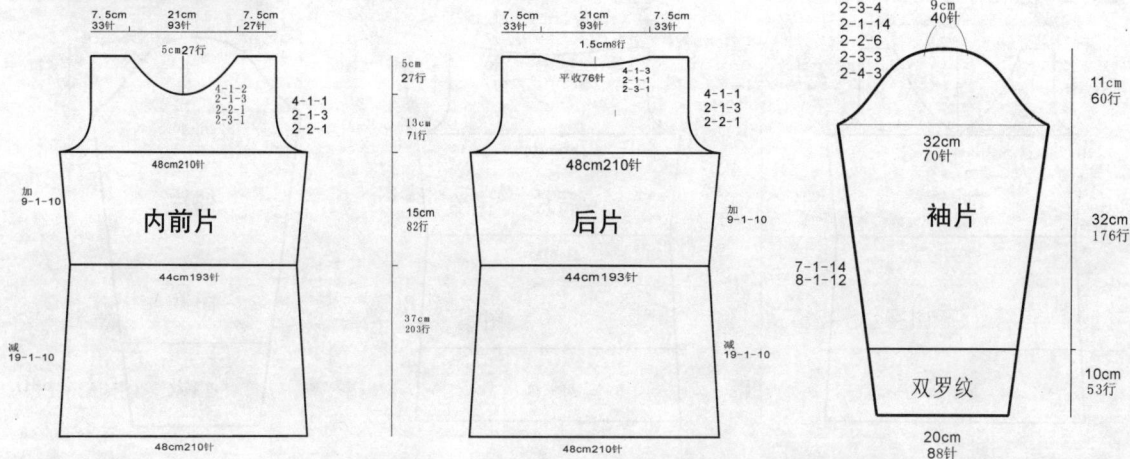

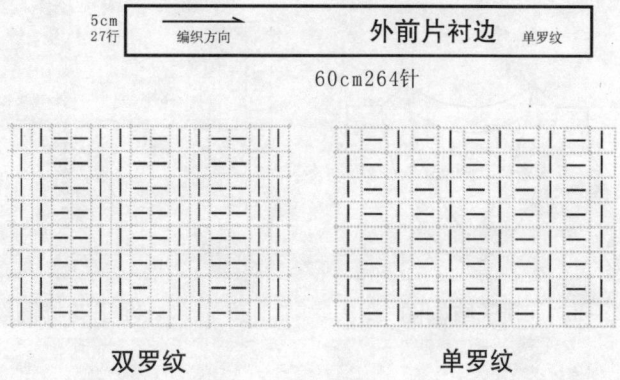

内前片

7.5cm 33针　21cm 93针　7.5cm 27针

5cm27行

4-1-2
2-1-3
2-2-1
2-3-1

4-1-1
2-1-3
2-2-1

48cm210针

加 9-1-10

44cm193针

减 19-1-10

48cm210针

后片

7.5cm 33针　21cm 93针　7.5cm 33针

5cm 27行

1.5cm8行

平收76针

4-1-3
2-1-3
2-3-1

4-1-1
2-1-3
2-2-1

13cm 71行

48cm210针

15cm 82行

加 9-1-10

44cm193针

37cm 203行

减 19-1-10

48cm210针

袖片

2-3-4
2-1-14
2-2-6
2-3-3
2-4-3

9cm 40针

11cm 60行

32cm 70针

32cm 176行

7-1-14
8-1-12

10cm 53行

双罗纹

20cm 88针

领子结构图

用绳子索紧

衣袋

15cm 82行

编织方向

单罗纹

20cm88针

外前片衬边 单罗纹

5cm 27行

编织方向

60cm264针

外前片

36cm198行

编织方向

外前片
双罗纹

用衬边索紧

4-1-1
2-1-3
2-2-1

48cm254行

双罗纹

单罗纹

【成品尺寸】衣长85cm　胸围96cm　袖长53cm

【工具】1.7mm棒针

【材料】黑色、白色纯羊毛线

【密度】10cm²：44针×53行

【制作过程】前片：按图起针，织15cm单罗纹后，改织下针，按图所示，织至完成。后片：按图起针，织15cm单罗纹后，改织下针，并编入图案，织至完成，袖窿和领窝按图加减针。袖片：按图起针，织15cm单罗纹后，改织下针，并编入图案，织至完成，袖片和袖山按图加减针，全部缝合。领：挑针，按领子花样图解，织5cm单罗纹，形成V领。整件毛衣编织完成。

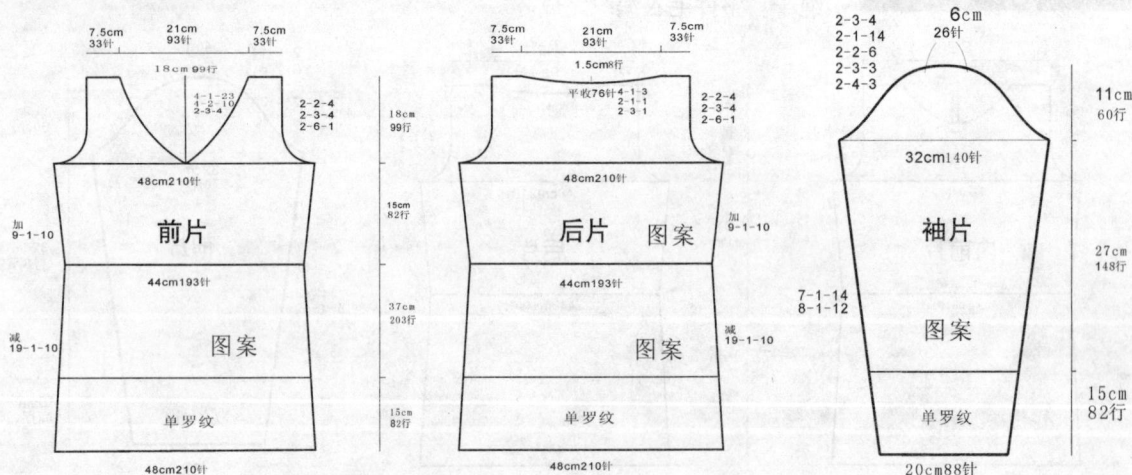

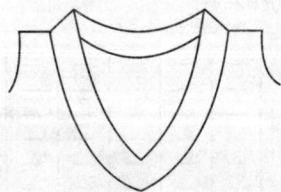

前片

7.5cm 33针　21cm 93针　7.5cm 33针

18cm 99行

4-1-23
4-1-10
2-3-4

2-2-4
2-3-4
2-6-1

48cm210针

加 9-1-10

前片

44cm193针

图案

减 19-1-10

单罗纹

48cm210针

18cm 99行
15cm 82行
37cm 203行
15cm 82行

后片

7.5cm 33针　21cm 93针　7.5cm 33针

1.5cm8行

平收76针 4-1-13
4-1-10
2 3 1

2-2-4
2-3-4
2-6-1

48cm210针

后片　图案

加 9-1-10

44cm193针

图案

减 19-1-10

单罗纹

48cm210针

袖片

2-3-4
2-1-14
2-2-6
2-3-3
2-4-3

6cm 26针

11cm 60行

32cm140针

7-1-14
8-1-12

袖片

图案

单罗纹

20cm88针

27cm 148行
15cm 82行

领子结构图

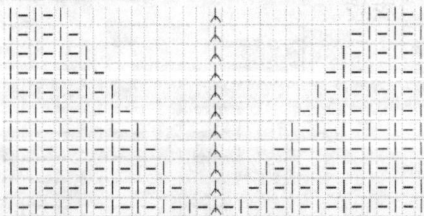

领子花样图解

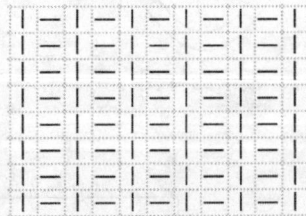

单罗纹

V领条纹衫

【成品尺寸】衣长85cm　胸围96cm　袖长53cm

【工具】1.7mm棒针

【材料】深灰色、浅灰色等纯羊毛线

【密度】10cm²：44针×55行

【附件】丝带1条

【制作过程】前片：按图起针，织10cm双罗纹后，改织下针至42cm时，分左右2片编织下针，并间色，织至完成。后片：按图起针，织10cm双罗纹后，改织下针，并间色，织至完成。袖窿和领窝按图加减针。袖片：按图起针，织10cm双罗纹后，改织下针，织至完成，袖片和袖山按图加减针，全部缝合。门襟：另织5cm双罗纹，按图缝合，系上丝带。整件毛衣编织完成。

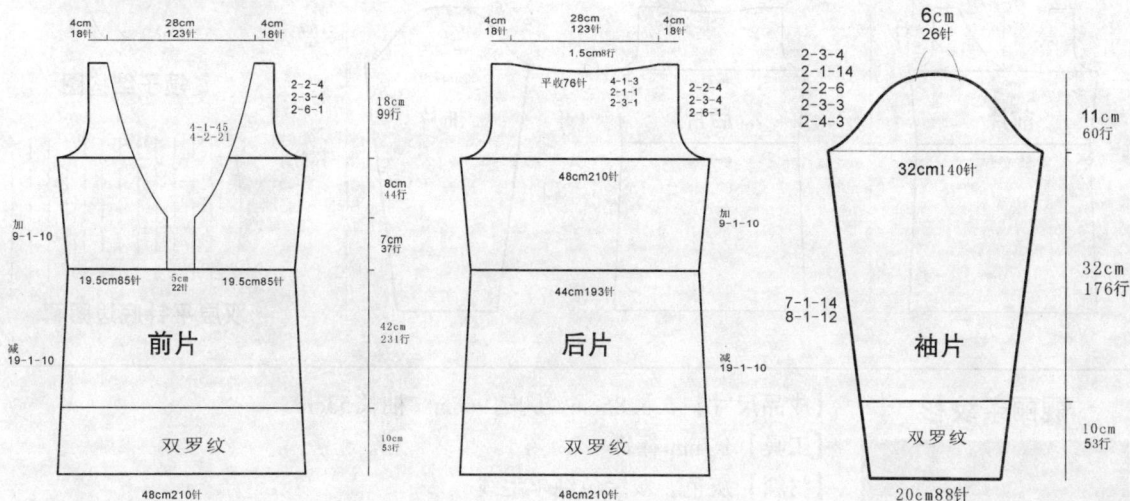

前片

4cm 18针　28cm 123针　4cm 18针

2-2-4
2-3-4
2-6-1

4-1-45
4-2-21

18cm 99行

8cm 44行

7cm 37行

42cm 231行

10cm 53行

加 9-1-10

减 19-1-10

19.5cm85针　5cm 22针　19.5cm85针

双罗纹

48cm210针

后片

4cm 18针　28cm 123针　4cm 18针

1.5cm7行

平收76针

4-1-3
2-1-1
2-3-1

2-2-4
2-3-4
2-6-1

48cm210针

44cm193针

双罗纹

48cm210针

加 9-1-10

减 19-1-10

袖片

6cm 26针

2-3-4
2-1-14
2-2-6
2-3-3
2-4-3

11cm 60行

32cm140针

32cm 176行

7-1-14
8-1-12

双罗纹

20cm88针

10cm 53行

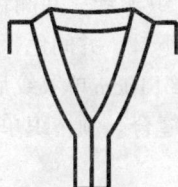

领子结构图

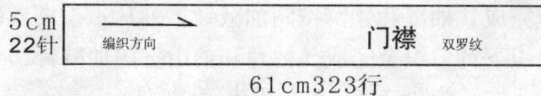

5cm 22针　编织方向　门襟　双罗纹

61cm323行

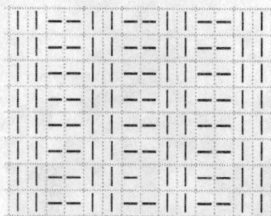

双罗纹

【成品尺寸】衣长85cm　胸围96cm　袖长53cm
【工具】1.7mm棒针
【材料】浅灰色、黑色纯羊毛线
【密度】10cm²：44针×54行
【制作过程】前片：按图起针，先织双层平针底边，后改织下针，并间色，织至完成。后片：按图起针，先织双层平针底边，后改织下针，并间色，织至完成，袖窿和领窝按图加减针。袖片：按图起针，织下针，并间色，织至完成，袖片和袖山按图加减针，全部缝合。领：另织5cm下针，形成V领。整件毛衣编织完成。

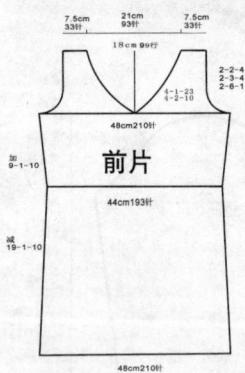

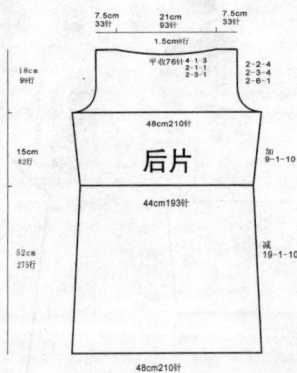

前片

后片

袖片

领子结构图

缝合

双层平针底边图解

靓丽条纹衫

【成品尺寸】衣长85cm　胸围96cm　袖长53cm
【工具】1.7mm棒针
【材料】灰色、翠绿色纯羊毛线
【密度】10cm²：44针×55行
【制作过程】前片：按图起针，织20cm单罗纹后，改织下针，并间色，织至完成。后片：按图起针，织20cm单罗纹后，改织下针，并间色，织至完成，袖窿和领窝按图加减针。袖片：按图起针，织10cm单罗纹后，改织下针，织至完成，袖片和袖山按图加减针，全部缝合。领：织单罗纹，按结构图缝合。整件毛衣编织完成。

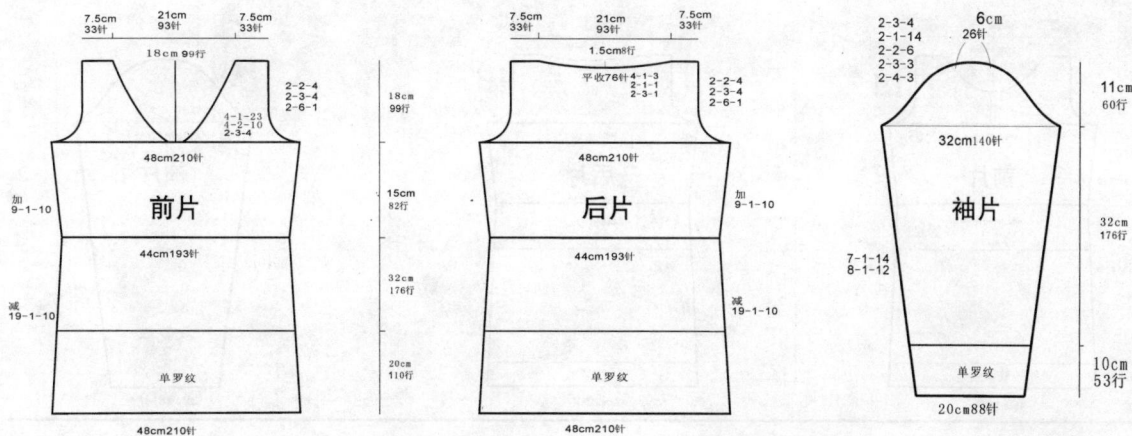

前片
7.5cm 33针　21cm 93针　7.5cm 33针
18cm 99行
2-2-4
2-3-4
2-6-1
4-1-23
4-2-10
2-3-4
48cm210针
加 9-1-10
44cm193针
减 19-1-10
18cm 99行
15cm 82行
32cm 176行
20cm 110行
单罗纹
48cm210针

后片
7.5cm 33针　21cm 93针　7.5cm 33针
1.5cm8行
平收76针 4-1-3
2-3-4
2-3-1
2-6-1
48cm210针
加 9-1-10
44cm193针
减 19-1-10
单罗纹
48cm210针

袖片
2-3-4
2-1-14
2-2-6
2-3-3
2-4-3
6cm 26针
11cm 60行
32cm 140针
32cm 176行
7-1-14
8-1-12
10cm 53行
单罗纹
20cm88针

领子结构图

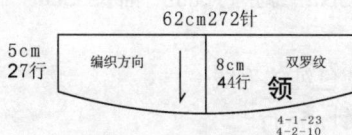

62cm272针
5cm 27行　编织方向　8cm 44行　双罗纹　领
4-1-23
4-2-10

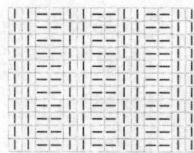

双罗纹

单罗纹

【成品尺寸】衣长85cm　胸围96cm　袖长53cm
【工具】1.7mm棒针
【材料】黄色、白色、绿色、浅灰色纯羊毛线
【密度】10cm²：44针×54行
【制作过程】前片：按图起针，织5cm双罗纹后，改织下针，至42cm时，再织双罗纹，至67cm时，分左右2片编织，织至完成。后片：按图起针，织5cm双罗纹后，改织下针，至42cm时，再织双罗纹，织至完成，袖窿和领窝按图加减针。袖片：按图起针，织双罗纹，织至完成，袖片和袖山按图加减针，并按图间色，全部缝合。前领门襟：另织5cm双罗纹，按图与前领缝合，领圈：挑针，织5cm下针，褶边缝合，形成双层圆领。整件毛衣编织完成。

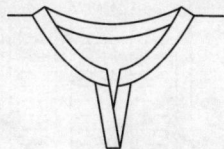

领子结构图

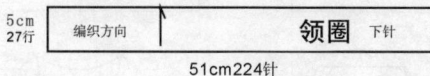

5cm 27行　编织方向　领圈　下针
51cm224针

5cm 27行　编织方向　前领门襟　双罗纹
8cm35针

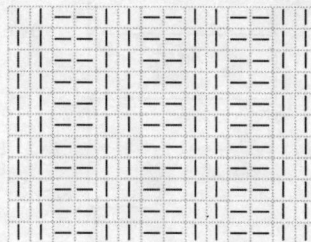

双罗纹

前片

7.5cm 33针 | 21cm 93行 | 7.5cm 33针

10cm 53针

4-1-23
4-2-10

2-2-4
2-3-4
2-6-1

48cm210针

前片

44cm193针 双罗纹

减 9-1-10

减 19-1-10

双罗纹

48cm210针

后片

7.5cm 33针 | 21cm 93针 | 7.5cm 33针

1.5cm7行

10cm 53行

平收76针 4-1-3
2-1-1
2-3-1

2-2-4
2-3-4
2-6-1

8cm 44行

48cm210针

后片

15cm 82行

44cm193针 双罗纹

加 9-1-10

10cm 53行

减 19-1-10

37cm 203行

双罗纹

5cm 27针

48cm210针

袖片

2-3-4
2-1-14
2-2-6
2-3-3
2-4-3

6cm 26针

11cm 60行

32cm140针

袖片

7-1-14
8-1-12

42cm 231行

双罗纹

20cm88针

个性条纹衫

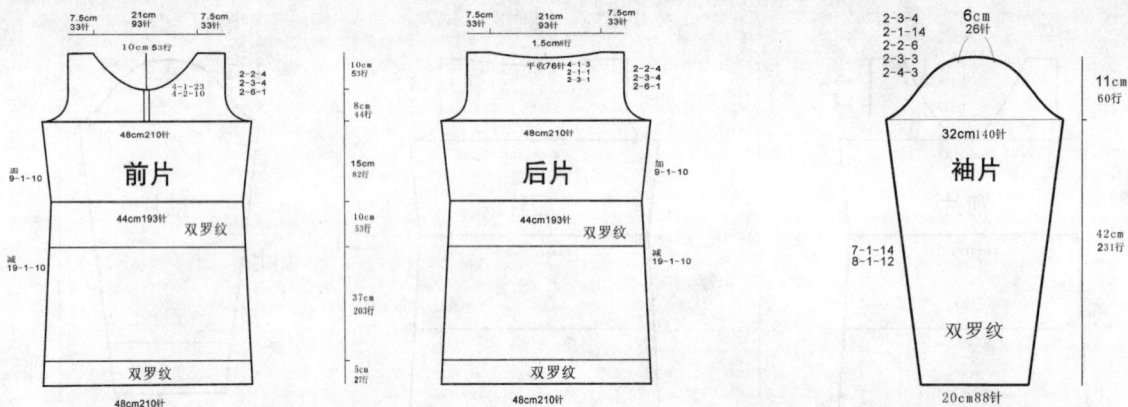

【成品尺寸】衣长85cm　胸围96cm　袖长53cm

【工具】1.7mm棒针

【材料】白色、深蓝色纯羊毛线

【密度】10cm²：44针×55行

【制作过程】前片：按图起针，织10cm双罗纹后，改织下针，并间色，织至完成。后片：按图起针，织10cm双罗纹后，改织下针，并间色，织至完成，袖窿和领窝按图加减针。袖片：按图起针，织10cm双罗纹后，改织下针，织至完成，袖片和袖山按图加减针，全部缝合。领：织双罗纹，领尖缝合，形成V领。衣袋和帽子：另织，按图缝合。整件毛衣编织完成。

帽子

减 4-1-3
6-1-1

21cm（92针）

6cm 33行

帽子

28cm（123针）

9cm 50行

加 4-1-3
6-1-1

加 2-5-2
2-4-2

10cm（44针）

15cm 82行

11cm（48针）

前片

7.5cm 33针 | 21cm 93行 | 7.5cm 33针

18cm 99行

4-1-23
4-2-10

2-2-4
2-3-4
2-6-1

48cm210针

前片

44cm193针

减 9-1-10

减 19-1-10

双罗纹

48cm210针

后片

7.5cm 33针 | 21cm 93针 | 7.5cm 33针

1.5cm7行

平收76针 4-1-3
2-1-1
2-3-1

2-2-4
2-3-4
2-6-1

18cm 99行

48cm210针

后片

15cm 82行

44cm193针

42cm 231行

加 9-1-10

减 19-1-10

双罗纹

48cm210针

袖片

2-3-4
2-1-14
2-2-6
2-3-3
2-4-3

6cm 26针

11cm 60行

32cm140针

袖片

7-1-14
8-1-12

32cm 176行

双罗纹

20cm88针

10cm 53行

衣袋

15cm 82行

15cm66针

袋口

4-1-23
4-2-10

15cm 82行

衣袋

30cm132针

领子结构图

领子结构图

双罗纹

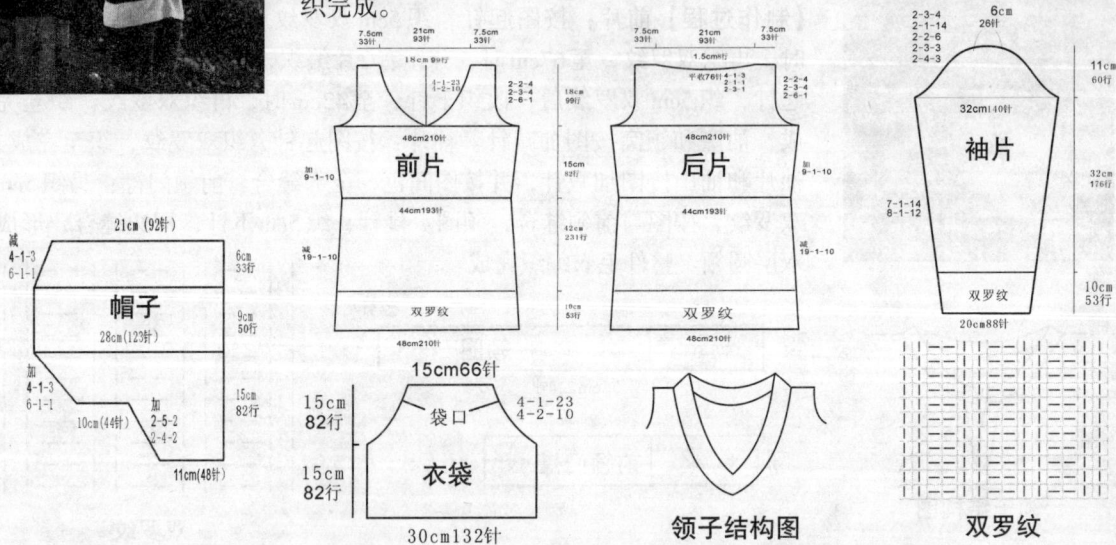

双罗纹

【成品尺寸】衣长54cm　胸围100cm　袖长46cm+单边肩宽19cm
【工具】3.5mm棒针
【材料】米色毛线250g　藏青色毛线400g
【密度】10cm²：18针×22行
【制作过程】前、后片：起80针编织花样7cm，然后改织双罗纹针，编织5cm后如图所示进行收针，注意藏青色和米色毛线相间编织，编织两片。袖片：分4片编织，其中两片用藏青色毛线编织、两片采用相间色编织，起100针，编织双罗纹针，如图所示进行减针。缝合：将前片、后片、袖片缝合。领：左右两侧分别用藏青色毛线挑100针，编织花样5cm。袖口用藏青色毛线挑起40针，编织花样10cm。

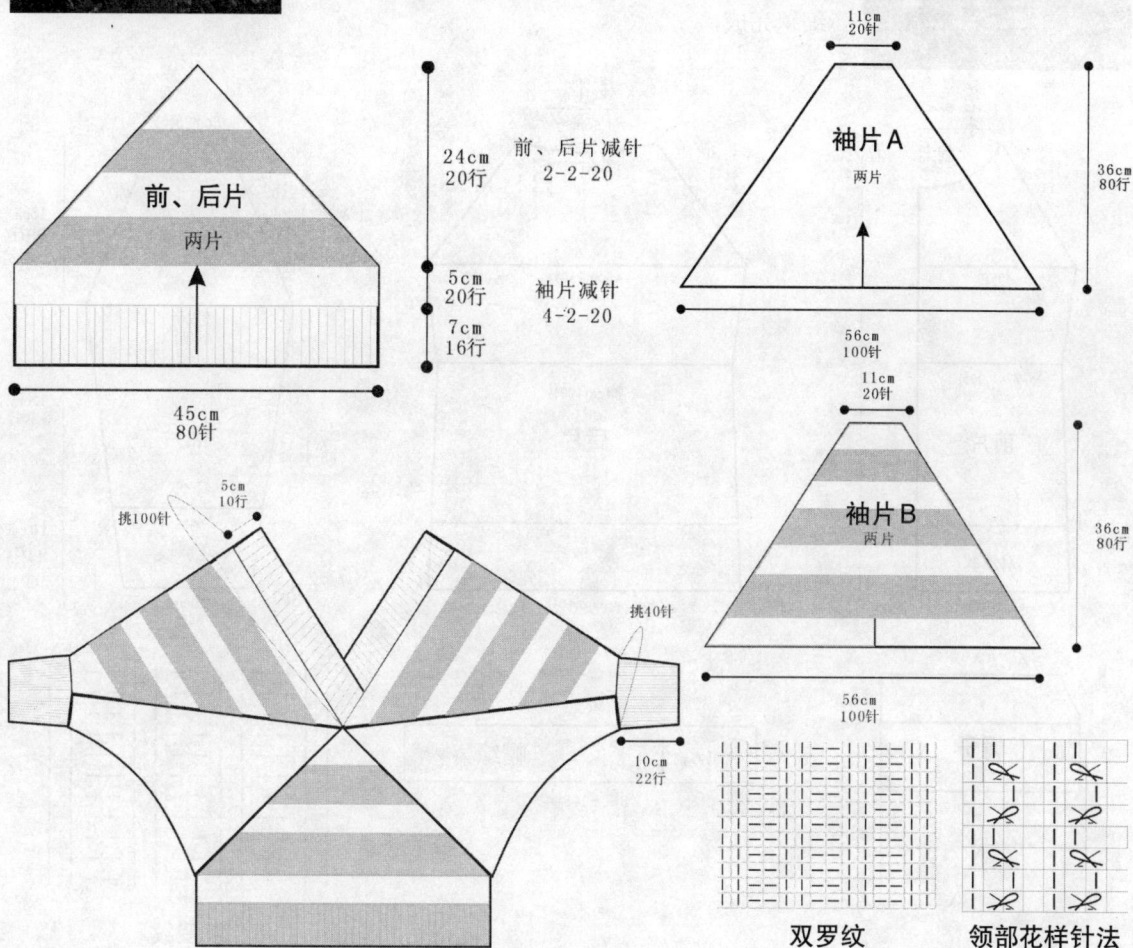

前、后片

两片

24cm
20行
前、后片减针
2-2-20

5cm
20行
袖片减针
4-2-20

7cm
16行

45cm
80针

11cm
20针

袖片A

两片

36cm
80行

56cm
100针

11cm
20针

袖片B

两片

36cm
80行

56cm
100针

挑100针

5cm
10行

挑40针

10cm
22行

双罗纹

领部花样针法

101

休闲印花衫

【成品尺寸】衣长65cm　胸围96cm　连肩袖长60cm
【工具】1.7mm棒针
【材料】灰色、白色纯羊毛线
【密度】10cm²：44针×54行
【附件】拉链1条
【制作过程】前片：分左、右2片编织，分别按图起针，先织双罗纹10cm后，改织下针，按图所示，织至完成。后片：按图起针，织双罗纹10cm后，改织下针，并编入图案，织至完成，衣片、袖窿和领窝按图加减针。袖片：按图起针，织双罗纹10cm后，改织下针，并间色，织至完成，全部缝合。帽子和帽缘：另织，与领圈缝合，缝上拉链。整件毛衣编织完成。

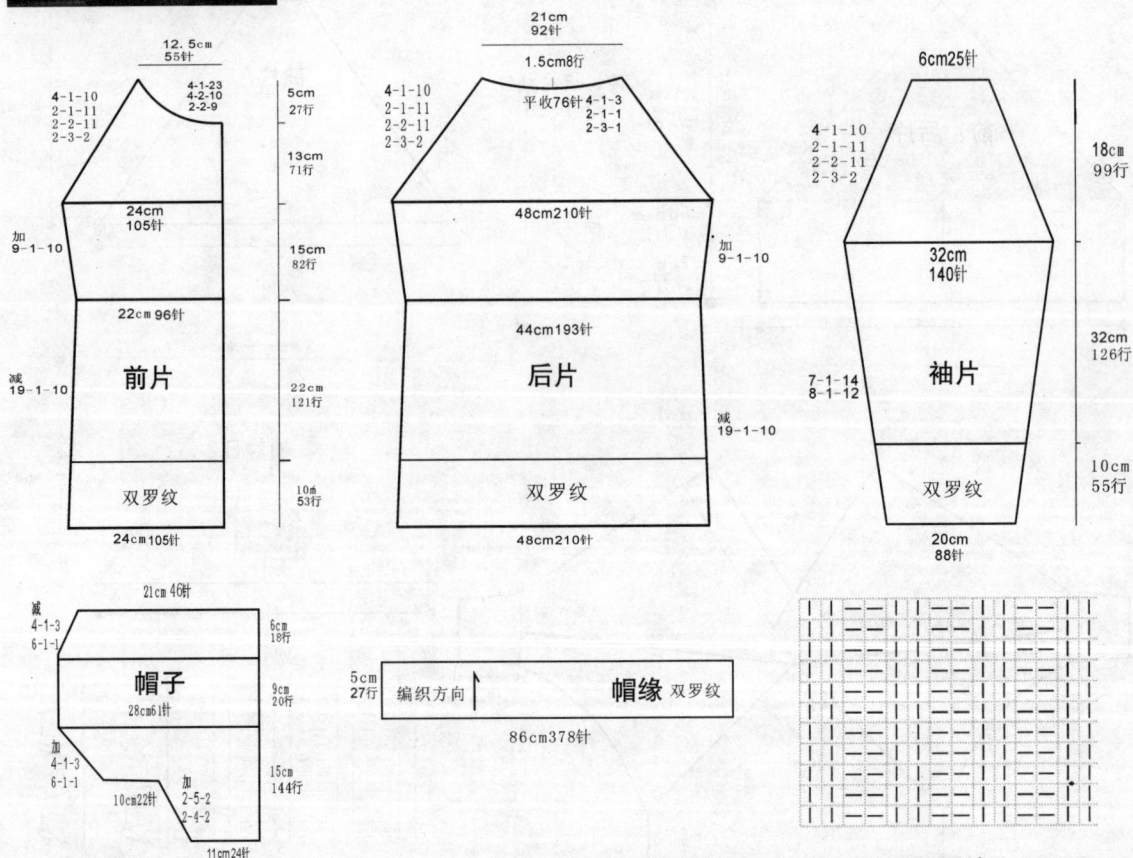

前片

12.5cm 55针

4-1-23
2-1-11
2-2-11
2-3-2

4-1-10
2-1-11
2-2-11
2-3-2

4-1-10
4-2-10
2-2-9

5cm 27行

13cm 71行

24cm 105针

15cm 82行

加 9-1-10

22cm 96针

减 19-1-10

22cm 121行

双罗纹

10cm 53行

24cm 105针

后片

21cm 92针

1.5cm 8行

4-1-10
2-1-11
2-2-11
2-3-2

平收76针 4-1-3
2-1-1
2-3-1

48cm 210针

加 9-1-10

44cm 193针

减 19-1-10

双罗纹

48cm 210针

袖片

6cm 25针

4-1-10
2-1-11
2-2-11
2-3-2

18cm 99行

32cm 140针

32cm 126行

7-1-14
8-1-12

双罗纹

10cm 55行

20cm 88针

帽子

21cm 46针

减
4-1-3
6-1-1

6cm 18行

28cm 61针

9cm 20行

加
4-1-3
6-1-1

加
2-5-2
2-4-2

15cm 144行

10cm 22针

11cm 24针

帽缘 双罗纹

5cm 27行

编织方向↑

86cm 378针

双罗纹

102

【成品尺寸】衣长85cm　胸围96cm　袖长53cm

【工具】1.7mm棒针

【材料】浅灰色、深灰色纯羊毛线

【密度】10cm²：44针×54行

【附件】扣子5枚

【制作过程】前片：分左、右2片编织，分别按图起针，先织双层平针底边，后改织下针，并按图开衣袋，袋口继续编织5cm下针，褶边缝合，形成双层袋口，并按图间色，织至完成。后片：按图起针，先织双层平针底边，后改织下针，并按图间色，织至完成，袖窿和领窝按图加减针。袖片：按图起针，织双层平针底边后，改织下针，并按图间色，织至完成，袖片和袖山按图加减针，全部缝合。门襟：另织，与前片至领圈缝合。缝上扣子。内袋：另织，按图与前片缝合。整件毛衣编织完成。

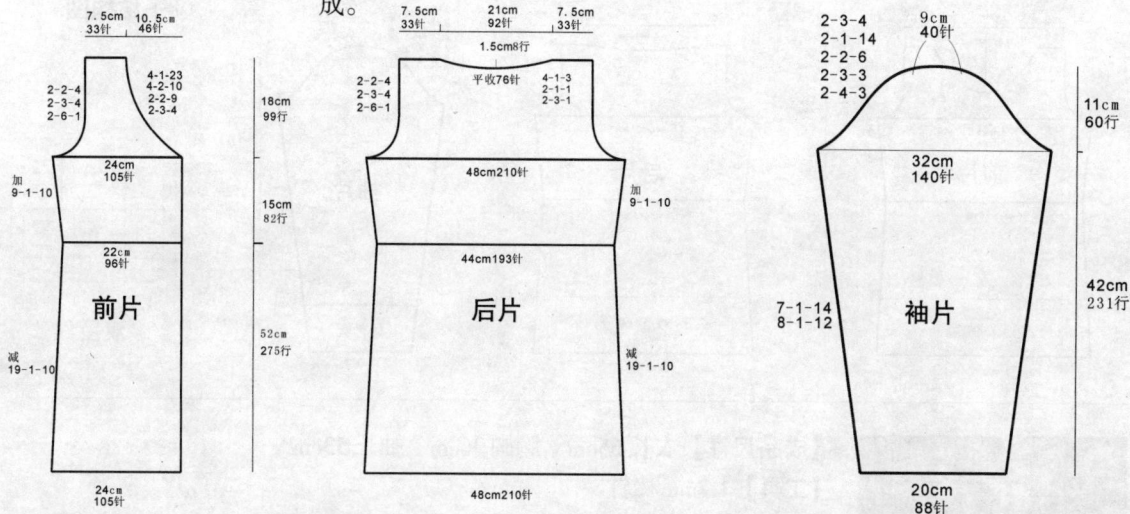

前片

7.5cm 33针　10.5cm 46针

2-2-4
2-3-4
2-6-1

4-1-23
4-2-10
2-2-9
2-3-4

24cm 105针

加 9-1-10

22cm 96针

18cm 99行

15cm 82行

52cm 275行

减 19-1-10

24cm 105针

后片

7.5cm 33针　21cm 92针　7.5cm 33针

1.5cm8行

2-2-4
2-3-4
2-6-1

平收76针

4-1-3
2-1-1
2-3-1

48cm210针

44cm193针

加 9-1-10

48cm210针

减 19-1-10

袖片

2-3-4
2-1-14
2-2-6
2-3-3
2-4-3

9cm 40针

32cm 140针

11cm 60行

7-1-14
8-1-12

42cm 231行

20cm 88针

内袋

15cm 82行

13cm57行

105针

领子结构图

缝合

双层平针底边图解

单罗纹

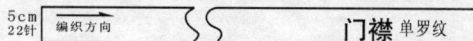

5cm 22针　编织方向　门襟 单罗纹

191cm 1012行

103

俏皮长袖衫

【成品尺寸】衣长85cm　胸围96cm　袖长53cm

【工具】1.7mm棒针

【材料】深灰色、白色纯羊毛线

【密度】10cm²：44针×55行

【制作过程】前片：按图起针，织12cm双罗纹后，改织下针，按图所示，织至完成。后片：按图起针，织12cm双罗纹后，改织下针，并编入图案，织至完成，袖窿和领窝按图加减针。袖片：按图起针，织10cm双罗纹后，改织下针，织至完成，袖片和袖山按图加减针，全部缝合。领：织5cm双罗纹，形成圆领。整件毛衣编织完成。

领子结构图

前片：
- 7.5cm 33针 | 21cm 93针 | 7.5cm 33针
- 15cm 82行
- 4-1-23 4-2-10 2-3-4
- 2-2-4 3-2-4 2-6-1
- 48cm 210针
- **前片**
- 加 9-1-10
- 44cm 193针
- 图案
- 减 19-1-10
- 双罗纹
- 48cm 210针

后片：
- 7.5cm 33针 | 21cm 93针 | 7.5cm 33针
- 1.5cm 8行
- 15cm 82行
- 平收76 4-1-3 2-1-1 2-3-1
- 2-2-4 3-2-4 2-6-1
- 3cm 16行
- 48cm 210针
- **后片**
- 15cm 82行
- 加 9-1-10
- 44cm 193针
- 图案
- 减 19-1-10
- 40cm 220行
- 12cm 66行
- 双罗纹
- 48cm 210针

袖片：
- 2-3-4 2-1-14 2-2-6 2-3-3 2-4-3
- 6cm 26针
- 11cm 60行
- 32cm 140针
- **袖片**
- 7-1-14 8-1-12
- 32cm 176行
- 10cm 53行
- 双罗纹
- 20cm 88针

双罗纹

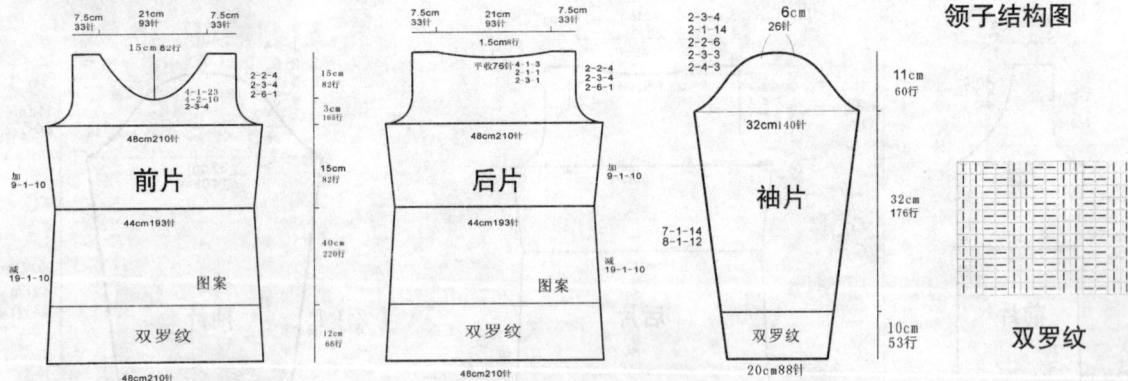

【成品尺寸】衣长65cm　胸围96cm　袖长53cm

【工具】1.7mm棒针

【材料】深蓝色、白色纯羊毛线

【密度】10cm²：44针×55行

【制作过程】前片：按图起针，先织双层平针底边，后改织下针，按图所示，织至完成。后片：按图起针，先织双层平针底边，后改织下针，并编入图案，织至完成。衣片、袖窿和领窝按图加减针。袖片：按图起针，先织双层平针底边，后改织下针，并编入图案，织至完成，袖片和袖山按图加减针，全部缝合。领：另织，按图缝合。整件毛衣编织完成。

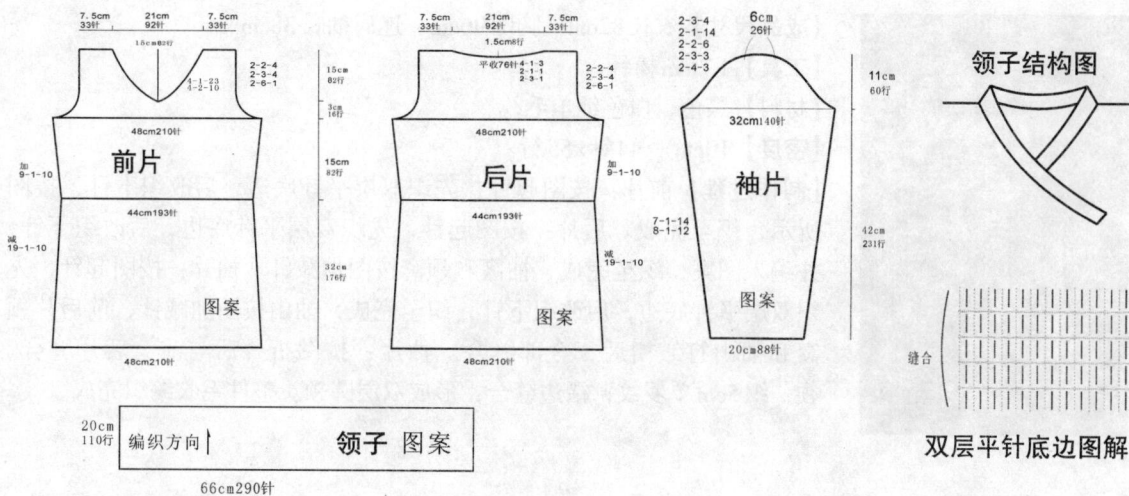

上部分图解

前片

7.5cm 33针　21cm 92针　7.5cm 33针
1.5cm2针行
2-2-4
2-3-4
2-6-1
4-1-23
4-2-10
48cm210针
前片
44cm193针
图案
48cm210针
加 9-1-10
减 19-1-10
15cm 82行
3cm 16行
15cm 82行
32cm 176行

后片

7.5cm 33针　21cm 92针　7.5cm 33针
1.5cm行
平收76针　4-1-3
2-1-1
2-3-1
2-2-4
2-3-4
2-6-1
48cm210针
后片
44cm193针
图案
48cm210针
加 9-1-10
减 19-1-10

袖片

2-3-4
2-1-14
2-2-6
2-3-3
2-4-3
6cm 26针
32cm 140针
袖片
图案
20cm88针
7-1-14
8-1-12
11cm 60行
42cm 231行

领子结构图

缝合

双层平针底边图解

20cm 110行　编织方向　**领子 图案**
66cm290针

时尚印花衫

【成品尺寸】衣长85cm　胸围96cm　袖长53cm

【工具】1.7mm棒针

【材料】浅杏色等纯羊毛线

【密度】10cm²：44针×55行

【附件】扣子5枚

【制作过程】前片：分左、右2片编织，分别按图起针，织12cm单罗纹后，改织下针，按图所示，织至完成。后片：按图起针，织12cm单罗纹后，改织下针，织至完成，袖窿和领窝按图加减针。袖片：按图起针，织12cm单罗纹后，改织下针，织至完成，袖片和袖山按图加减针，全部缝合。门襟：另织，与前片至领圈缝合，缝上扣子。整件毛衣编织完成。

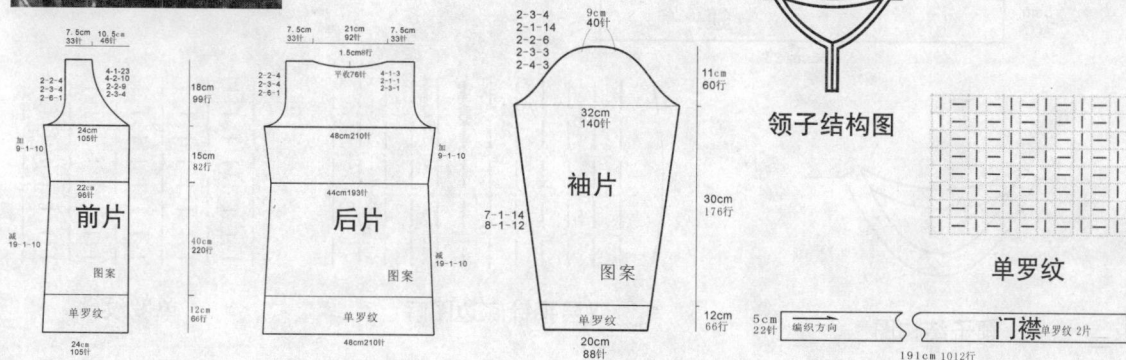

前片

7.5cm 33针　10.5cm 46针
2-2-4
2-3-4
2-6-1
4-1-23
4-2-10
2-3-4
24cm 105针
前片
22cm 96针
图案
单罗纹
24cm 105针
加 9-1-10
减 19-1-10
18cm 99行
15cm 82行
40cm 220行
12cm 66行

后片

7.5cm 33针　21cm 92针　7.5cm 33针
1.5cm行
平收76针　4-1-3
2-1-1
2-2-4
2-3-4
2-6-1
48cm210针
后片
44cm193针
图案
48cm210针
加 9-1-10
减 19-1-10
单罗纹

袖片

2-3-4
2-1-14
2-2-6
2-3-3
2-4-3
9cm 40针
32cm 140针
袖片
图案
20cm 88针
单罗纹
7-1-14
8-1-12
11cm 60行
30cm 176行
12cm 66行

领子结构图

单罗纹

门襟
5cm 22针　编织方向　门襟 单罗纹 2片
191cm 1012行

【成品尺寸】衣长82cm　胸围96cm　连肩袖长38cm
【工具】1.7mm棒针
【材料】黑色、白色纯羊毛线
【密度】10cm²：44针×55行
【制作过程】前片：按图起针，先织双层平针底边，后改织下针，按图所示，织至完成。后片：按图起针，先织双层平针底边，后改织下针，并编入图案，织至完成，袖窿和领窝按图加减针。袖片：按图起针，先织双层平针底边，后改织下针，织至完成，袖山按图加减针，前后片领窝和袖山打皱褶后，全部缝合。袖片：按图折叠后与前、后片缝合。领：织5cm单罗纹，褶边缝合，形成双层圆领。整件毛衣编织完成。

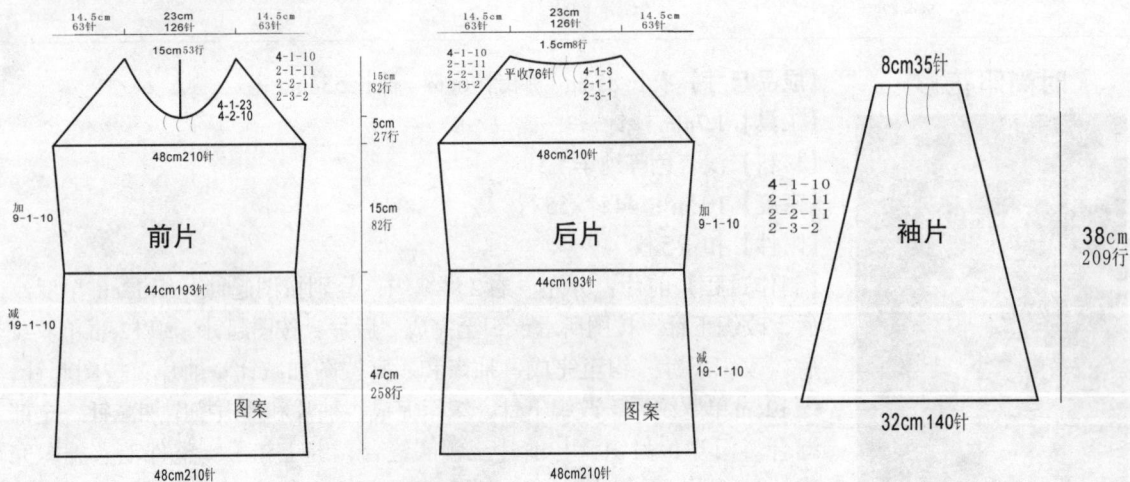

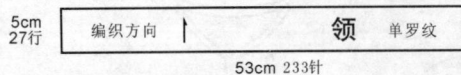

前片

14.5cm 63针　23cm 126行　14.5cm 63针
15cm53行
4-1-10
2-1-11
2-2-11
2-3-2
4-1-23
4-2-10
48cm210针
15cm 82行
5cm 27行
15cm 82针
加 9-1-10
44cm193针
减 19-1-10
47cm 258行
图案
48cm210针

后片

14.5cm 63针　23cm 126行　14.5cm 63针
1.5cm8行
4-1-10
2-1-1
2-1-1
2-3-2
平收76针
4-1-3
2-1-1
2-3-1
48cm210针
加 9-1-10
44cm193针
减 19-1-10
图案
48cm210针

袖片

8cm35针
4-1-10
2-1-11
2-1-11
2-3-2
38cm 209行
32cm 140针

领

5cm 27行
编织方向↑　领　单罗纹
53cm 233针

领子结构图

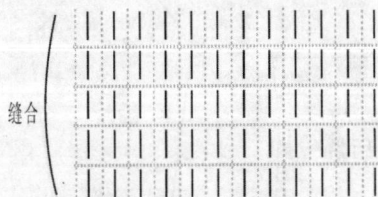

缝合
双层平针底边图解

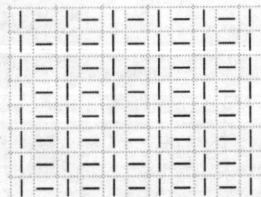

单罗纹

休闲长袖衫

【成品尺寸】衣长65cm　胸围96cm　袖长53cm

【工具】1.7mm棒针　小号钩针

【材料】灰色纯羊毛线

【密度】10cm²：44针×55行

【制作过程】前片：按图起针，织5cm双罗纹后，改织花样，织至完成。后片：按图起针，织5cm双罗纹后，改织上针，织至完成，袖窿和领窝按图加减针。袖片：按图起针，织5cm双罗纹后，改织上针至25cm时，再用小号钩针钩织钩花，织至完成，袖片和袖山按图加减针，全部缝合。整件毛衣编织完成。

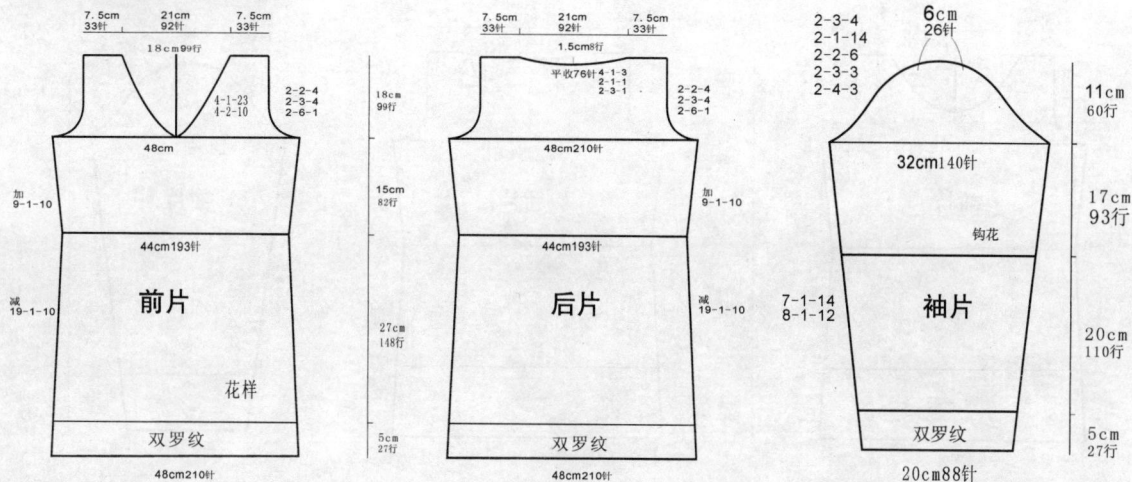

前片

7.5cm 33针　21cm 92针　7.5cm 33针
18cm99行
2-2-4
2-3-4
2-6-1
4-1-23
4-2-10
48cm
加 9-1-10
44cm193针
花样
减 19-1-10
双罗纹
48cm210针

18cm 99行
15cm 82行
27cm 148行
5cm 27行

后片

7.5cm 33针　21cm 92针　7.5cm 33针
1.5cm8行
平收76针 4-1-3
2-1-1
2-3-1
2-2-4
2-3-4
2-6-1
48cm210针
加 9-1-10
44cm193针
减 19-1-10
双罗纹
48cm210针

袖片

2-3-4
2-1-14
2-2-6
2-3-3
2-4-3
6cm 26针
32cm140针
钩花
7-1-14
8-1-12
双罗纹
20cm88针

11cm 60行
17cm 93行
20cm 110行
5cm 27行

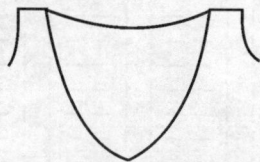

领子结构图

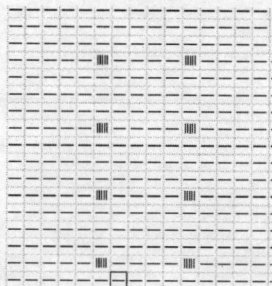

花样

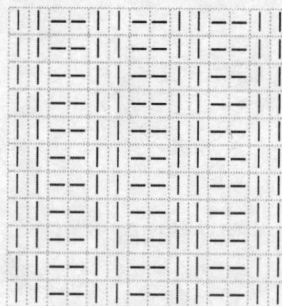

双罗纹

【成品尺寸】衣长85cm　胸围96cm　袖长53cm

【工具】1.7mm棒针

【材料】深灰色、白色、红色纯羊毛线

【密度】10cm²：44针×53行

【附件】亮片若干

【制作过程】前片：按图起针，织10cm双罗纹后，改织下针，按图所示，并间色，织至完成。后片：按图起针，织10cm双罗纹后，改织下针，并间色，织至完成，袖窿和领窝按图加减针。袖片：按图起针，织10cm双罗纹后，改织下针，并间色，织至完成，袖片和袖山按图加减针，全部缝合。领：另织5cm下针，褶边缝合，形成双层圆领，缝上亮片。整件毛衣编织完成。

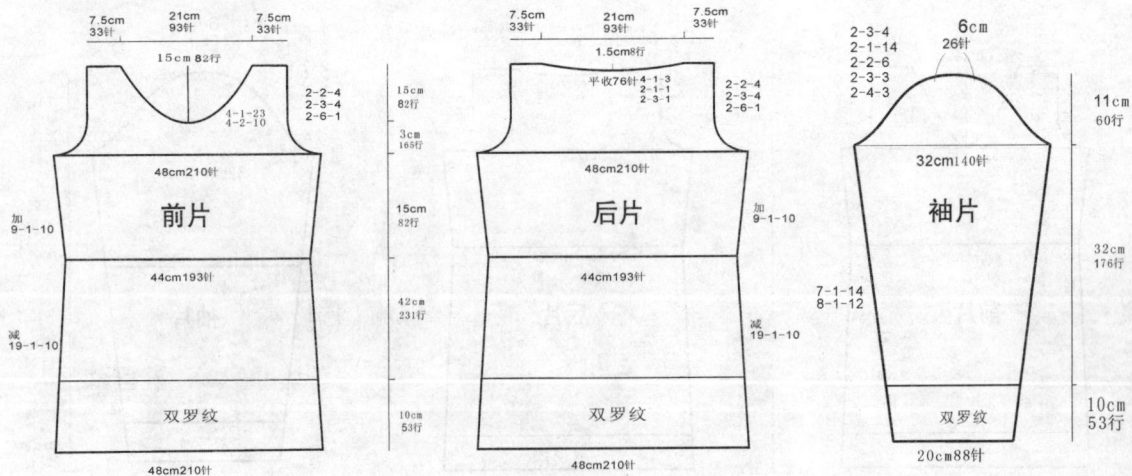

前片

7.5cm 33针　21cm 93针　7.5cm 33针
15cm 82行
2-2-4
2-3-4
2-6-1
4-1-23
4-2-10
48cm210针
加 9-1-10
44cm193针
减 19-1-10
双罗纹
48cm210针

后片

7.5cm 33针　21cm 93针　7.5cm 33针
1.5cm 8行
平收76针 4-1-3
2-1-1
2-3-1
2-2-4
2-3-4
2-6-1
15cm 82行
3cm 16行
15cm 82行
48cm210针
加 9-1-10
44cm193针
减 19-1-10
42cm 231行
10cm 53行
双罗纹
48cm210针

袖片

2-3-4
2-1-14
2-2-6
2-3-3
2-4-3
6cm 26针
11cm 60行
32cm140针
32cm 176行
7-1-14
8-1-12
10cm 53行
双罗纹
20cm88针

领子结构图

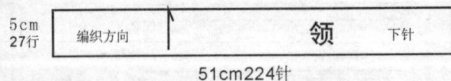

5cm 27行　编织方向　领　下针
51cm224针

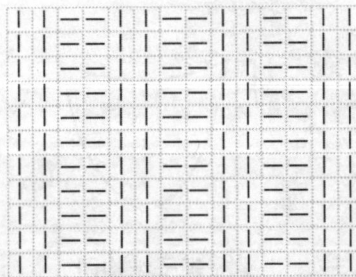

双罗纹

【成品尺寸】衣长65cm　胸围96cm　袖长53cm
【工具】2.5mm棒针
【材料】浅灰色、白色纯羊毛线
【密度】10cm²：22针×32行
【制作过程】前片：按图起针，织10cm花样B后，改织花样A，并间色，织至完成。后片：按图起针，织10cm花样B后，改织花样A，并间色，织至完成，袖窿和领窝按图加减针。袖片：按图起针，织10cm花样B后，改织花样A，并间色，织至完成，全部缝合。领：另织10cm花样B，形成叠压V领。整件毛衣编织完成。

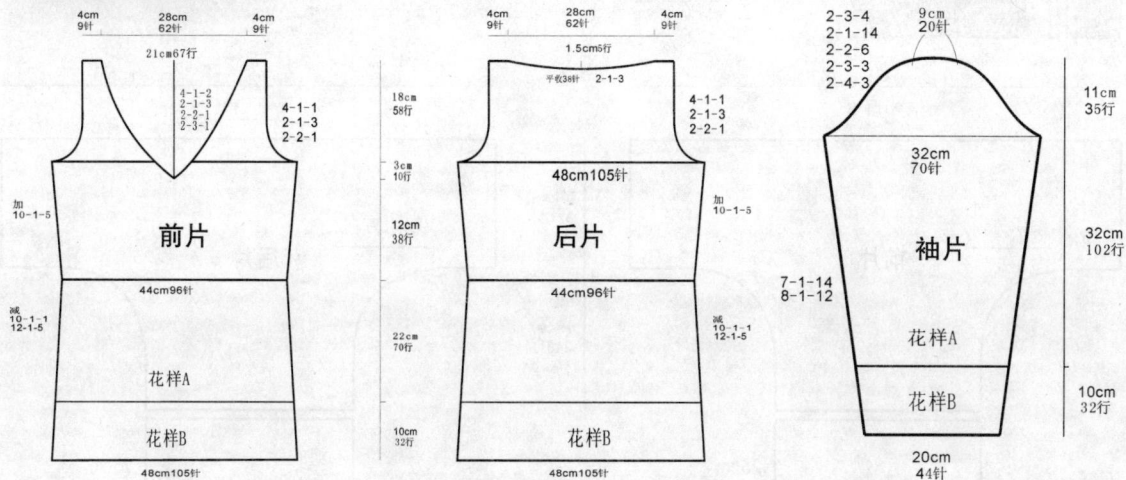

前片

后片

袖片

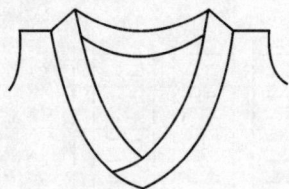

领子结构图

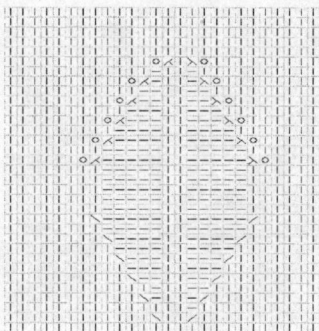

花样A

花样B

条纹蝙蝠衫

【成品尺寸】衣长85cm　胸围96cm　连肩袖长45cm

【工具】1.7mm棒针

【材料】棕色、米黄色纯羊毛线

【密度】10cm²：44针×54行

【制作过程】前片：分上、下2片编织，上片从袖片织起，按编织方向起针，织下针，并间色，织至另一袖，腋下和领窝按图加减针；下片按图起针，织双罗纹25cm，织至完成，将上、下片缝合。后片：分上、下2片编织，上片从袖片织起，按编织方向起针，织下针，并间色，织至另一袖，腋下和领窝按图加减针；下片按图起针，织双罗纹25cm，织至完成，将上、下片缝合后，再全部缝合。袖口：另织好，与衣片缝合。整件毛衣编织完成。

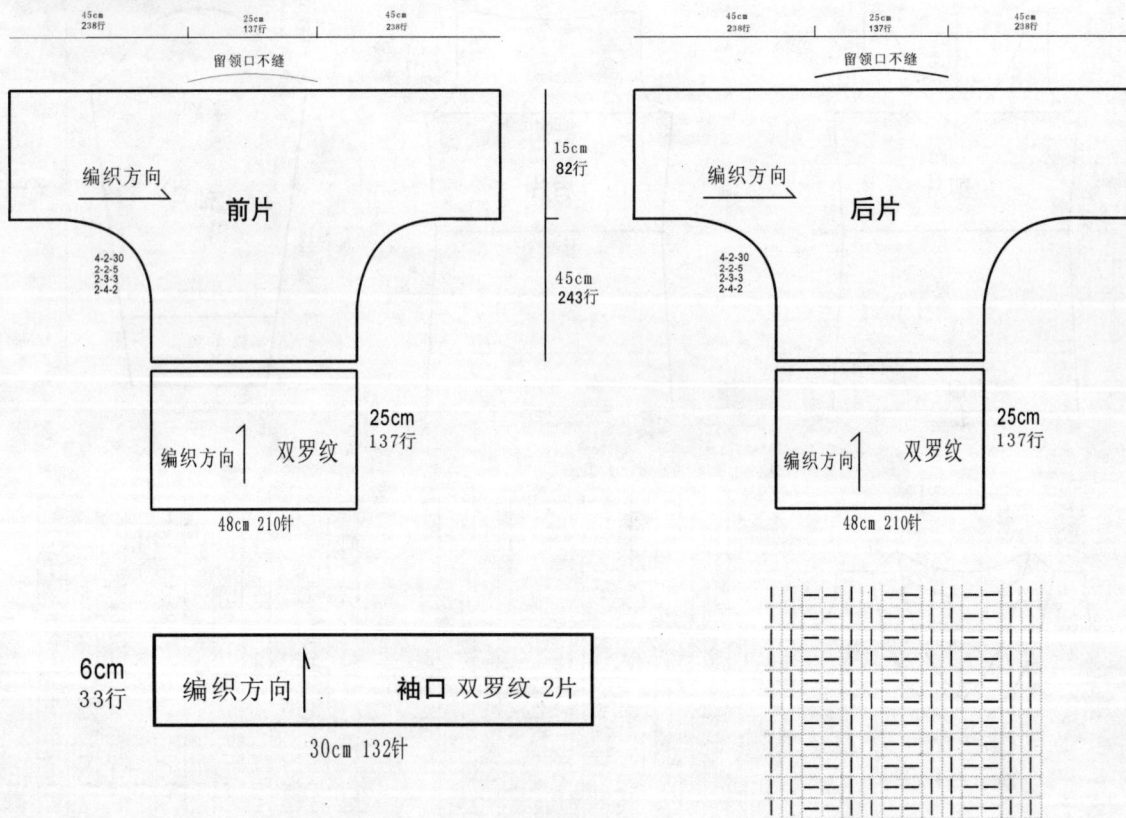

45cm 238行　　25cm 137行　　45cm 238行

留领口不缝

编织方向　　**前片**

15cm 82行

45cm 243行

4-2-30
2-3-3
2-4-2

编织方向↑ **双罗纹**

25cm 137行

48cm 210针

45cm 238行　　25cm 137行　　45cm 238行

留领口不缝

编织方向　　**后片**

4-2-30
2-3-3
2-4-2

编织方向↑ **双罗纹**

25cm 137行

48cm 210针

6cm 33行　　编织方向↑ **袖口** 双罗纹 2片

30cm 132针

双罗纹

【成品尺寸】衣长60cm　胸围88cm　肩宽36cm　袖长56cm
【工具】3.5mm棒针
【材料】白色毛线300g
【密度】10cm²：22针×28行
【附件】雪纺布料若干
【制作过程】先用雪纺布料按图示裁出前、后片与袖片，然后进行缝合。装饰条ABC，如图示，编织若干条，待用。编织下摆，起194针编织双罗纹针8cm。编织领口与袖口，如图示，起适合的针数进行双罗纹针编织。缝合，如图示，将各装饰条、下摆、领、袖口等各部位进行缝合。

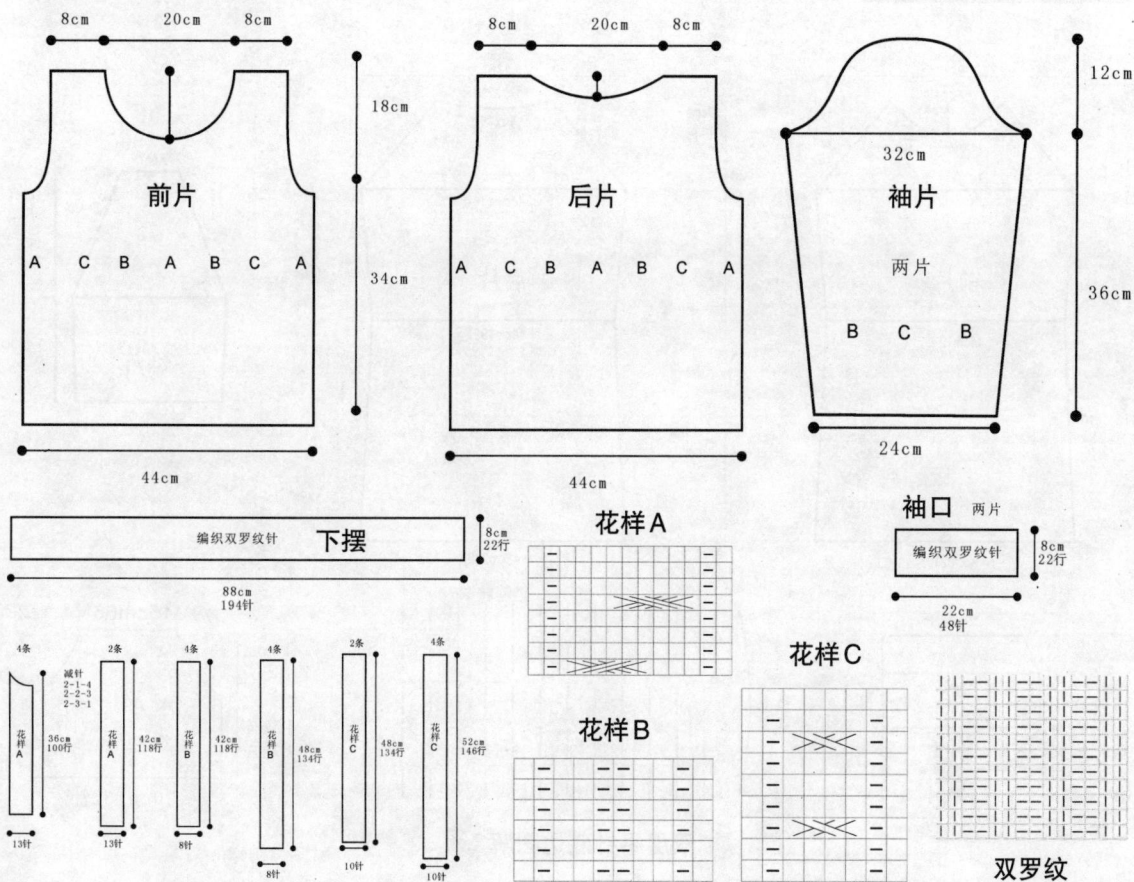

前片

8cm　20cm　8cm
18cm
34cm
A C B A B C A
44cm

后片

8cm　20cm　8cm
A C B A B C A
44cm

袖片

12cm
32cm
两片
36cm
B C B
24cm

下摆
编织双罗纹针
8cm
22行
88cm
194针

袖口　两片
编织双罗纹针
8cm
22行
22cm
48针

花样A

花样B

花样C

双罗纹

4条
减针
2-1-4
2-2-3
2-3-1
花样A
36cm
100行
13针

2条
花样A
42cm
118行
13针

4条
花样B
42cm
118行
8针

4条
花样B
48cm
134行
8针

2条
花样C
48cm
134行
10针

4条
花样C
52cm
146行
10针

可爱条纹衫

【成品尺寸】衣长80cm　胸围96cm　袖长32cm

【工具】1.7mm棒针

【材料】白色纯羊毛线

【密度】10cm²：44针×55行

【附件】领带1根

【制作过程】前片：按图起针，先织双层平针底边，后改织下针，织至完成，按图所示，袖窿和领窝按图加减针。后片：按图起针，与前片的编织方法一样，并编入图案。袖片：按图起针，先织双层平针底边，后改织下针，织至完成，袖山按图加减针，并编入图案，全部缝合。帽子：另织，按图缝合领圈。衣袋：另织，袋口挑针，织30cm双罗纹，与前片缝合，系上领带。整件毛衣编织完成。

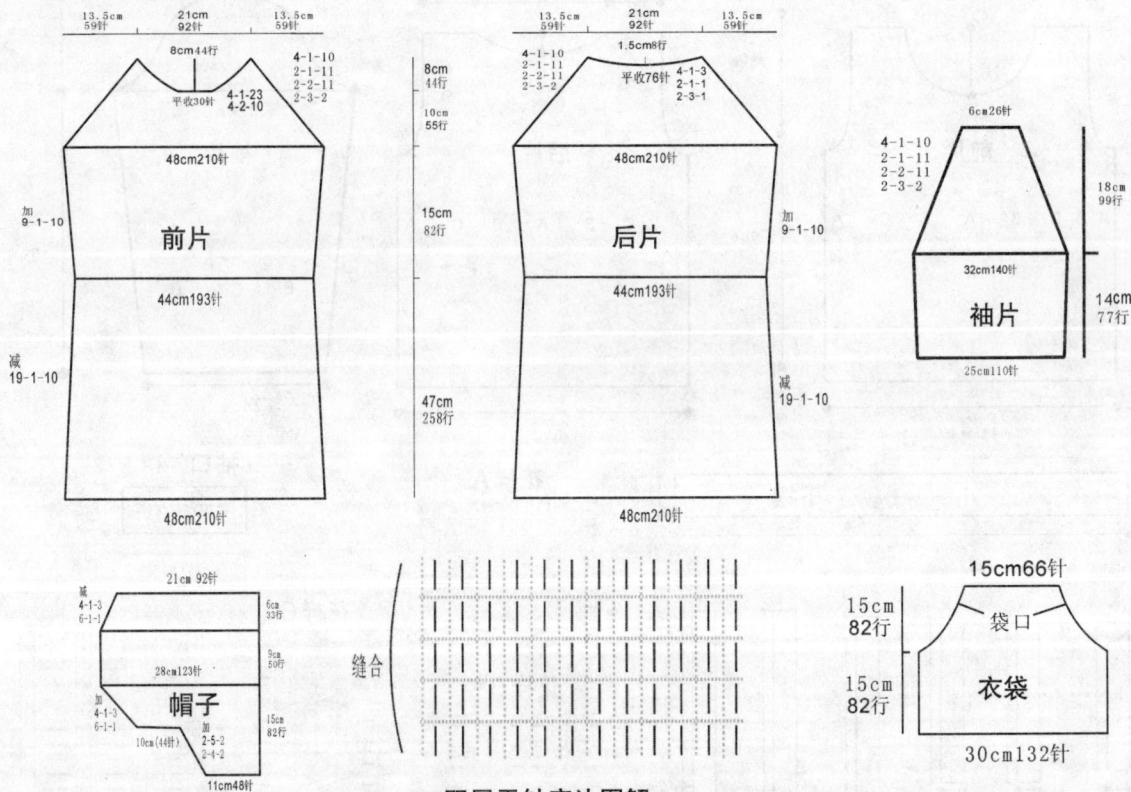

前片
- 13.5cm 59针　21cm 92针　13.5cm 59针
- 8cm44行
- 平收30针
- 4-1-10　2-1-11　2-2-11　2-3-2
- 4-1-23　4-2-10
- 48cm210针
- 加 9-1-10
- 44cm193针
- 减 19-1-10
- 48cm210针

后片
- 13.5cm 59针　21cm 92针　13.5cm 59针
- 1.5cm8行
- 平收76针
- 4-1-10　2-1-11　2-2-11　2-3-2
- 4-1-3　2-1-1　2-3-1
- 48cm210针
- 8cm 44行
- 10cm 55行
- 15cm 82行
- 47cm 258行
- 加 9-1-10
- 44cm193针
- 减 19-1-10
- 48cm210针

袖片
- 6cm26针
- 4-1-10　2-1-11　2-2-11　2-3-2
- 18cm 99针
- 32cm140针
- 14cm 77行
- 25cm110针

帽子
- 21cm 92针
- 减 4-1-3　6-1-1
- 6cm 33行
- 28cm123针
- 9cm 50行
- 加 4-1-3　6-1-1
- 加 2-5-2　2-4-2
- 15cm 82行
- 10cm(44针)
- 11cm48针

衣袋
- 15cm66针
- 15cm 82行　袋口
- 15cm 82行
- 30cm132针

缝合

双层平针底边图解

【成品尺寸】衣长85cm　胸围96cm　袖长53cm
【工具】1.7mm棒针
【材料】白色、红色等纯羊毛线
【密度】10cm²：44针×55行
【附件】扣子3枚
【制作过程】前片：按图起针，织双罗纹10cm后，改织下针，按图所示，织至67cm时，分左右2片编织，织至完成。后片：按图起针，织双罗纹10cm后，改织下针，并编入图案，织至完成，袖窿和领窝按图加减针。袖片：按图起针，织双罗纹10cm后，改织下针，并编入图案，织至完成，袖片和袖山按图加减针，全部缝合。门襟：另织5cm双罗纹，按图缝合。领：挑针，织5cm双罗纹，形成开襟圆领。缝上扣子，整件毛衣编织完成。

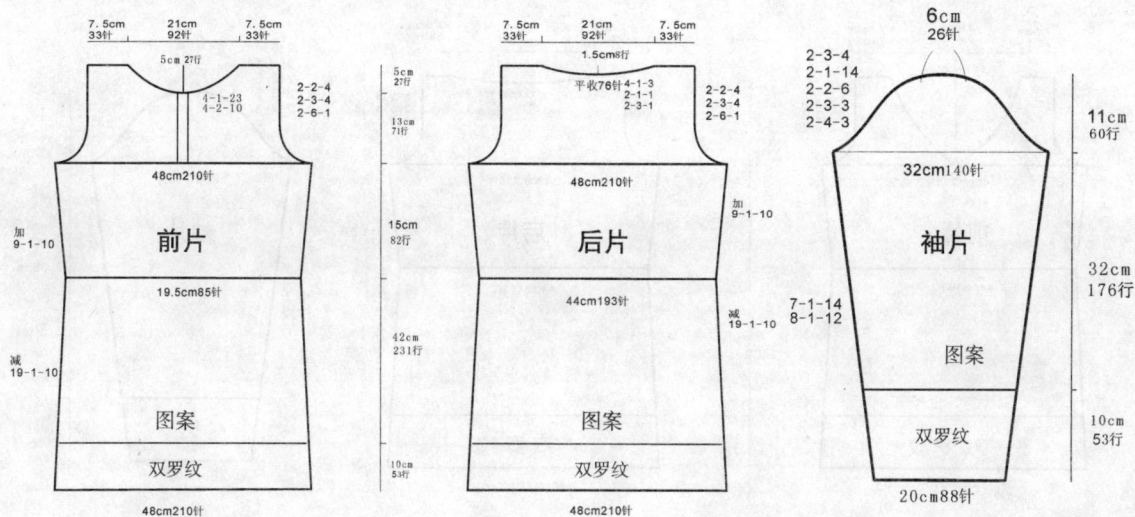

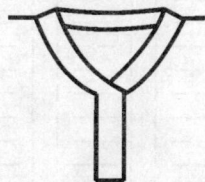

领子结构图

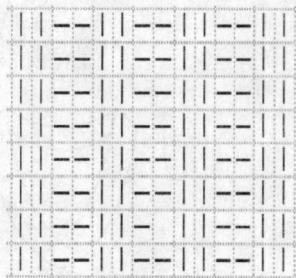

双罗纹

妩媚条纹衫

【成品尺寸】衣长65cm　胸围96cm　袖长53cm

【工具】1.7mm棒针

【材料】深灰色、白色等纯羊毛线

【密度】10cm²：44针×55行

【制作过程】前片：按图起针，织10cm双罗纹后，改织下针，并间色，织至完成。后片：按图起针，织10cm双罗纹后，改织下针，并间色，织至完成，袖窿和领窝按图加减针。袖片：按图起针，织10cm双罗纹后，改织下针，并间色，织至完成，袖片和袖山按图加减针，全部缝合。领：挑针，织5cm下针，褶边缝合，形成双层V领。衬边：另织，按图缝合。整件毛衣编织完成。

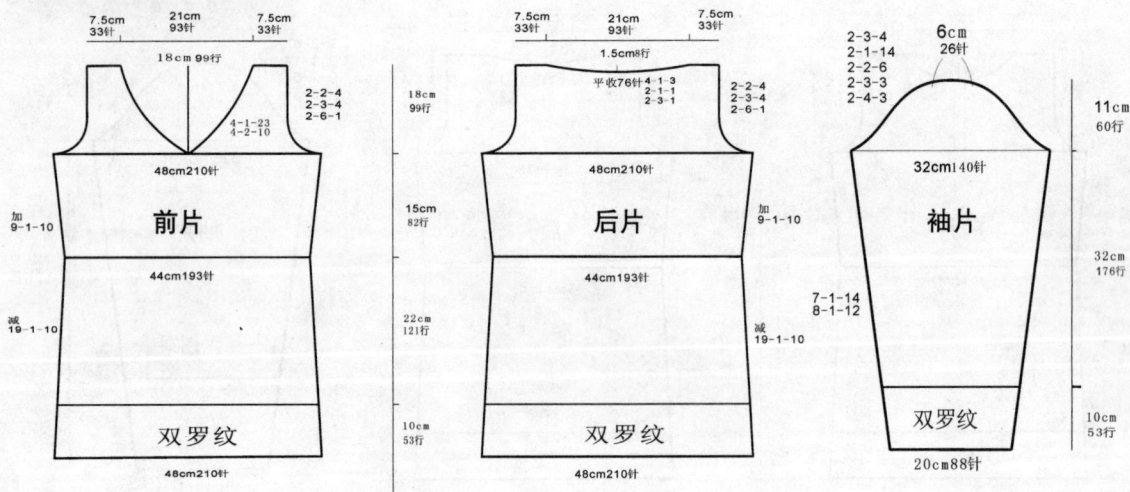

前片

7.5cm 33针　21cm 93针　7.5cm 33针
18cm 99行
2-2-4
2-3-4
2-6-1
4-1-23
4-2-10
48cm210针
加 9-1-10
44cm193针
减 19-1-10
双罗纹
48cm210针

18cm 99行
15cm 82行
22cm 121行
10cm 53行

后片

7.5cm 33针　21cm 93针　7.5cm 33针
1.5cm8行
平收76针　4-1-3
2-1-1
2-3-1
2-2-4
2-3-4
2-6-1
48cm210针
加 9-1-10
44cm193针
7-1-14
8-1-12
减 19-1-10
双罗纹
48cm210针

袖片

2-3-4
2-1-1
2-2-6
2-3-3
2-4-3
6cm 26针
11cm 60行
32cm140针
32cm 176行
10cm 53行
双罗纹
20cm88针

衬边
3cm 13针　编织方向　　衬边　双罗纹　2片
130cm689行

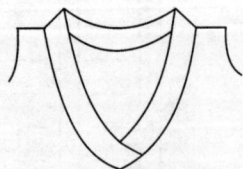

领子结构图

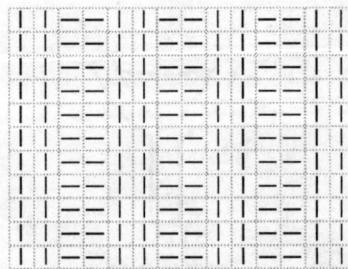

双罗纹

114

【成品尺寸】衣长70cm　胸围110cm　袖长53cm
【工具】1.7mm棒针
【材料】深灰色、白色等纯羊毛线
【密度】10cm²：44针×55行
【制作过程】前片：分上、下2片编织，上片按图起针，织6cm双罗纹后，改织下针，并间色，织至完成，袖窿和领窝按图加减针；下片按图起针，织3cm双罗纹后，改织下针，织至完成。后片：按图起针，织法与前片一样。袖片：按图起针，织10cm双罗纹后，改织下针，并间色，织至完成，袖片和袖山按图加减针，全部缝合。领圈：挑针，织8cm双罗纹，形成圆领。整件毛衣编织完成。

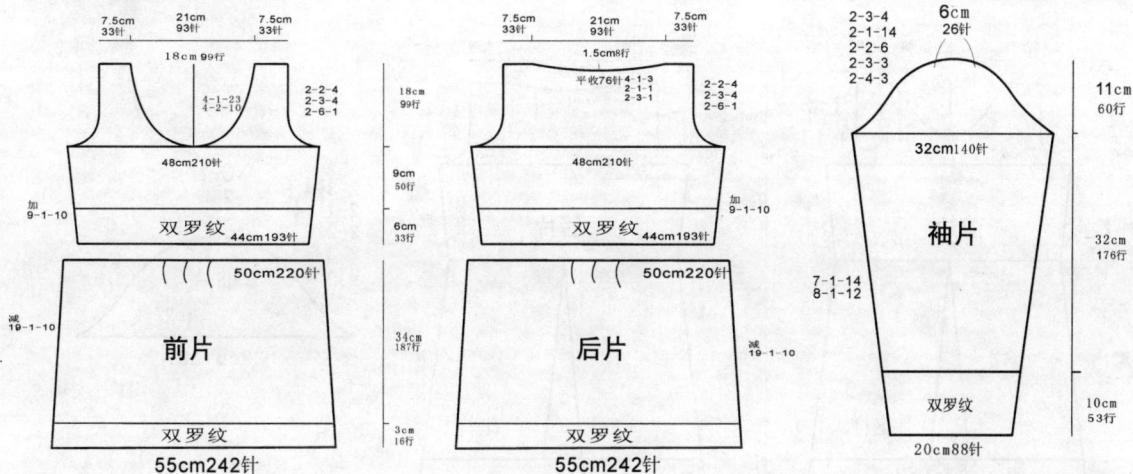

前片
7.5cm 33针　21cm 93针　7.5cm 33针
18cm 99行
4-1-23
4-2-10
2-2-4
2-3-4
2-6-1
48cm210针
加 9-1-10
双罗纹 44cm193针
50cm220针
减 19-1-10
前片
双罗纹
55cm242针

后片
7.5cm 33针　21cm 93针　7.5cm 33针
1.5cm8行
平收76针 4-1-3
2-1-1
2-3-1
2-2-4
2-3-4
2-6-1
48cm210针
18cm 99行
9cm 50行
6cm 33行
双罗纹 44cm193针
加 9-1-10
50cm220针
减 19-1-10
34cm 187行
后片
双罗纹
3cm 16行
55cm242针

袖片
2-3-4
2-1-14
2-2-6
2-3-3
2-4-3
6cm 26针
32cm140针
11cm 60行
袖片
7-1-14
8-1-12
32cm 176行
双罗纹
20cm88针
10cm 53行

8cm 44行
编织方向　　领圈　　双罗纹
58cm255针

领子结构图

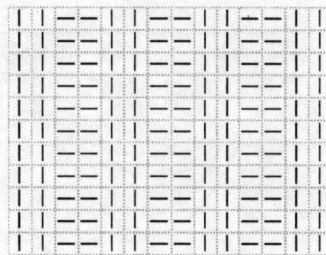

双罗纹

舒适圆领长衫

【成品尺寸】衣长85cm　胸围110cm　袖长9cm
【工具】1.7mm棒针
【材料】杏色纯羊毛线
【密度】10cm²：44针×54行
【附件】扣子3枚
【制作过程】前片：按图起针，织3cm单罗纹后，改织花样，前下摆和袖窿、领窝按图加减针，织至完成。后片：按图起针，织3cm单罗纹后，改织花样，后下摆和袖窿、领窝按图加减针，织至完成。袖片：按图起针，织单罗纹，织至完成，袖山按图加减针，全部缝合。领：挑针，织5cm单罗纹，形成圆领。缝上扣子。整件毛衣编织完成。

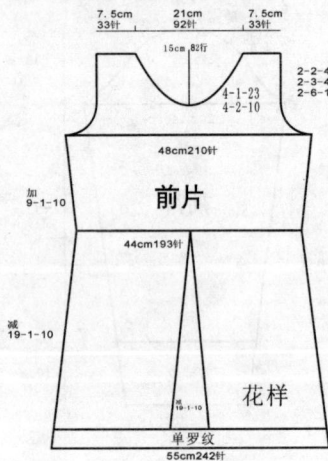

7.5cm 33针　21cm 92针　7.5cm 33针
15cm 82行
2-2-4
2-3-4
2-6-1
4-1-23
4-2-10
48cm210针
前片
加9-1-10
44cm193针
18cm 99行
15cm 82行
49cm 260行
3cm 16行
减19-1-10
减19-1-10
花样
单罗纹
55cm242针

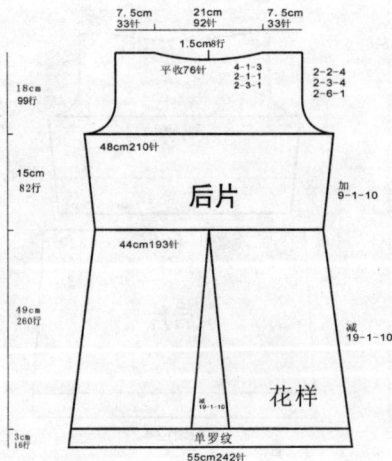

7.5cm 33针　21cm 92针　7.5cm 33针
1.5cm8行
平收76针
4-1-3
2-1-1
2-3-1
2-2-4
2-3-4
2-6-1
48cm210针
后片
加9-1-10
44cm193针
减19-1-10
减19-1-10
花样
单罗纹
55cm242针

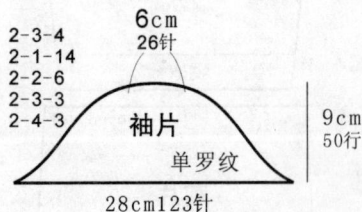

6cm 26针
2-3-4
2-1-14
2-2-6
2-3-3
2-4-3
袖片
单罗纹
9cm 50行
28cm123针

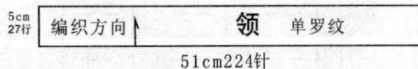

5cm 27行
编织方向　领　单罗纹
51cm224针

领子结构图

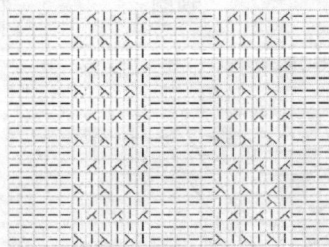

花样

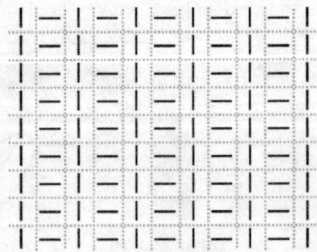

单罗纹

【成品尺寸】衣长85cm　胸围110cm　袖长9cm

【工具】1.7mm棒针

【材料】棕色纯羊毛线

【密度】10cm²：44针×54行

【附件】扣子3枚

【制作过程】前片：按图起针，织3cm单罗纹后，改织花样，前下摆和袖窿、领窝按图加减针，织至完成。后片：按图起针，织3cm单罗纹后，改织花样，后下摆和袖窿、领窝按图加减针，织至完成。袖片：按图起针，织单罗纹，织至完成，袖山按图加减针，全部缝合。领：挑针，织5cm单罗纹，形成圆领。缝上扣子，整件毛衣编织完成。

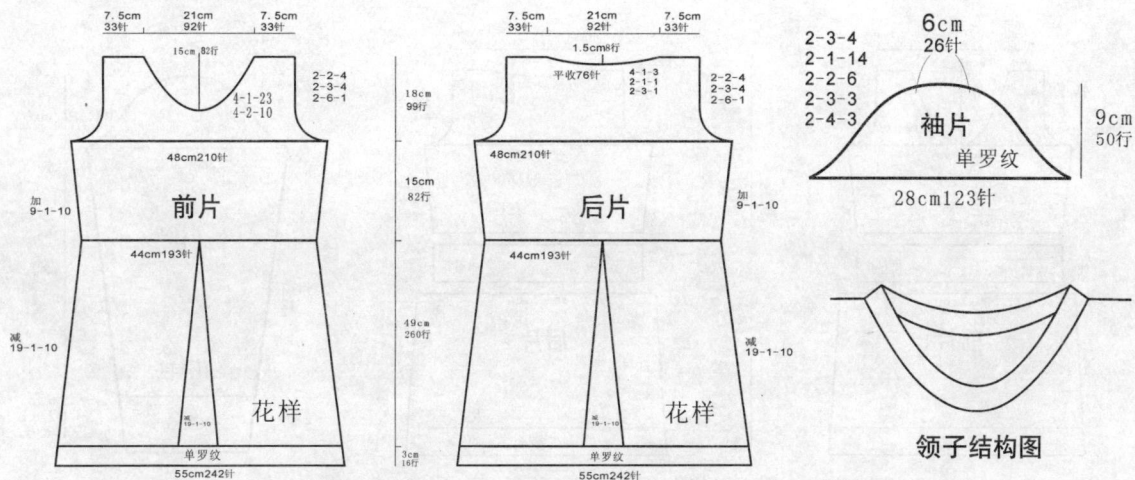

前片

| 7.5cm 33针 | 21cm 92针 | 7.5cm 33针 |

15cm 82行

48cm210针

2-2-4
2-3-4
2-6-1

4-1-23
4-2-10

加 9-1-10

44cm193针

减 19-1-10

减 19-1-10

单罗纹
55cm242针

后片

| 7.5cm 33针 | 21cm 92针 | 7.5cm 33针 |

18cm 99行

1.5cm 8行

平收76针

4-1-3
2-1-1
2-3-1

2-2-4
2-3-4
2-6-1

48cm210针

15cm 82行

44cm193针

加 9-1-10

49cm 260行

减 19-1-10

减 19-1-10

3cm 16行

单罗纹
55cm242针

袖片

2-3-4
2-1-14
2-2-6
2-3-3
2-4-3

6cm 26针

9cm 50行

袖片
单罗纹

28cm123针

领子结构图

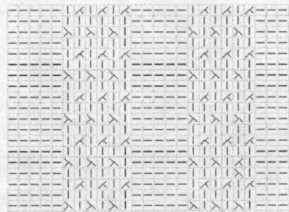

5cm 27行

编织方向　　　　领　单罗纹

51cm224针

花样

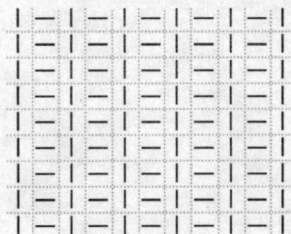

单罗纹

117

风韵圆领长衫

【成品尺寸】衣长90cm　胸围96cm　袖长53cm

【工具】1.7mm棒针

【材料】灰色纯羊毛线

【密度】10cm²：44针×54行

【制作过程】前片：分上、中、下3片，上片按图起针，织花样A，织至完成，袖窿和领窝按图加减针；中片按编织方向，织花样B；下片按图起针，织5cm双罗纹后，改织花样C，织至完成，打皱褶后与上、中片缝合。后片：分上、中、下3片，织法与前片一样。袖片：按图起针，织10cm双罗纹后，改织花样C，织至完成，袖片和袖山按图加减针，全部缝合。领：挑针，织5cm双罗纹，形成双层圆领。整件毛衣编织完成。

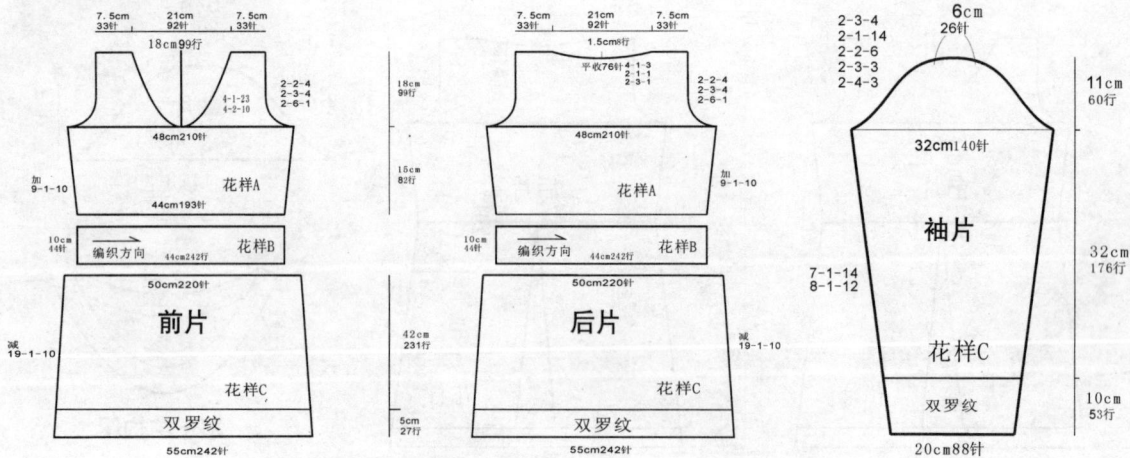

领子结构图

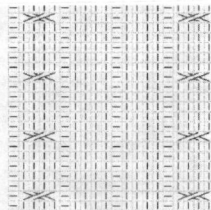

花样A

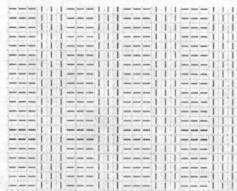

花样B

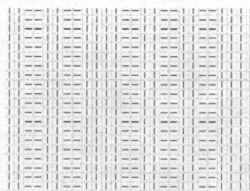

花样C

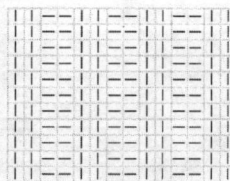

双罗纹

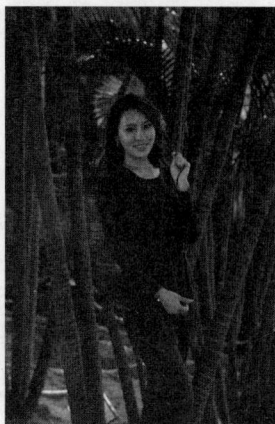

【成品尺寸】衣长85cm　胸围96cm　袖长53cm

【工具】1.7mm棒针

【材料】咖啡色纯羊毛线

【密度】$10cm^2$：44针×53行

【附件】绳子1条

【制作过程】前片：按图起针，先织10cm双层平针底边，后改织花样，织至62cm时，改织单罗纹，织至完成，袖窿和领窝按图加减针。后片：按图起针，织法与前片一样。袖片：按图起针，织5cm双罗纹后，改织花样，织至完成，袖片和袖山按图加减针，全部缝合。领：挑针，织5cm下针，褶边缝合，形成双层圆领。系上绳子。整件毛衣编织完成。

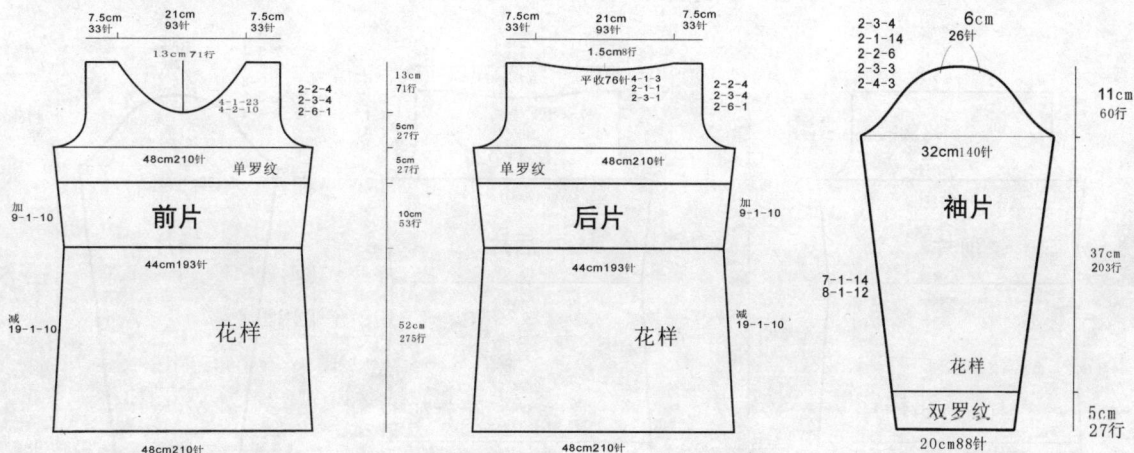

前片

7.5cm 33针　21cm 93针　7.5cm 33针

1.3cm 71行

2-2-4
2-3-5
2-6-1

4-1-23
4-2-10

48cm210针　单罗纹

加 9-1-10

44cm193针

减 19-1-10

花样

48cm210针

后片

7.5cm 33针　21cm 93针　7.5cm 33针

1.5cm8行

13cm 71行

平收76针　4-1-3
2-1-1
2-3-1

2-2-4
2-3-5
2-6-1

5cm 27行

5cm 27行

单罗纹　48cm210针

10cm 53行

加 9-1-10

44cm193针

52cm 275行

减 19-1-10

花样

48cm210针

袖片

2-3-4
2-1-14
2-2-6
2-2-14
2-4-3

6cm 26针

11cm 60行

32cm140针

7-1-14
8-1-12

37cm 203行

花样

5cm 27行

双罗纹

20cm88针

领子结构图

缝合

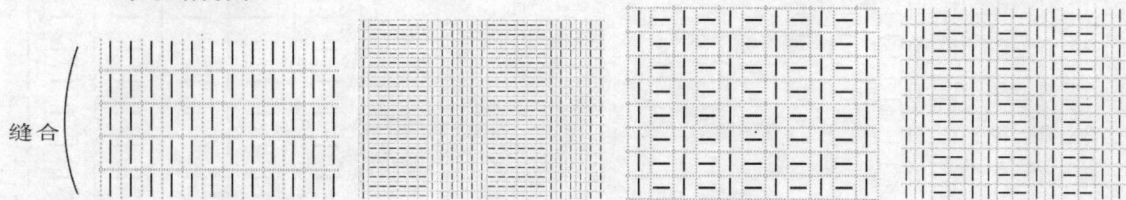

双层平针底边图解　　花样　　单罗纹　　双罗纹

119

性感深V领衫

【成品尺寸】衣长65cm　胸围96cm　袖长53cm

【工具】1.7mm棒针

【材料】白色粗、细纯羊毛线

【密度】10cm²：22针×32行

【附件】领带1条

【制作过程】前片：按图起针，织5cm单罗纹后，改织花样A，织至47cm时，再改织下针，并用粗、细毛线间隔编织，织至完成。后片：按图起针，织5cm单罗纹后，改织花样A，织至47cm时，再改织下针，并用粗、细毛线间隔编织，织至完成，袖窿和领窝按图加减针。袖片：按图起针，织5cm单罗纹后，改织花样B，织至完成，袖片和袖山按图加减针，全部缝合。编织下针，注意用粗、细毛线间隔编织。前领用领带索紧，形成皱褶。整件毛衣编织完成。

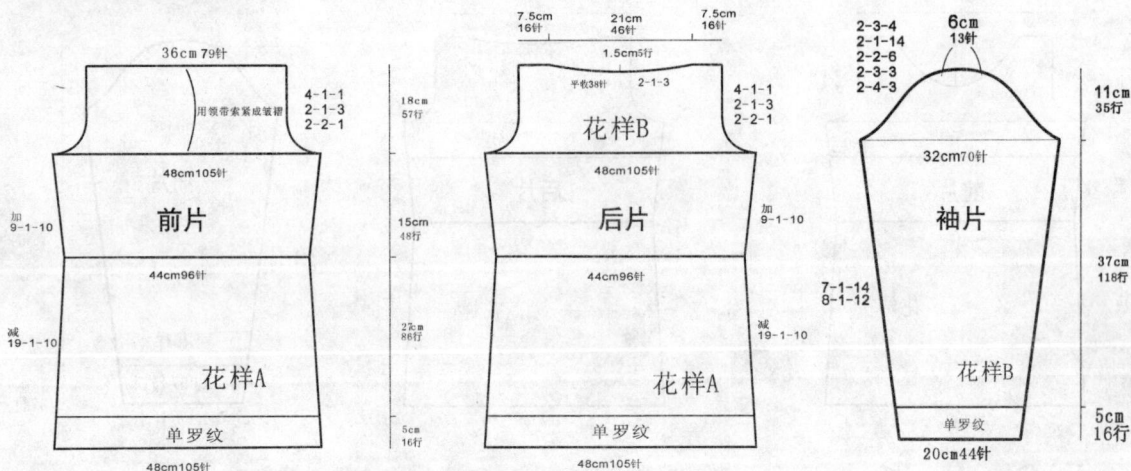

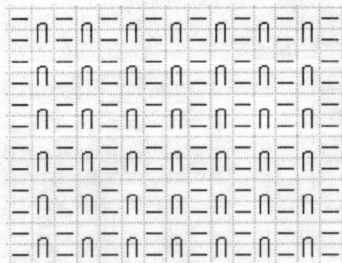

花样A

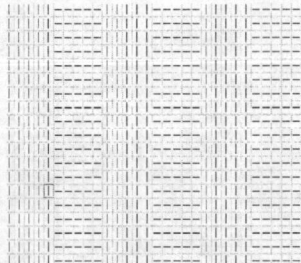

花样B

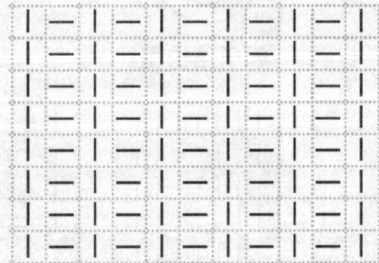

单罗纹

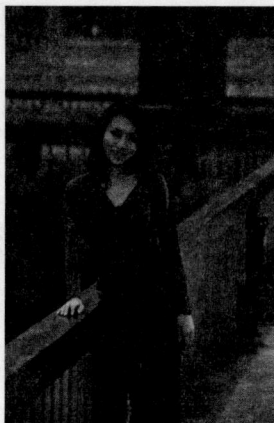

【成品尺寸】衣长70cm　胸围96cm　袖长60cm

【工具】1.7mm棒针

【材料】灰色纯羊毛线

【密度】10cm²：44针×55行

【附件】装饰绳1根　毛毛球2个

【制作过程】前片：分上、下2片编织，下片先分左、右2片编织，分别按图起针，先织双层平针底边，后改织下针，织至10cm时，合并成一片编织，织至完成；上片按编织方向另织花样。后片：按图起针，先织双层平针底边，后改织下针，织至完成，袖窿和领窝按图加减针。袖片：按图起针，先织双层平针底边，后改织下针，织至完成，袖片和袖山按图加减针，按图全部缝合。中间前领带：另织，把前上片索紧成皱褶，穿上装饰绳和毛毛球。整件毛衣编织完成。

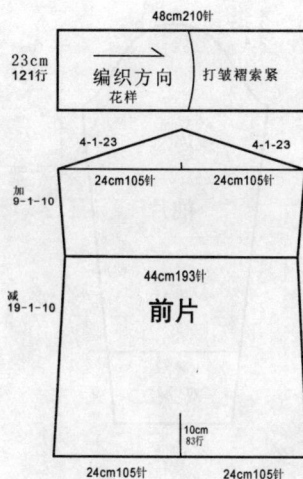

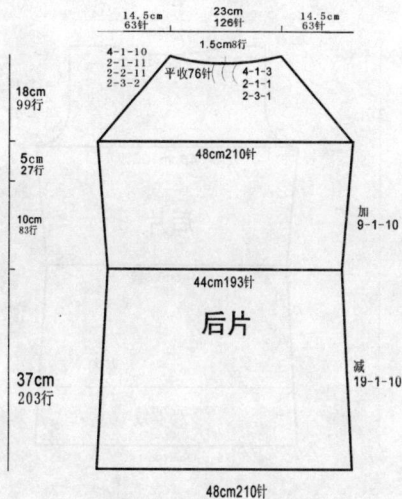

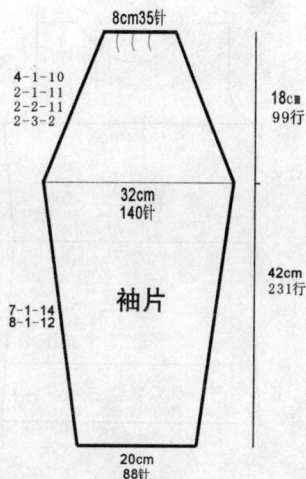

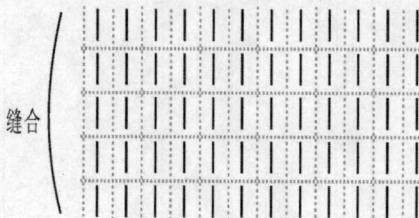

前片

48cm210针
23cm 121行
编织方向 花样　打皱褶索紧

4-1-23　　4-1-23
24cm105针　24cm105针
加 9-1-10

44cm193针
减 19-1-10

10cm 83行

24cm105针　24cm105针

后片

14.5cm 63针　23cm 126针　14.5cm 63针
1.5cm 行
4-1-10　　　　　4-1-3
2-1-11　平收76针　4-1-3
2-2-11　　　　　2-1-1
2-3-2　　　　　2-3-1

18cm 99行

5cm 27行
48cm210针

10cm 83行
加 9-1-10

44cm193针

37cm 203行
减 19-1-10

48cm210针

袖片

8cm35针

4-1-10
2-1-11
2-2-11
2-3-2

18cm 99行

32cm 140针

7-1-14
8-1-12

42cm 231行

20cm 88针

中间前领带
5cm 27行　编织方向
15cm66针

缝合

双层平针底边图解

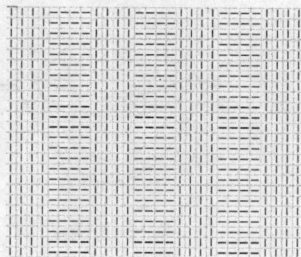

花样

淑女圆领衫

【成品尺寸】衣长65cm　胸围96cm　袖长53cm

【工具】2.5mm棒针

【材料】浅灰色纯羊毛线

【密度】10cm²：22针×32行

【制作过程】前片：按图起针，织10cm双罗纹后，改织花样，织至完成。后片：按图起针，织10cm双罗纹后，改织花样，织至完成，袖窿和领窝按图加减针。袖片：按图起针，织10cm双罗纹后，改织下针，织至完成，全部缝合。领：挑针，织5cm双罗纹，形成圆领。整件毛衣编织完成。

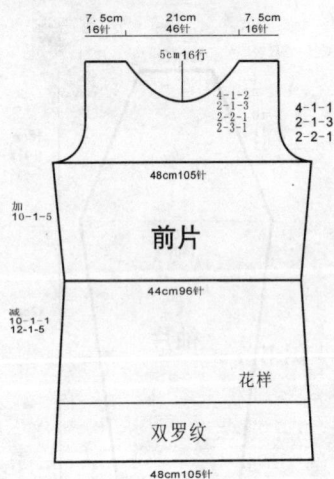

前片

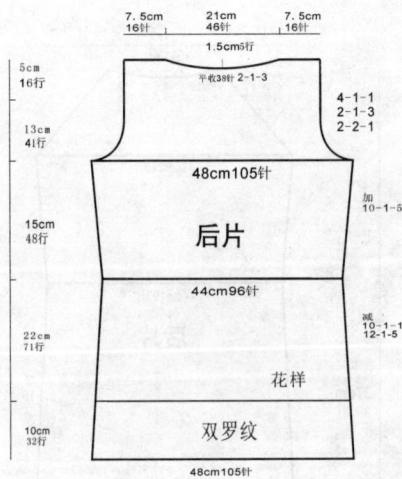

后片

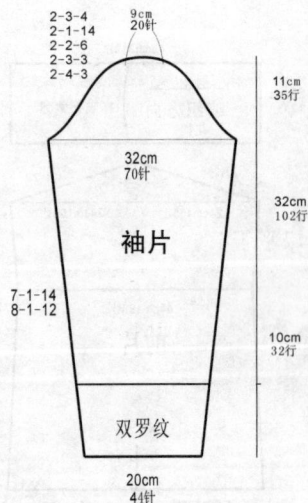

袖片

领子结构图

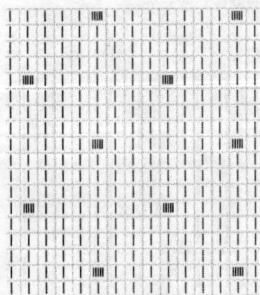

花样

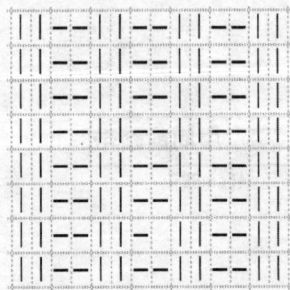

双罗纹

【成品尺寸】衣长65cm　胸围96cm　连肩袖长60cm

【工具】1.7mm棒针

【材料】米黄色纯羊毛线

【密度】10cm²：44针×55行

【附件】袖口绳子2根

【制作过程】前片：分上、下2部分编织，上部分从袖口织起，按编织方向起针，先织双层平针底边，后改织花样，织至另一袖，腋下和领窝按图加减针；下部分按图起针，织花样31cm，织至完成，将上、下片缝合。后片：分上、下2部分编织，上部分从袖口织起，按编织方向起针，先织双层平针底边，后改织花样，织至另一袖，腋下和领窝按图加减针；下部分按图起针，织花样31cm，织至完成，将上、下片缝合，然后全部缝合。领：挑针，织5cm双罗纹，形成圆领。串好袖口绳子，整件毛衣编织完成。

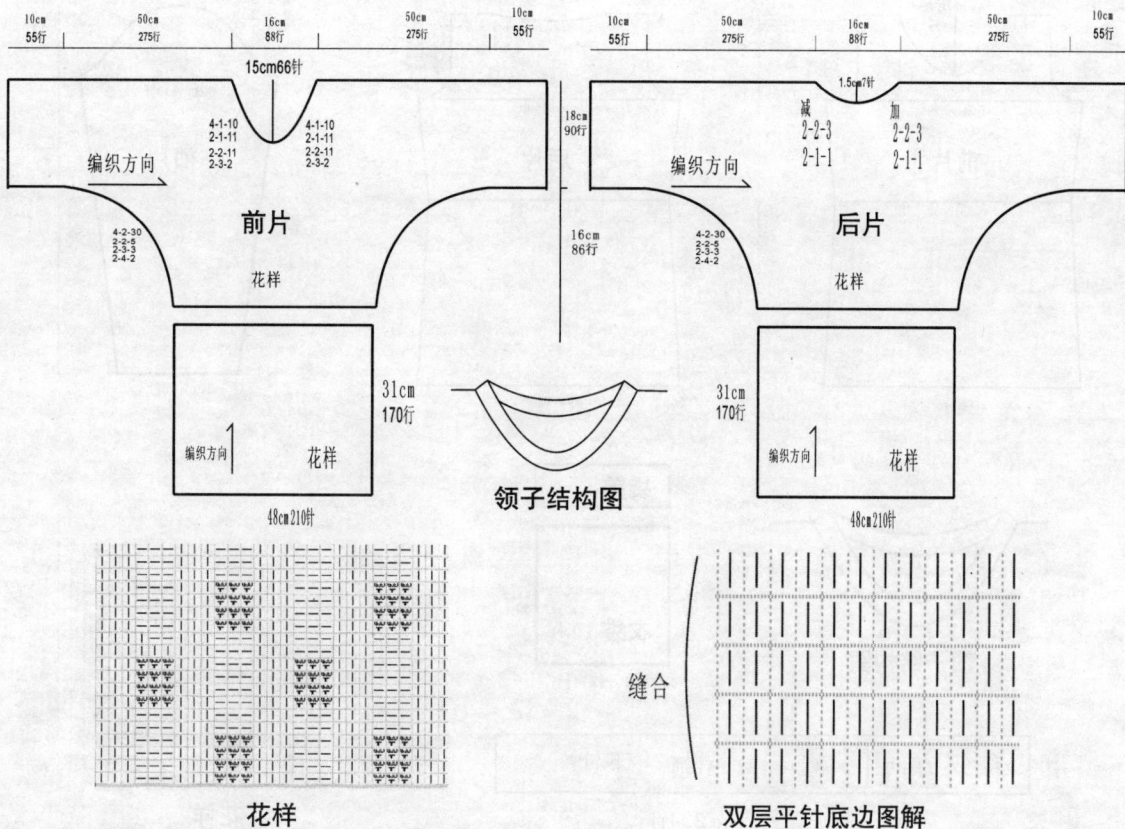

前片

| 10cm 55行 | 50cm 275行 | 16cm 88行 | 50cm 275行 | 10cm 55行 |

15cm66针

4-1-10
2-1-11
2-2-11
2-3-2

4-1-10
2-1-11
2-2-11
2-3-2

编织方向

4-2-30
2-3-5
2-4-2

花样

31cm 170行

编织方向　1　花样

48cm 210针

后片

| 10cm 55行 | 50cm 275行 | 16cm 88行 | 50cm 275行 | 10cm 55行 |

1.5cm7针

18cm 90行

减
2-2-3
2-1-1

加
2-2-3
2-1-1

编织方向

16cm 86行

4-2-30
2-3-5
2-4-2

花样

31cm 170行

编织方向　1　花样

48cm 210针

领子结构图

花样

缝合

双层平针底边图解

123

白色V领衫

【成品尺寸】衣长80cm　胸围96cm　袖长53cm

【工具】1.7mm棒针

【材料】白色纯羊毛线

【密度】10cm²：44针×55行

【附件】花边若干

【制作过程】前片：按图起针，织花样，织至完成。后片：按图起针，织下针，织至完成，袖窿和领窝按图加减针。袖片：按图起针，织下针，织至完成，袖片和袖山按图加减针，全部缝合。领：挑针，织5cm下针，褶边缝合，形成双层圆领。缝上衣袋，按图缝上花边，整件毛衣编织完成。

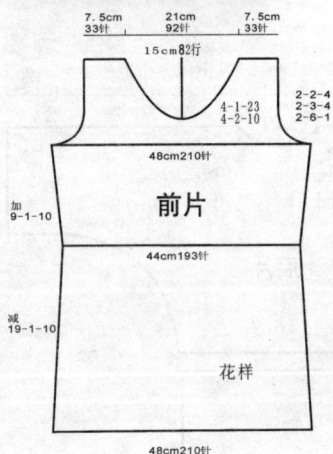

前片

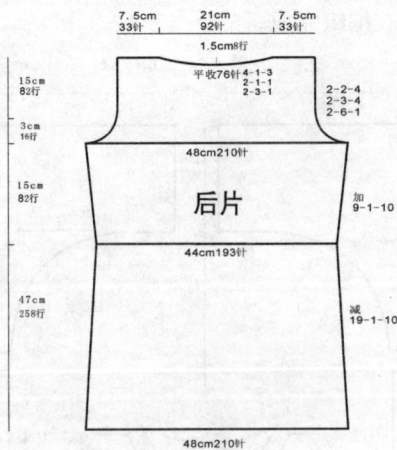

后片

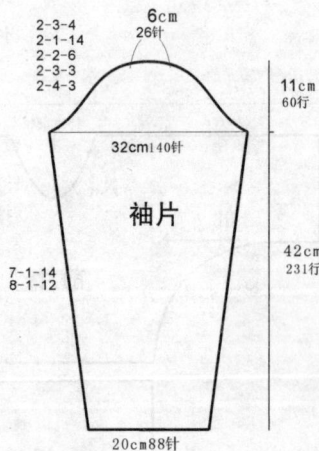

袖片

领子结构图

袋盖 花样

衣袋 花样

13cm57针

5cm
27行　编织方向↑　　领　下针

51cm224针

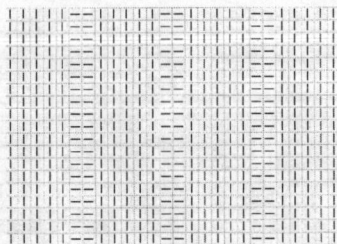

花样

【成品尺寸】衣长60cm　胸围96cm　袖长40cm

【工具】1.7mm棒针

【材料】白色纯羊毛线

【密度】10cm²：44针×55行

【附件】拉链1条　装饰金属链2条

【制作过程】前片：分左、右2片编织，每片分上、中、下3片编织，下片分别按图起针，织5cm双罗纹后，按图加针，织上针，织至完成；中片是横织，按编织方向编织；上片织好。后片：按图起针，织5cm双罗纹后，改织上针，织至完成，袖窿和领窝按图加减针。袖片：按图起针，织下针，织至完成。袖片和袖山按图加减针，同样方法织另一袖，全部缝合。门襟装上拉链，缝上装饰金属链，整件毛衣编织完成。

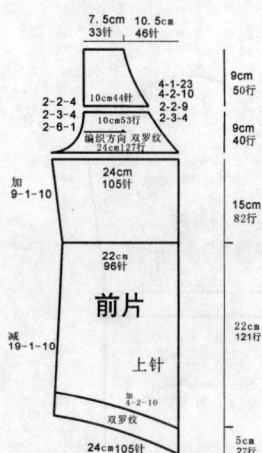

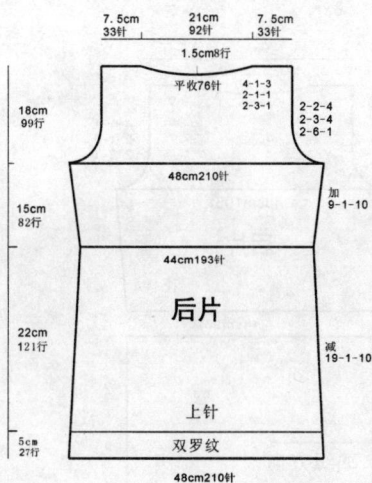

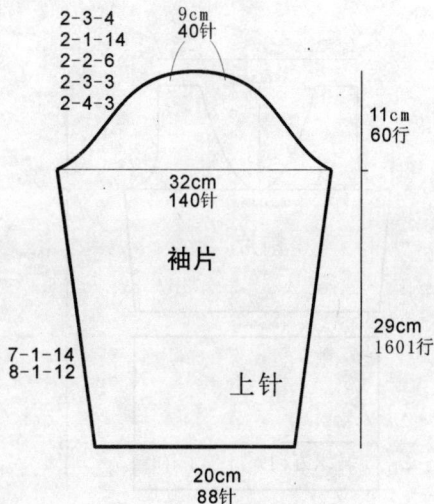

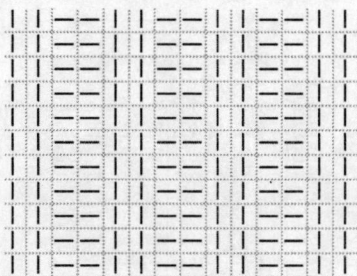

前片

7.5cm 33针　10.5cm 46针

9cm 50行

2-2-4
2-2-9
2-6-1

10cm44针
10cm53针

9cm 40行

编织方向 双罗纹 24cm127针

4-1-23
4-2-10
2-2-9
2-3-4

24cm 105针

加 9-1-10

15cm 82行

22cm 96针

前片

上针

22cm 121行

减 19-1-10

加 4-2-10

双罗纹

24cm105针

5cm 27行

后片

7.5cm 33针　21cm 92针　7.5cm 33针

1.5cm8行

平收76针

4-1-3
2-1-1
2-3-1

2-2-4
2-3-4
2-3-4

18cm 99行

48cm210针

加 9-1-10

15cm 82行

44cm193针

后片

上针

22cm 121行

减 19-1-10

双罗纹

48cm210针

5cm 27行

袖片

2-3-4
2-1-14
2-2-6
2-3-3
2-4-3

9cm 40针

32cm 140针

11cm 60行

袖片

上针

7-1-14
8-1-12

29cm 1601行

20cm 88针

双罗纹

【成品尺寸】衣长65cm　胸围96cm　袖长58cm

【工具】2.5mm棒针　小号钩针

【材料】白色纯羊毛线

【密度】10cm²：22针×32行

【附件】钩针钩织的扣子3枚

【制作过程】前片：分上、下2片编织，上片按图起针，织花样A，织至完成，袖窿和领窝按图加减针；下片按编织方向织花样B，织至完成，将上下片缝合。后片：分上、下2片编织，织法与前片一样。袖片：分上、下2片编织，上片按图起针，织花样B，织至完成，袖片和袖山按图加减针；下片按编织方向织花样A，织至完成，将上、下片缝合，然后将袖片与前后片全部缝合。领：用钩针钩织花边，缝上用钩针钩织的扣子。整件毛衣编织完成。

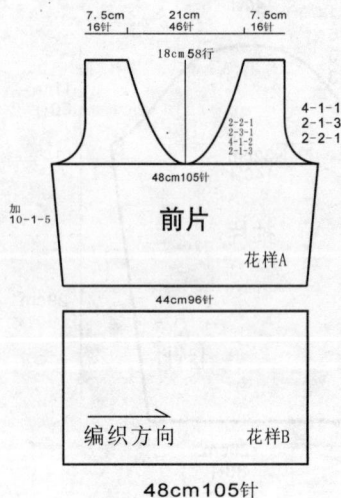

前片

48cm105针

花样A

44cm96针

7.5cm 16针　21cm 46针　7.5cm 16针

18cm58行

4-1-1
2-1-3
2-2-1

2-2-1
2-3-1
4-1-2
2-1-3

加
10-1-5

编织方向　花样B

48cm105针

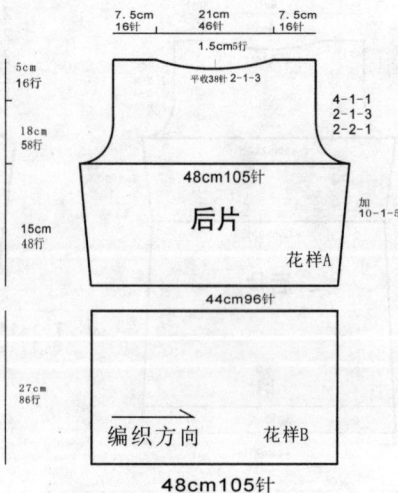

后片

48cm105针

花样A

44cm96针

7.5cm 16针　21cm 46针　7.5cm 16针

1.5cm5行

平收38针 2-1-3

5cm 16行

18cm 58行

15cm 48行

4-1-1
2-1-3
2-2-1

加
10-1-5

编织方向　花样B

48cm105针

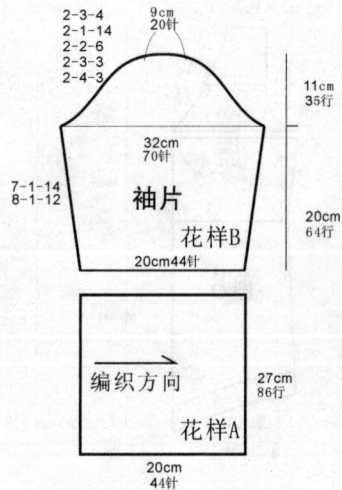

袖片

花样B

32cm 70针

20cm44针

2-3-4
2-1-14
2-2-6
2-3-3
2-4-3

7-1-14
8-1-12

9cm 20针

11cm 35行

20cm 64行

编织方向

花样A

20cm 44针

27cm 86行

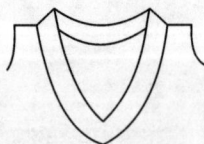

领子结构图

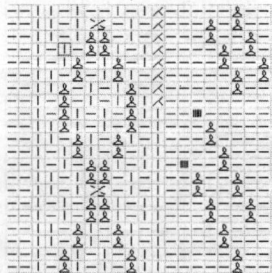

花样A

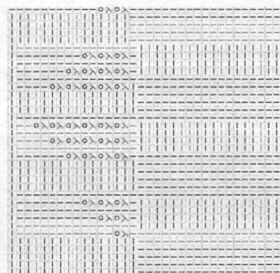

花样B

灰色休闲V领衫

【成品尺寸】衣长85cm　胸围96cm　袖长53cm

【工具】1.7mm棒针

【材料】灰色纯羊毛线

【密度】10cm²：44针×55行

【制作过程】前片：按图起针，织15cm双罗纹后，改织下针，织至完成。后片：按图起针，织15cm双罗纹后，改织下针，织至完成，袖窿和领窝按图加减针。袖片：按图起针，织10cm双罗纹后，改织下针，织至完成，袖片和袖山按图加减针，全部缝合。领：织5cm双罗纹，按结构图将领尖缝合，形成V领。整件毛衣编织完成。

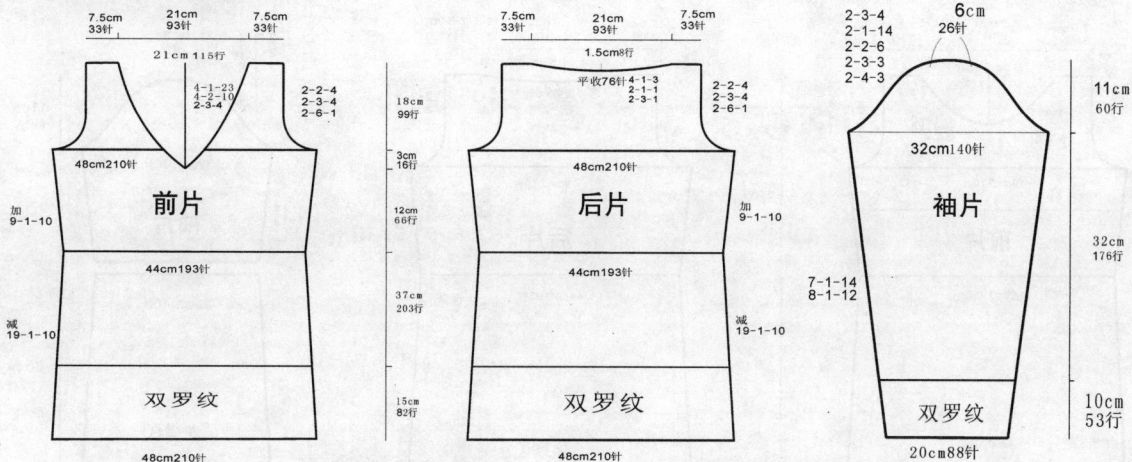

前片

7.5cm 33针　21cm 93针　7.5cm 33针

21cm 115行

4-1-23
4-2-10
2-3-4

2-2-4
2-3-4
2-6-1

48cm210针

加 9-1-10

44cm193针

减 19-1-10

双罗纹

48cm210针

后片

7.5cm 33针　21cm 93针　7.5cm 33针

1.5cm8行

平收76针 4-1-3
2-1-1
2-3-1

2-2-4
2-3-4
2-6-1

18cm 99行

3cm 16行

12cm 66行

37cm 203行

15cm 82行

48cm210针

加 9-1-10

44cm193针

减 19-1-10

双罗纹

48cm210针

袖片

2-3-4
2-1-14
2-2-6
2-3-3
2-4-3

6cm 26针

32cm140针

11cm 60行

32cm 176行

7-1-14
8-1-12

10cm 53行

双罗纹

20cm88针

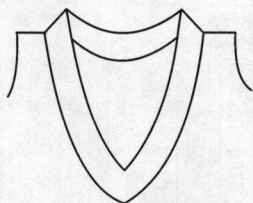

领子结构图

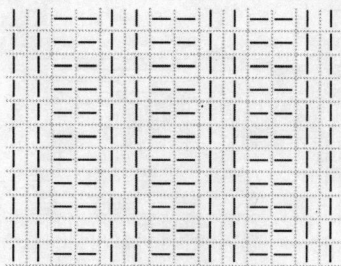

双罗纹

127

【成品尺寸】衣长80cm　胸围96cm　袖长53cm

【工具】1.7mm棒针　2.5mm棒针　小号钩针

【材料】灰色纯羊毛线

【密度】10cm²：44针×55行

【附件】钩针钩织的花朵1朵

【制作过程】前片：按图起针，用2.5mm棒针织47cm花样B后，改用1.7mm棒针织花样A，织至完成。后片：按图起针，用2.5mm棒针织47cm花样B后，改用1.7mm棒针，织至完成，袖窿和领窝按图加减针。袖片：分上、下2片编织，上片按图起针，先织双层平针底边，后改织下针，织至完成，袖片和袖山按图加减针；下片用2.5mm棒针织花样B，按图全部缝合。领：织5cm下针，褶边缝合，形成双层圆领。缝上钩花，整件毛衣编织完成。

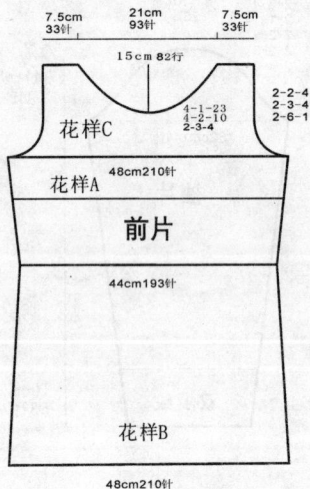

前片

7.5cm 33针　21cm 93针　7.5cm 33针

15cm 82行

花样C

花样A　48cm210针

2-2-4
2-3-4
2-6-1

4-1-23
4-2-10
2-3-4

44cm193针

花样B

48cm210针

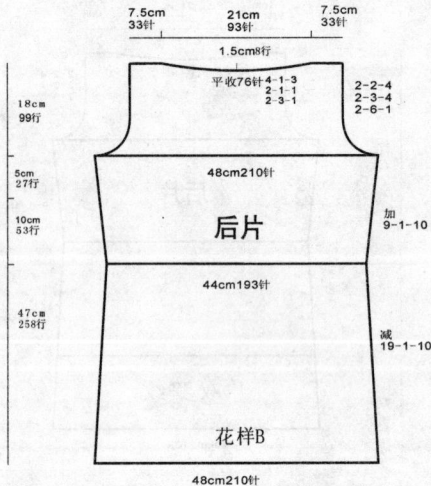

后片

7.5cm 33针　21cm 93针　7.5cm 33针

1.5cm8行

平收76针 4-1-3
2-3-1

2-2-4
2-3-4
2-6-1

48cm210针

18cm 99行

5cm 27行

10cm 53行

加 9-1-10

47cm 258行

减 19-1-10

44cm193针

花样B

48cm210针

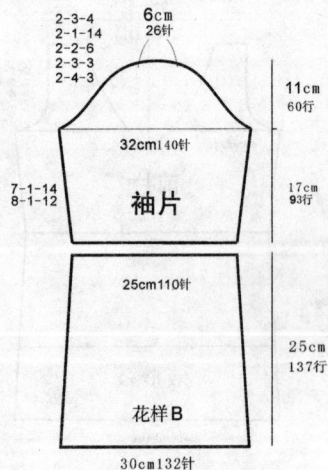

袖片

2-3-4
2-1-14
2-2-6
2-3-3
2-4-3

6cm 26针

32cm140针

11cm 60行

7-1-14
8-1-12

17cm 93行

25cm110针

花样B

30cm132针

25cm 137行

领子结构图

缝合

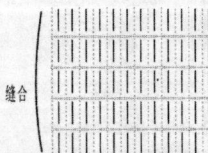

双层平针底边图解

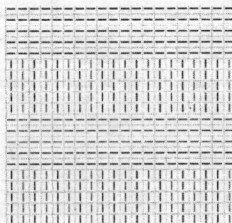

花样A

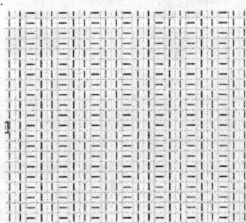

花样B

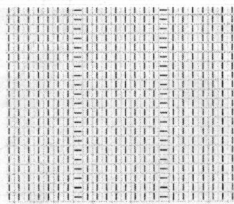

花样C

活力Ｖ领衫

【成品尺寸】衣长85cm　胸围96cm　袖长53cm
【工具】1.7mm棒针
【材料】黄色纯羊毛线
【密度】10cm²：44针×55行
【附件】扣子3枚
【制作过程】前片：分上、下2片编织，上片按图起针，织双罗纹10cm后，改织花样A，并分成左、右2片，织至完成；下片按图起针，织5cm双罗纹后，改织下针，织完成后，与上片缝合。后片：分上、下2片编织，上片按图起针，织10cm双罗纹后改织花样A，织至完成；下片按图起针，织5cm双罗纹后，改织下针，织完成后与上片缝合，袖窿和领窝按图加减针。袖片：按图起针，织10cm双罗纹后，改织花样B，织至完成，袖片和袖山按图加减针，全部缝合。门襟：另织5cm双罗纹，按图缝合。缝上扣子，整件毛衣编织完成。

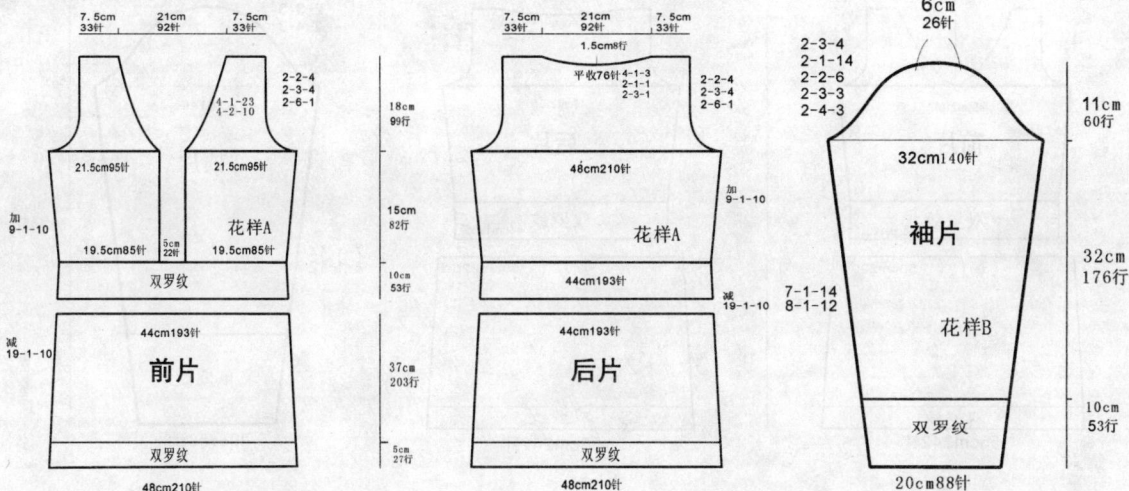

前片

7.5cm 33针　21cm 92针　7.5cm 33针
2-2-4
2-3-4
2-6-1
4-1-23
4-2-10
21.5cm95针　21.5cm95针
加 9-1-10
19.5cm85针　19.5cm85针
5cm 22针
花样A
双罗纹
减 19-1-10
44cm193针
前片
双罗纹
48cm210针

18cm 99行
15cm 82行
10cm 53行
37cm 203行
5cm 27行

后片

7.5cm 33针　21cm 92针　7.5cm 33针
1.5cm8行
平收76针　4-1-3　2-1-1　2-3-1
2-2-4　2-3-4　2-6-1
48cm210针
花样A
加 9-1-10
48cm210针
花样A
44cm193针
减 19-1-10
7-1-14　8-1-12
44cm193针
后片
双罗纹
48cm210针

袖片

6cm 26针
2-3-4
2-1-14
2-2-6
2-3-3
2-4-3
32cm140针
袖片
11cm 60行
32cm 176行
花样B
双罗纹
20cm88针
10cm 53行

领子结构图

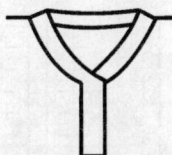

5cm 27行　编织方向　门襟 双罗纹
88cm387针

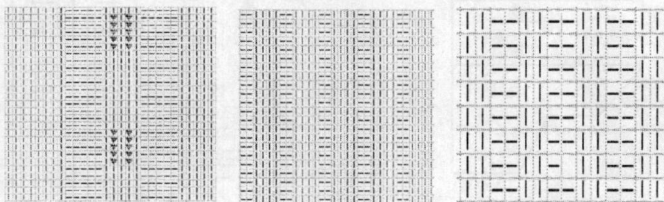

花样A　　花样B　　双罗纹

129

【成品尺寸】衣长85cm　胸围96cm　袖长53cm
【工具】1.7mm棒针　2.5mm棒针
【材料】黄色、咖啡色等纯羊毛线
【密度】10cm²：44针×53行
【附件】扣子3枚
【制作过程】前片：分上、下2片编织，上片按图起针，织10cm双罗纹后，改织花样，织至完成，袖窿和领窝按图加减针；下片按图起针，织5cm双罗纹后，改织下针，并间色，织至完成。后片：按图起针，织法与前片一样。袖片：按图起针，用2.5mm棒针，织12cm单罗纹后，改用1.7mm棒针织下针，织至完成，袖片和袖山按图加减针，全部缝合。帽子：另织，与领圈缝合。缝上扣子，整件毛衣编织完成。

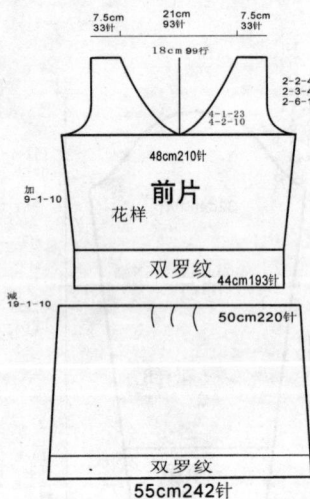

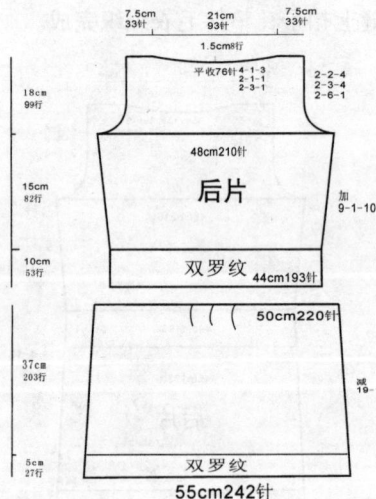

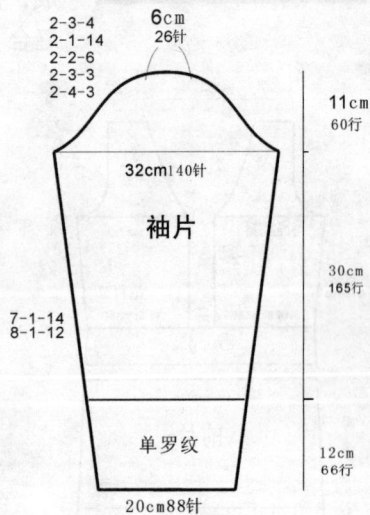

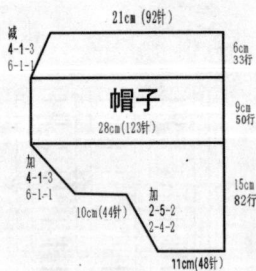

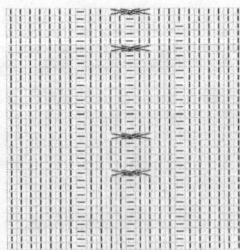

花样

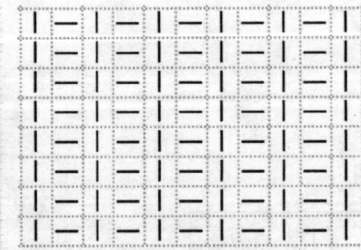

单罗纹

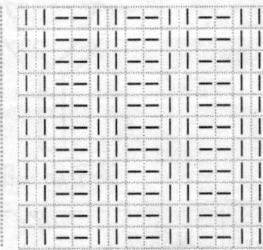

双罗纹

褶皱V领衫

【成品尺寸】衣长65cm　胸围96cm　袖长53cm

【工具】2.5mm棒针

【材料】黑色、黄色纯羊毛线

【密度】10cm²：22针×32行

【附件】亮珠若干

【制作过程】前片：分内前片和外前片编织，内前片按图起针，织10cm双罗纹后，改织花样A，织至完成；外前片按图起针，织花样B，织至完成。后片：按图起针，织10cm双罗纹后，改织下针，织至完成，袖窿和领窝按图加减针。袖片：按图起针，织10cm双罗纹后，改织下针，织至完成。外前片衬边：另织，按图索成皱褶，与内前片重叠后，全部缝合。领：挑针，织5cm下针，褶边缝合，形成双层圆领。缝上亮珠，整件毛衣编织完成。

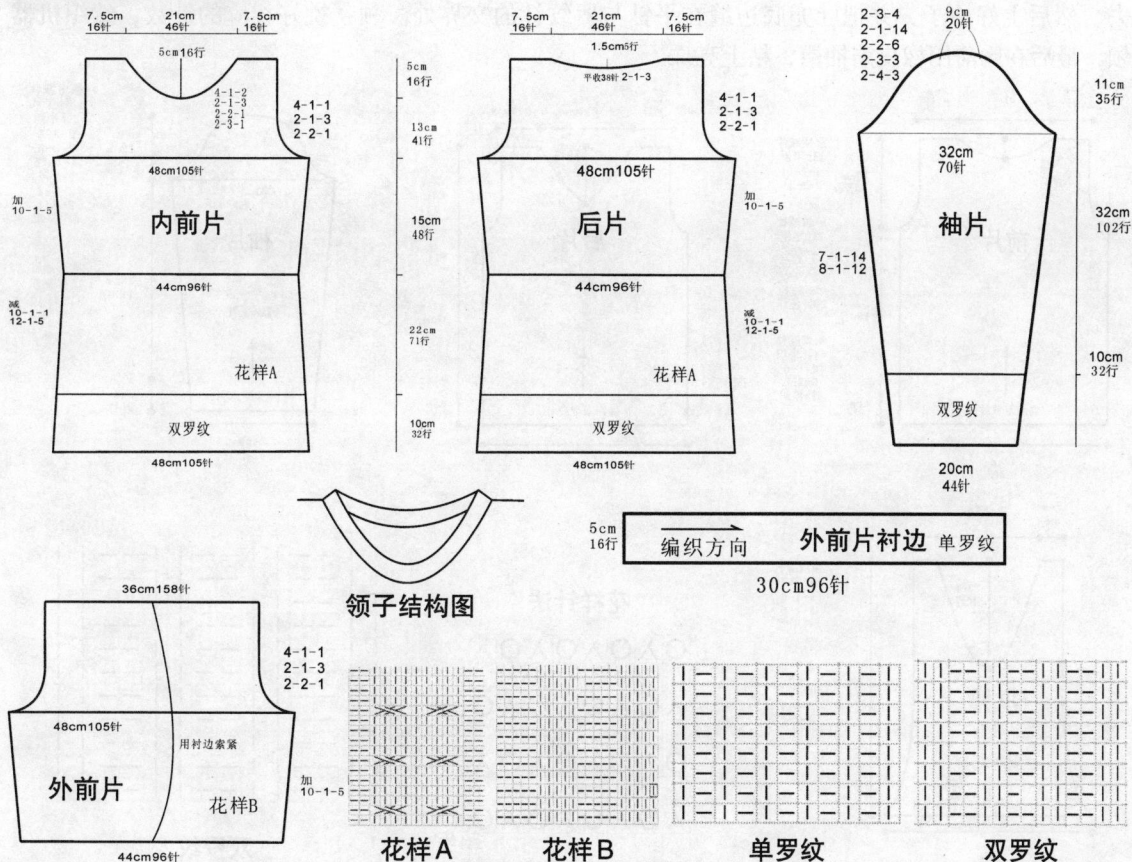

内前片

7.5cm 16针　21cm 46针　7.5cm 16针

5cm16行

4-1-2
2-1-3
2-2-1
2-3-1

4-1-1
2-1-3
2-2-1

48cm105针

加 10-1-5

44cm96针

减 10-1-1 12-1-5

花样A

双罗纹

48cm105针

后片

7.5cm 16针　21cm 46针　7.5cm 16针

1.5cm5行

5cm 16行

平收38针 2-1-3

13cm 41行

4-1-1
2-1-3
2-2-1

48cm105针

加 10-1-5

15cm 48行

44cm96针

减 10-1-1 12-1-5

22cm 71行

花样A

10cm 32行

双罗纹

48cm105针

袖片

2-3-4
2-1-14
2-2-6
2-3-3
2-4-3

9cm 20针

11cm 35行

32cm 70针

32cm 102行

7-1-14
8-1-12

10cm 32行

双罗纹

20cm 44针

领子结构图

4-1-1
2-1-3
2-2-1

外前片

36cm158针

48cm105针

用衬边索紧

加 10-1-5

花样B

44cm96针

5cm 16行

编织方向

外前片衬边 单罗纹

30cm96针

花样A　　花样B　　单罗纹　　双罗纹

【成品尺寸】胸围88cm　肩宽36cm　衣长58cm　袖长56cm

【工具】2mm棒针　小号钩针

【材料】丝光棉紫色300g、黄色100g

【密度】10cm²：34针×44行

【附件】亮珠若干　橡皮筋1根

【制作过程】后片：用紫色线起150针，编织双罗纹针6cm，然后改织平针，织34cm后如图所示收袖窿，在离衣长4cm时收后领。前片：用紫色线起150针，编织双罗纹针6cm，然后换黄色线编织平针，织34cm后收袖窿，在离衣长12cm时，如图所示收前领。袖片：用紫色线起82针，先编织双罗纹针6cm，然后改针平针并按图示加针，织38cm后收袖山，编织两片。肚兜：用紫色线起62针编织花样并按图所示收针，织30cm后收前领，两侧与领口用钩针钩边。缝合：先将前后片缝合，缝合肩部时注意将肚兜肩部一起缝上去，然后上好袖子，并把肚兜底边缝在平针与罗纹针的交界处。领：挑好相应的针数，编织机器领，最后在胸前用橡皮筋抽褶，粘上亮珠。

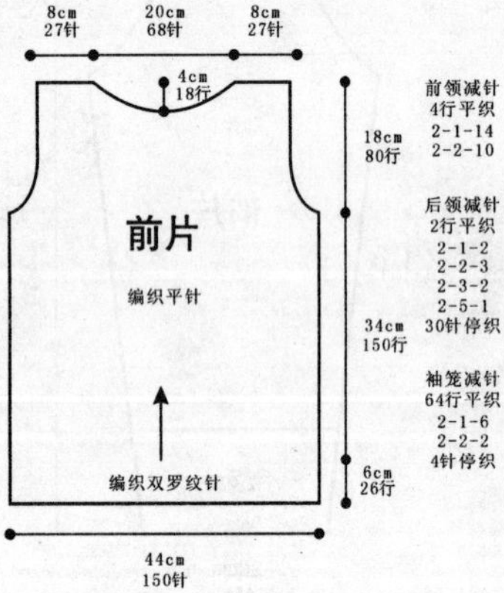

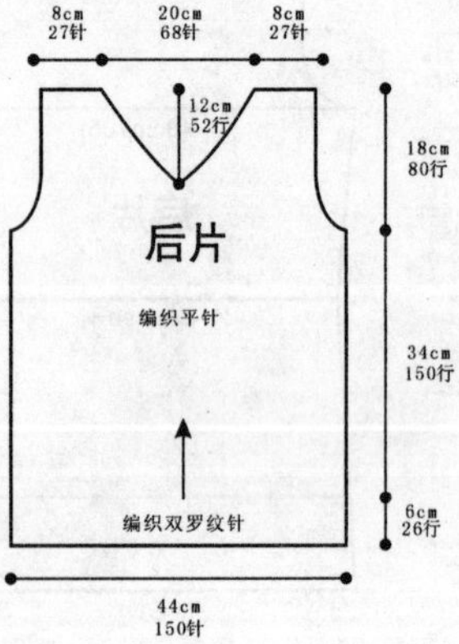

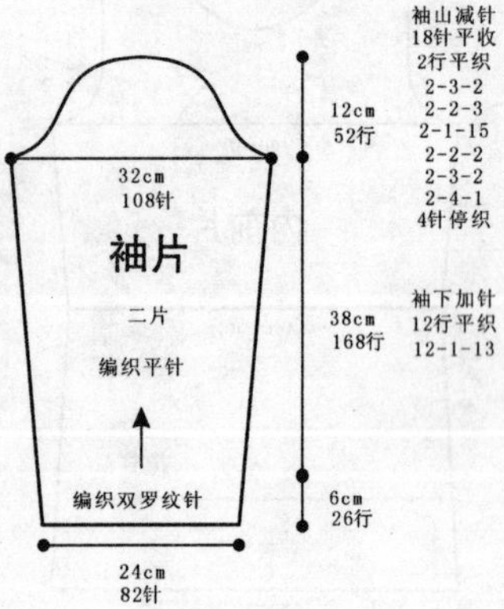

前片

8cm 27针　20cm 68针　8cm 27针

4cm 18行

18cm 80行

前领减针
4行平织
2-1-14
2-2-10

后领减针
2行平织
2-1-3
2-3-2
2-5-1　30针停织

34cm 150行

袖笼减针
64行平织
2-1-6
2-2-2　4针停织

编织平针

编织双罗纹针

6cm 26行

44cm 150针

后片

8cm 27针　20cm 68针　8cm 27针

12cm 52行

18cm 80行

34cm 150行

编织平针

编织双罗纹针

6cm 26行

44cm 150针

袖片

袖山减针
18针平织
2行平织
2-3-2
2-2-3
2-1-15
2-2-2
2-3-2
2-4-1
4针停织

12cm 52行

32cm 108针

二片
编织平针

编织双罗纹针

袖下加针
12行平织
12-1-13

38cm 168行

6cm 26行

24cm 82针

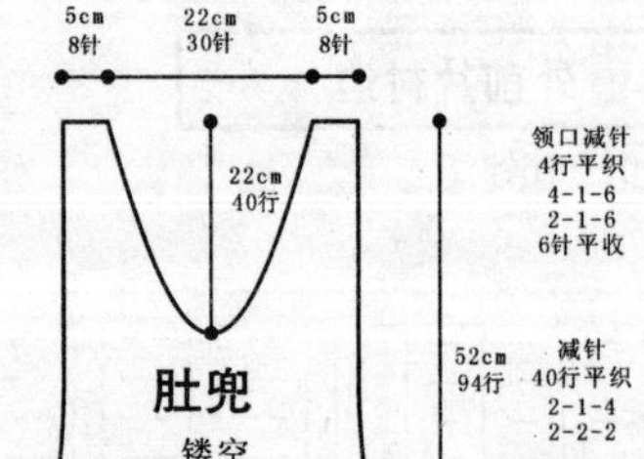

肚兜

5cm 8针　22cm 30针　5cm 8针

22cm 40行

领口减针
4行平织
4-1-6
2-1-6
6针平收

减针
40行平织
2-1-4
2-2-2

52cm 94行

镂空
编织花样

44cm 62针

花样针法

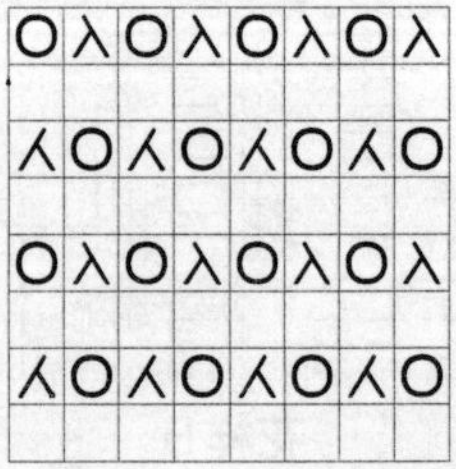

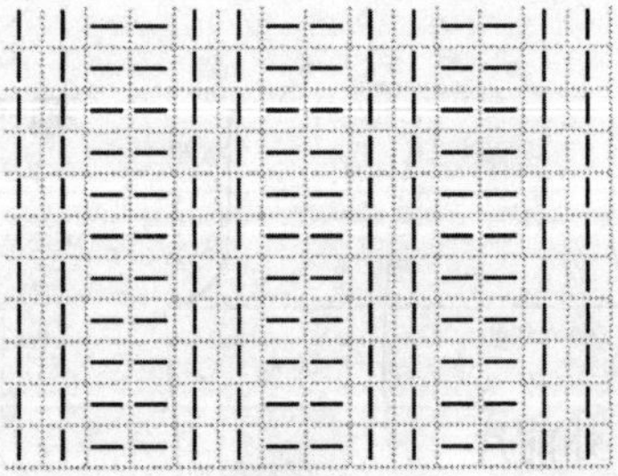

双罗纹

镂空V领衫

【成品尺寸】衣长52cm　胸围90cm
【工具】2.5mm钩针
【材料】缎染线200g
【附件】绒带
【制作过程】首先按照单元花的做法，钩前片和后片一共10个单元花，前片肩部2个单元花只钩前5行，按照拼花图样拼花。最后钩领口、袖口和下摆花边，并穿绒带在2个单元花之间的缝隙。

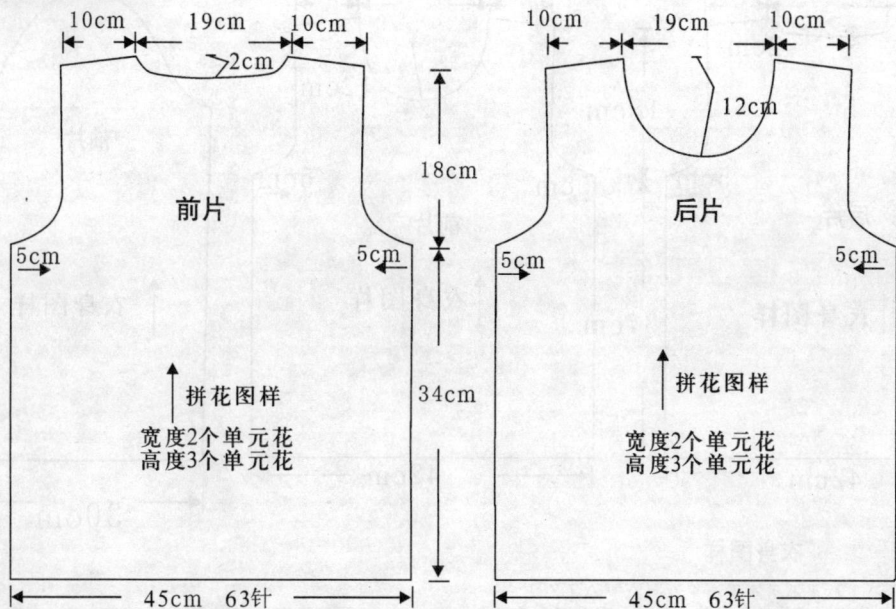

前片

10cm　19cm　10cm

2cm

5cm　　5cm

18cm

拼花图样
宽度2个单元花
高度3个单元花

34cm

45cm　63针

后片

10cm　19cm　10cm

12cm

5cm　　5cm

拼花图样
宽度2个单元花
高度3个单元花

45cm　63针

拼花图样

2个单元花的中间穿绒带

领口花边图样

下摆花边图样

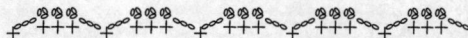

【成品尺寸】衣长55cm　胸围84cm　袖长48cm
【工具】2mm钩针
【材料】缎染线250g
【制作过程】参照衣服的结构图，按照衣身图样，钩衣服前片1片、后片1片、袖片2片，然后拼肩、上袖、拼侧缝，最后按照花边的钩法，钩衣服领口、袖口和下摆的花边，具体做法参照下图解。

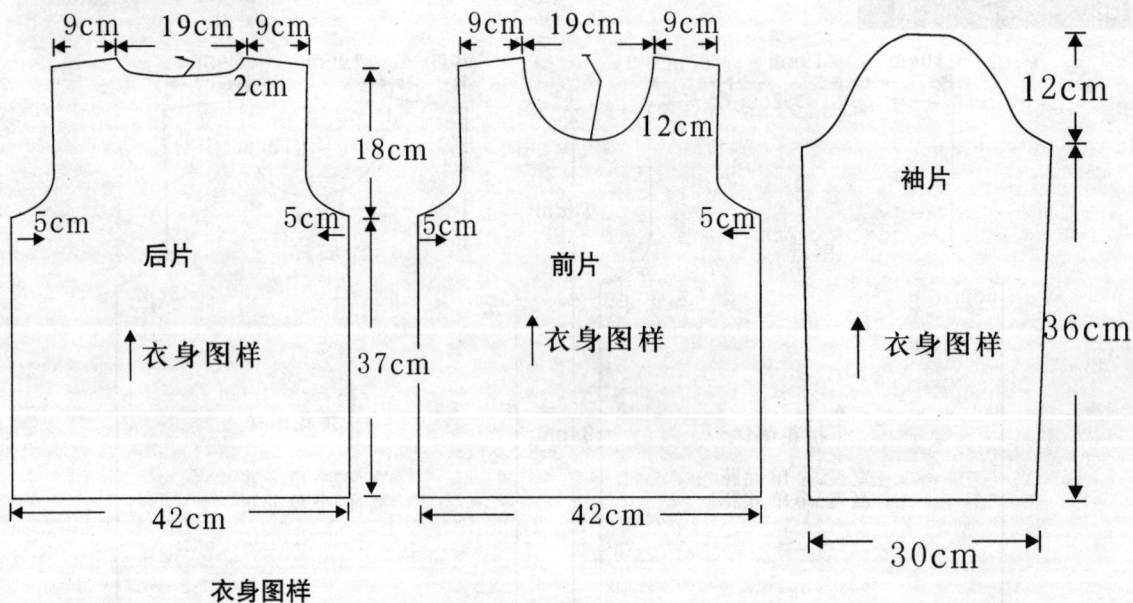

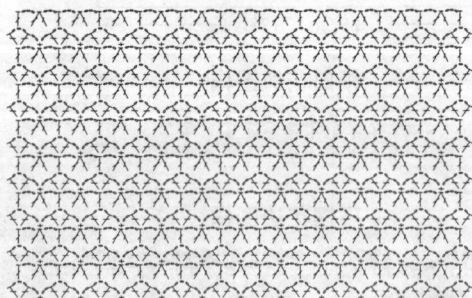

9cm　19cm　9cm
2cm
18cm
5cm　　　5cm
后片
↑衣身图样
37cm
42cm

9cm　19cm　9cm
12cm
5cm　　　5cm
前片
↑衣身图样
42cm

12cm
袖片
↑衣身图样
36cm
30cm

衣身图样

领口、袖口和下摆的图样

时尚V领开衫

【成品尺寸】衣长65cm　胸围96cm

【工具】1.7mm棒针

【材料】黑色纯羊毛线

【密度】10cm²：22针×32行

【附件】拉链1条　毛衣袋、毛口袋各2片　毛绒布

【制作过程】前片：分左、右2片编织，分别按图起针，织10cm单罗纹后，改织花样，织至完成。后片：按图起针，织10cm单罗纹后，改织花样，织至完成，袖窿和领窝按图加减针，全部缝合。袖片：用毛绒布缝制，缝合袖窿。衣袋：用毛绒布缝制，与前、后片缝合，缝上拉链，整件毛衣编织完成。

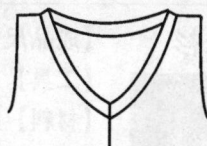

领子结构图

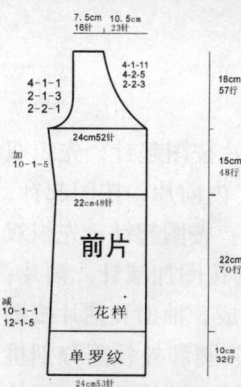

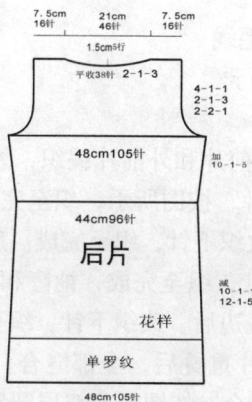

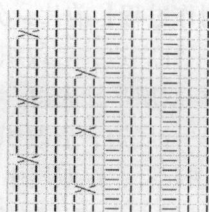

花样

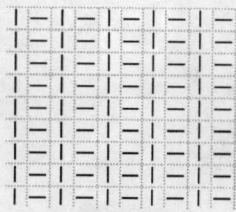

单罗纹

【成品尺寸】衣长65cm　胸围96cm　连肩袖长60cm

【工具】1.7mm棒针

【材料】深咖啡色纯羊毛线

【密度】10cm²：22针×32行

【附件】扣子1枚

【制作过程】前片：从袖口织起，按编织方向起针，织单罗纹至46.5cm时加针，织至70.5cm时，改织花样，并用白色间色，并织花样。后片：从袖口织起，按编织方向起针，用单罗纹织至另一袖，袖窿和领窝按图加减针，全部缝合。缝上扣子，整件毛衣编织完成。

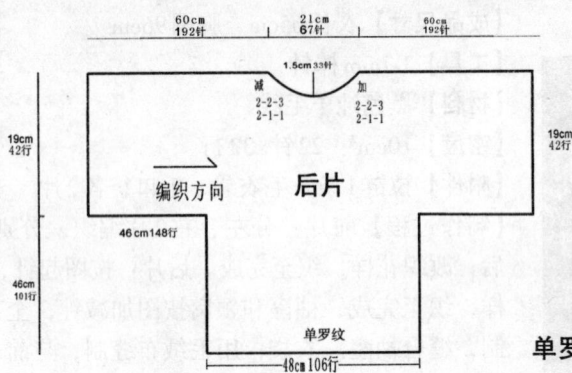

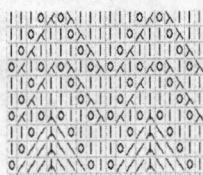

前片

58.5cm 187针　　12cm 38针

19cm 42行

编织方向

单罗纹

46cm148行

花样

24cm53针

后片

60cm 192针　　21cm 67针　　60cm 192针

1.5cm 33针

减 2-2-3 2-1-1　　加 2-2-3 2-1-1

19cm 42行

编织方向

46cm148行

46cm 101行

单罗纹

48cm 106行

花样

单罗纹

气质圆领长衫

【成品尺寸】衣长85cm　胸围96cm　袖长53cm

【工具】1.7mm棒针

【材料】灰色、白色纯羊毛线

【密度】10cm²：44针×54行

【附件】装饰腰带1条

【制作过程】前片：分内前片和外前片编织，外前片按图起针，先织双层平针底边，后改织下针，按图所示，织至完成；内前片，按图起针，先织双层平针底边，后改织下针，织至完成。后片：按图起针，先织双层平针底边，后改织下针，织至完成，袖窿和领窝按图加减针。袖片：按图起针，织双层平针底边后，改织下针，织至完成。袖山和袖片按图加减针，内前片和外前片重叠后，全部缝合。内领圈和外领圈分别挑针，织下针5cm，褶边缝合，按图形成双层圆领。系上装饰腰带。整件毛衣编织完成。

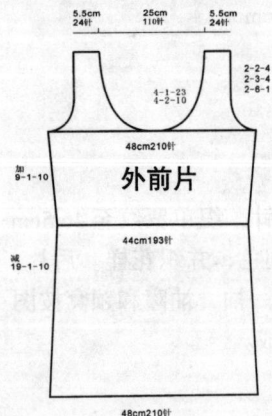

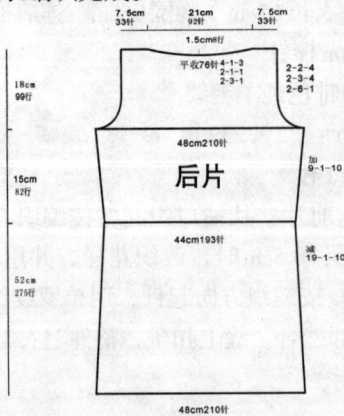

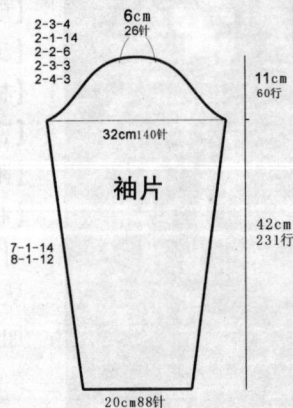

外前片

5.5cm 24针　　25cm 110针　　5.5cm 24针

2-2-4 2-3-4 2-6-1

4-1-23 4-2-10

48cm210针

加 9-1-10

减 19-1-10

44cm193针

48cm210针

后片

7.5cm 33针　　21cm 92针　　7.5cm 33针

1.5cm

平收76针 4-1-3 2-1-1

2-2-4 2-3-4 2-6-1

18cm 99行

48cm210针

15cm 82行

加 9-1-10

减 19-1-10

44cm193针

52cm 275行

48cm210针

袖片

6cm 26针

2-3-4 2-1-14 2-2-6 2-3-3 2-4-3

11cm 60行

32cm140针

42cm 231行

7-1-14 8-1-12

20cm88针

花样

单罗纹

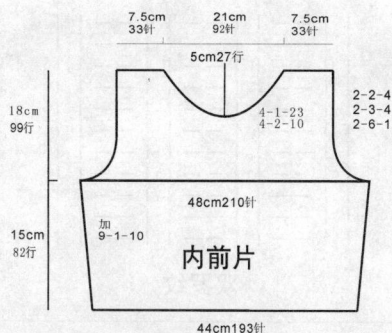

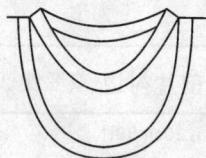

内前片 图

7.5cm 33针 　21cm 92针 　7.5cm 33针
5cm27行
18cm 99行
4-1-23
4-2-10
2-2-4
2-3-4
2-6-1
48cm210针
15cm 82行
加 9-1-10
内前片
44cm193针

领子结构图

缝合

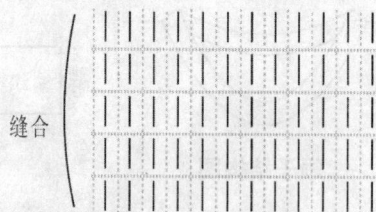

双层平针底边图解

【成品尺寸】衣长85cm　胸围96cm　袖长53cm

【工具】1.7mm棒针

【材料】深蓝花色纯羊毛线

【密度】10cm² : 44针×55行

【附件】腰带1条

【制作过程】前片：按图起针，织5cm双罗纹后，改织37cm下针，再织10cm双罗纹后，又改织下针，织至完成。后片：按图起针，织5cm双罗纹后，改织37cm下针，再织10cm双罗纹后，又改织下针，织至完成，袖窿和领窝按图加减针。袖片：按图起针，织10cm双罗纹后，改织下针，织至完成，袖片和袖山按图加减针，全部缝合。领：挑针，织6cm双罗纹，形成圆领。前片衬边：另织，按图与前片缝合。系上腰带，整件毛衣编织完成。

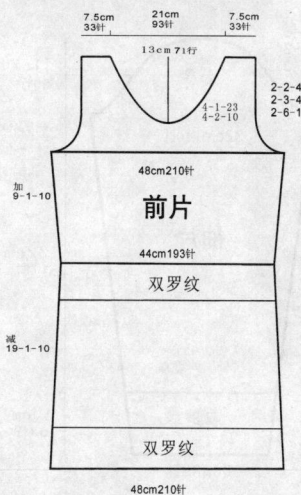

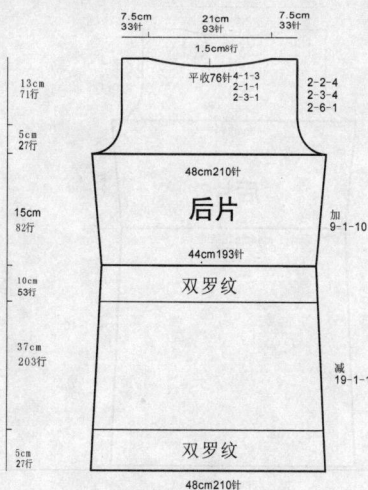

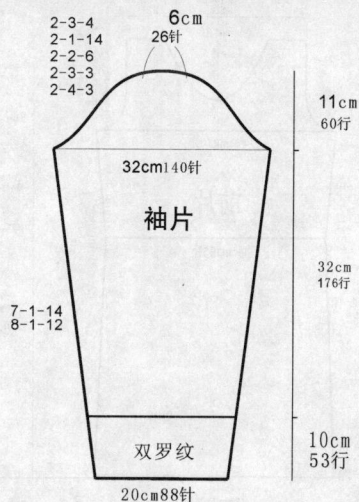

前片

7.5cm 33针　21cm 93针　7.5cm 33针
13cm 71行
4-1-23
4-2-10
2-2-4
2-3-4
2-6-1
48cm210针
加 9-1-10
前片
44cm193针
双罗纹
减 19-1-10
双罗纹
48cm210针

后片

7.5cm 33针　21cm 93针　7.5cm 33针
1.5cm6行
13cm 71行
平收76针 4-1-3
2-1-1
2-2-4
2-3-4
2-6-1
48cm210针
5cm 27行
15cm 82行
加 9-1-10
后片
44cm193针
10cm 53行
双罗纹
37cm 203行
减 19-1-10
双罗纹
5cm 27行
48cm210针

袖片

2-3-4
2-1-14
2-2-6
2-3-3
2-4-3
6cm 26针
32cm140针
袖片
11cm 60行
7-1-14
8-1-12
32cm 176行
双罗纹
10cm 53行
20cm88针

137

领子结构图

5cm 27行 编织方向 前片衬边 双罗纹 2片

20cm88针

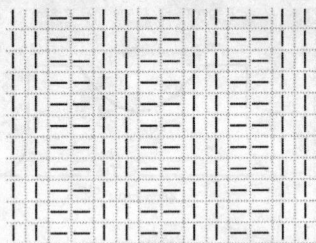

双罗纹

【成品尺寸】衣长85cm　胸围96cm　袖长53cm

【工具】1.7mm棒针

【材料】蓝色纯羊毛线

【密度】10cm²：44针×54行

【附件】腰带1条

【制作过程】前片：按图起针，先织双层平针底边后，改织51cm花样，再改织下针，织至完成。后片：按图起针，先织双层平针底边，后改织51cm花样，再改织下针，织至完成，袖窿和领窝按图加减针。袖片：按图起针，织10cm双罗纹后，改织花样，织至完成。袖片和袖山按图加减针，同样方法织另一袖，全部缝合。领：挑针，织5cm双罗纹，按图所示，形成圆领。系上腰带，整件毛衣编织完成。

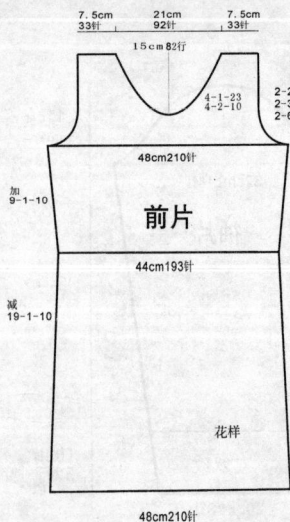

前片

7.5cm 33针　21cm 92针　7.5cm 33针

15cm 82行

4-1-23 4-2-10

2-2-4 2-3-4 2-6-1

48cm210针

加 9-1-10

减 19-1-10

44cm193针

51cm 270行

花样

48cm210针

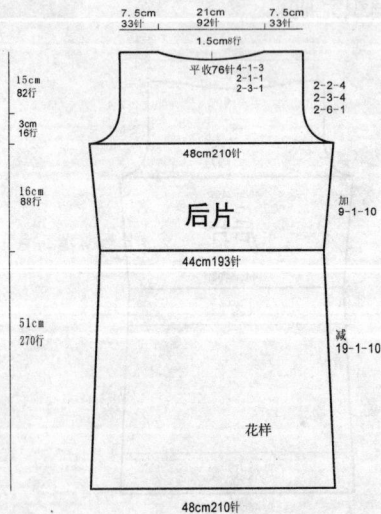

后片

7.5cm 33针　21cm 92针　7.5cm 33针

1.5cm8针

平76行 4-1-3 2-1-1 2-3-1

2-2-4 2-3-4 2-6-1

15cm 82行

3cm 16行

48cm210针

16cm 88行

加 9-1-10

减 19-1-10

44cm193针

花样

48cm210针

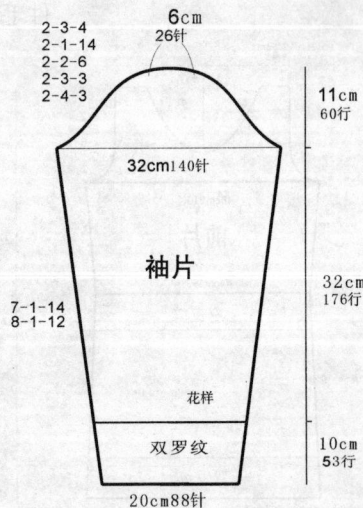

袖片

6cm 26针

2-3-4 2-1-14 2-2-6 2-2-3 2-4-3

11cm 60行

32cm140针

7-1-14 8-1-12

32cm 176行

花样

双罗纹

10cm 53行

20cm88针

138

| 5cm 27行 | 编织方向 ↑ | 领 | 双罗纹 |

51cm224针

 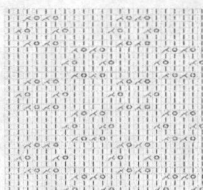 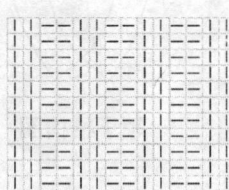

领子结构图   **双层平针底边**   **花样**   **双罗纹**

缝合

大气翻领衫

【成品尺寸】衣长50cm　胸围96cm　连肩袖长50cm

【工具】1.7mm棒针

【材料】蓝色纯羊毛线

【密度】10cm²：22针×32行

【附件】编织的绳子若干

【制作过程】前片：按图起针，先织双层平针底边，后改织花样，织至完成。后片：按图起针，先织双层平针底边，后改织花样，织至完成，衣片和领窝按图加减针。袖片：本款是插肩袖。按图起针，先织双层平针底边，后改织花样，织至完成，袖片按图加减针，全部缝合。领：另织，与领圈缝合，形成翻领。缝上绳子，整件毛衣编织完成。

| 12cm 66行 | 编织方向 ↑ | 翻领 |

45cm198针

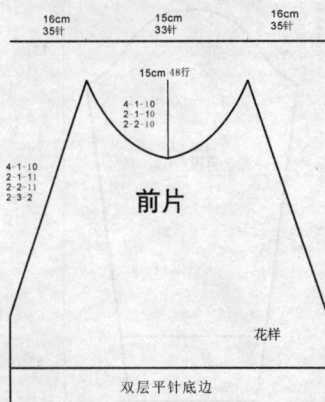

16cm 35针　15cm 33针　16cm 35针

15cm 48行

4-1-10
2-1-10
2-2-10

4-1-10
2-1-11
2-2-11
2-3-2

前片

花样

双层平针底边

24cm52针

15cm 48行
22cm 70行
8cm 25行
5cm 16行

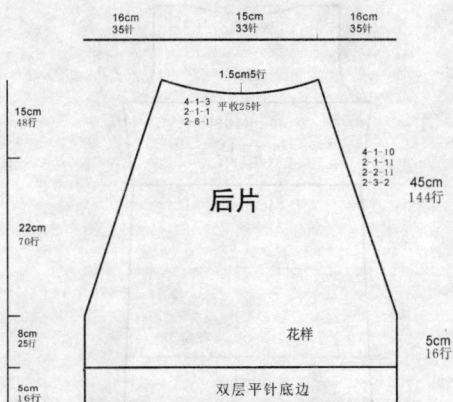

16cm 35针　15cm 33针　16cm 35针

1.5cm5行
4-1-3
2-1-1
2-8-1
平收25针

4-1-10
2-1-11
2-2-11
2-3-2

后片

花样

双层平针底边

48cm105针

45cm 144行

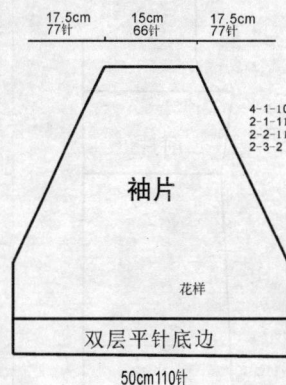

17.5cm 77针　15cm 66针　17.5cm 77针

4-1-10
2-1-11
2-2-11
2-3-2

袖片

花样

双层平针底边

50cm110针

5cm 16行

领子结构图

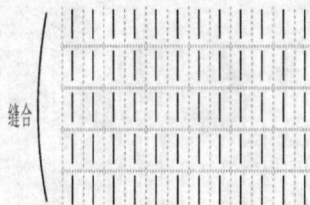

双层平针底边图解

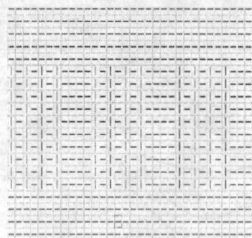

花样

【成品尺寸】衣长65cm　胸围96cm　袖长53cm

【工具】1.7mm棒针

【材料】深蓝色纯羊毛线

【密度】10cm²：22针×32行

【附件】扣子12枚

【制作过程】前片：分左、右2片编织，分别按图起针，织10cm双罗纹后，改织花样，织至完成，同样方法织另一片。后片：按图起针，织10cm双罗纹后，改织花样，织至完成，袖窿和领窝按图加减针。袖片：按图起针，织10cm双罗纹后，改织花样，袖片和袖山按图加减针，织至完成。同样方法织另一袖，全部缝合。翻领：另织花样，与领窝缝合，形成翻领。缝上扣子，整件毛衣编织完成。

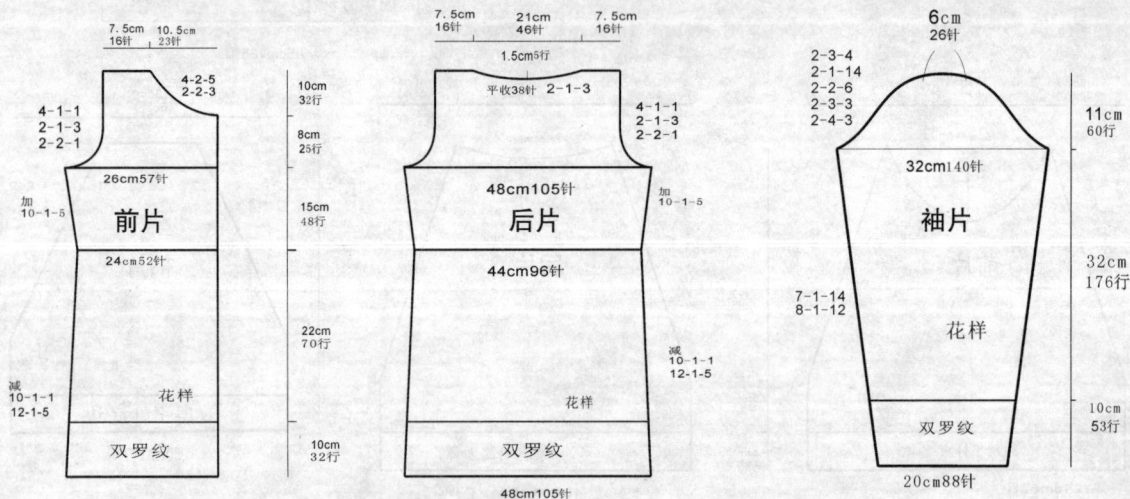

前片

7.5cm 16针　10.5cm 23针

4-2-5
2-2-3

4-1-1
2-1-3
2-2-1

10cm 32行

8cm 25行

26cm57针

加 10-1-5

24cm52针

15cm 48行

22cm 70行

减 10-1-1 12-1-5

花样

双罗纹

10cm 32行

后片

7.5cm 16针　21cm 46针　7.5cm 16针

1.5cm 5行

平收38针　2-1-3

4-1-1
2-1-3
2-2-1

48cm105针

加 10-1-5

44cm96针

减 10-1-1 12-1-5

花样

双罗纹

48cm105针

袖片

6cm 26针

2-3-4
2-1-14
2-2-6
2-2-3
2-4-3

32cm140针

11cm 60行

7-1-14
8-1-12

32cm 176行

花样

双罗纹

10cm 53行

20cm88针

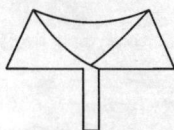

领子结构图

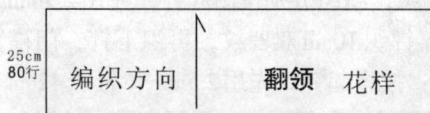

25cm
80行

编织方向　　翻领　花样

26cm57针

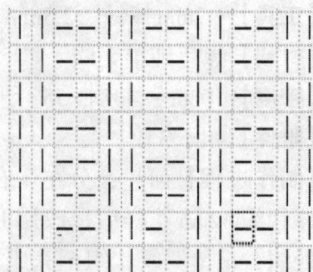

双罗纹

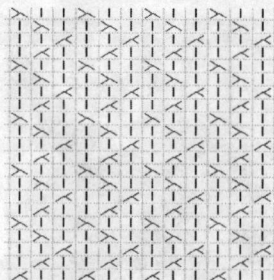

花样

【成品尺寸】衣长50cm　胸围88cm　肩宽36cm　袖长52cm

【工具】3mm棒针

【材料】黑色毛线700g

【密度】10cm²：20针×24行

【附件】扣子12枚

【制作过程】从圆片正中起8针，并分为8组编织平针，隔1行在每组内加1针，共加27次，形成圆片后，第一和第四组留出袖窿开口，先28针停针，然后在下二行平加28针。接着改织花样，隔7行在花样针两边下针处各加1针，花样编织30cm后收针。挑起袖窿56针，编织平针，22行加2针，一共加5次，再编织20行后收针。整件毛衣编织完成。

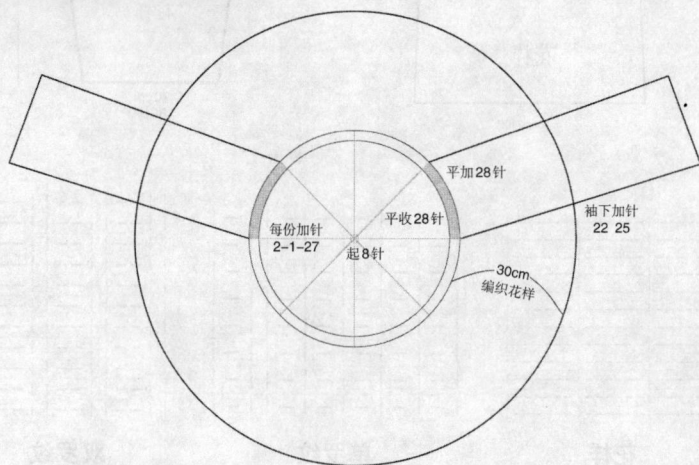

花样针法

深色翻领长衫

【成品尺寸】衣长85cm　胸围96cm　袖长53cm

【工具】1.7mm棒针　2.5mm棒针

【材料】黑色纯羊毛线

【密度】10cm²：44针×55行

【附件】扣子3枚

【制作过程】前片：分左、右2片编织，编织分别按图起针，先用2.5mm棒针织42cm花样后，改用1.7mm棒针织10cm双罗纹，再织下针，门襟处织5cm单罗纹，织至完成。后片：按图起针，先用2.5mm棒针织42cm花样后，改用1.7mm棒针织10cm双罗纹，再织下针，织至完成，袖窿和领窝按图加减针。袖片：按图起针，先用2.5mm棒针织20cm花样后，改用1.7mm棒针织10cm双罗纹，再织下针，织至完成，袖片和袖山按图加减针，全部缝合。领：挑针，用2.5mm棒针织15cm花样，形成翻领。缝上扣子，整件毛衣编织完成。

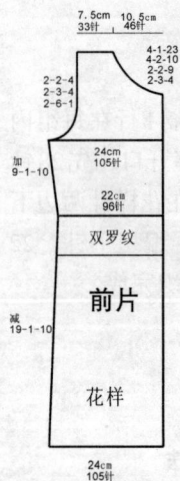

前片

花样

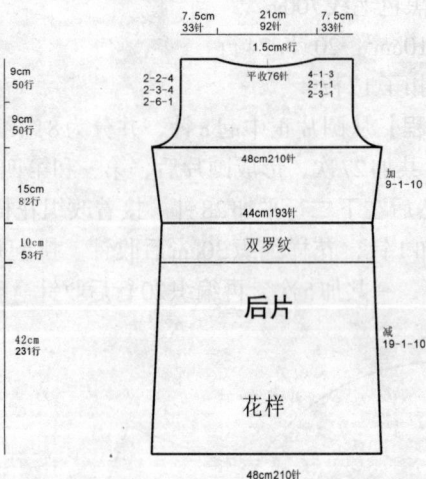

后片

花样

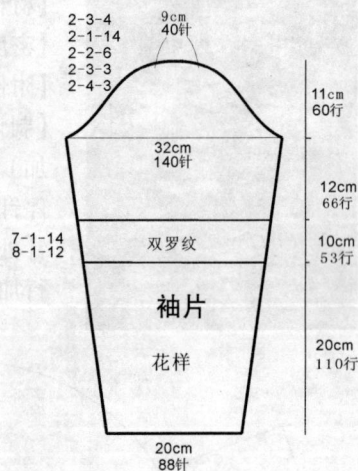

袖片

花样

领子结构图

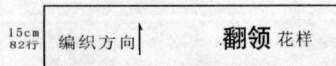

翻领花样

花样

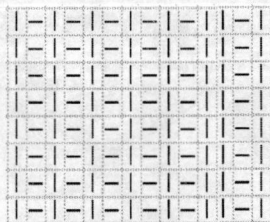

单罗纹

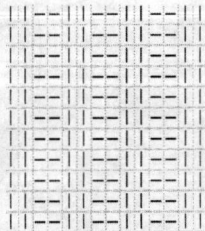

双罗纹

【成品尺寸】衣长85cm　胸围96cm　袖长53cm

【工具】1.7mm棒针

【材料】深灰色纯羊毛线

【密度】10cm²：44针×55行

【附件】装饰毛毛　亮片若干

【制作过程】前片：分内前片和外前片编织，内前片按图起针，织10cm单罗纹后，改织下针，织至完成；外前片分左、右2片编织，分别按图起针，织下针，织至完成。后片：分内后片和外后片编织，内后片按图起针，织10cm单罗纹后，改织下针，织至完成；外后片：按图起针，先织双层平针底边，后改织下针，织至完成，袖窿和领窝按图加减针。袖片：按图起针，先织双层平针底边，后改织下针，织至完成，袖片和袖山按图加减针。内前片和外前片重叠，内后片和外后片重叠后，全部缝合。领：另织5cm下针，褶边缝合，形成双层圆领。外前片门襟：另织5cm下针，褶边缝合，形成双层门襟。缝上装饰毛毛和亮片，系上门襟带。整件毛衣编织完成。

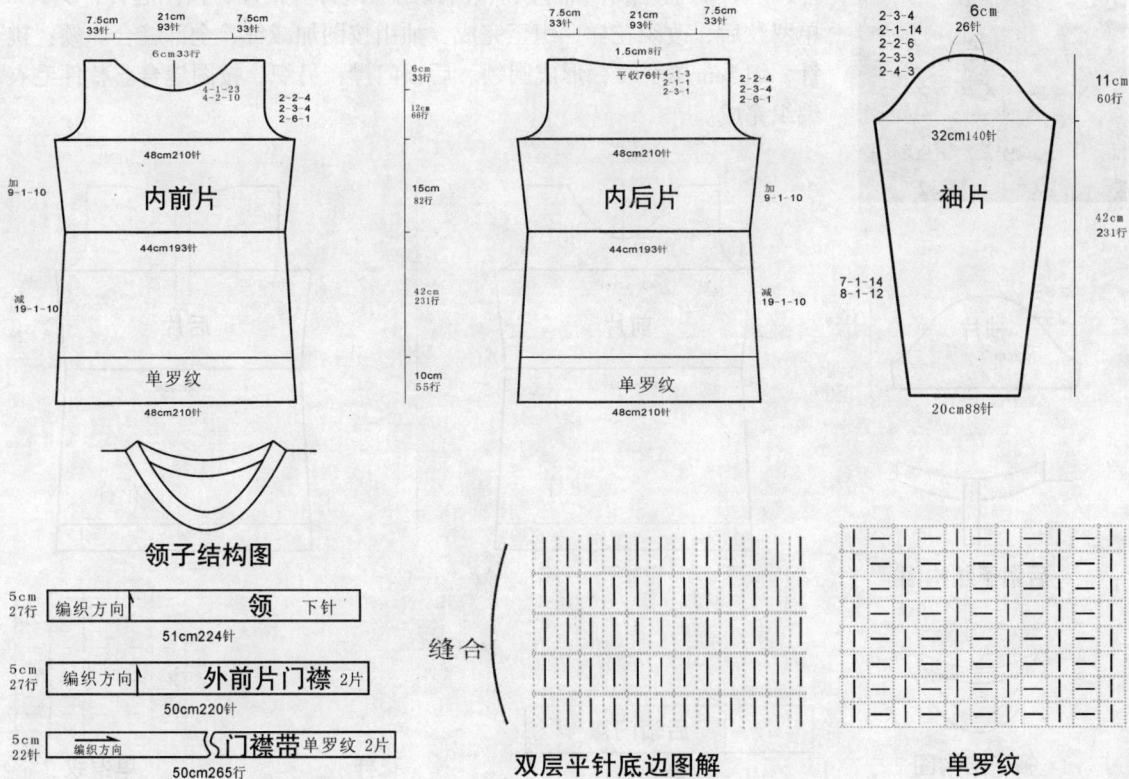

内前片

7.5cm 33针　21cm 93针　7.5cm 33针

6cm33行

4-1-23
4-2-10

2-2-4
2-3-4
2-6-1

48cm210针

加 9-1-10

44cm193针

减 19-1-10

单罗纹

48cm210针

内后片

7.5cm 33针　21cm 93针　7.5cm 33针

1.5cm8行

6cm 33行

平收76针

4-1-3
2-1-1
2-3-1

2-2-4
2-3-4
2-6-1

12cm 66行

48cm210针

15cm 82行

44cm193针

42cm 231行

加 9-1-10

减 19-1-10

10cm 55行

单罗纹

48cm210针

袖片

2-3-4
2-1-14
2-2-6
2-3-3
2-4-3

6cm 26针

11cm 60行

32cm140针

42cm 231行

7-1-14
8-1-12

20cm88针

6cm 33行

12cm 66行

15cm 82行

42cm 231行

领子结构图

5cm 27行　编织方向　领　下针
51cm224针

5cm 27行　编织方向　外前片门襟 2片
50cm220针

5cm 22针　编织方向　门襟带 单罗纹 2片
50cm265行

缝合

双层平针底边图解

单罗纹

143

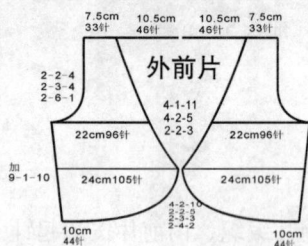

外前片

7.5cm 33针　10.5cm 46针　10.5cm 46针　7.5cm 33针

2-2-4
2-3-4
2-6-1

4-1-11
4-2-5
2-2-3

22cm96针　　22cm96针

加 9-1-10

24cm105针　　24cm105针

4-2-10
2-3-5
2-4-2

10cm 44针　　10cm 44针

18cm 79针

7cm 30针

8cm 35针

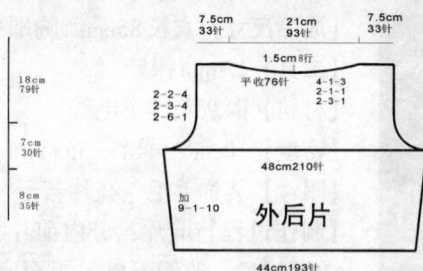

外后片

7.5cm 33针　21cm 93针　7.5cm 33针

1.5cm 8行

平收76针

2-2-4
2-3-4
2-6-1

4-1-3
2-1-1
2-3-1

48cm210针

加 9-1-10

44cm193针

塑身圆领长衫

【成品尺寸】衣长85cm　胸围96cm　袖长16cm

【工具】1.7mm棒针　小号钩针

【材料】蓝色纯羊毛线

【密度】10cm²：44针×54行

【制作过程】前片：按图起针，织5cm单罗纹后，改织花样，织至完成。后片：按图起针，织5cm单罗纹后，改织花样，织至62cm时分左、右2片编织，织至完成，袖窿和领窝按图加减针。袖片：按图起针，织5cm单罗纹后，改织花样，织至完成，袖山按图加减针，全部缝合。领：挑针，织5cm单罗纹，形成圆领。后领门襟：另织，按图缝合。整件毛衣编织完成。

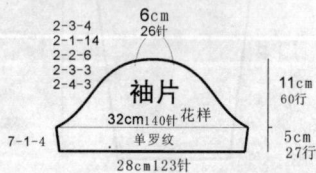

袖片

6cm 26针

2-3-4
2-1-14
2-2-6
2-3-3
2-4-3

7-1-4

32cm140针 花样

单罗纹

28cm123针

11cm 60行

5cm 27行

后领子结构图

领子结构图

5cm 27行　编织方向　**后领门襟** 单罗纹

21.5cm95针

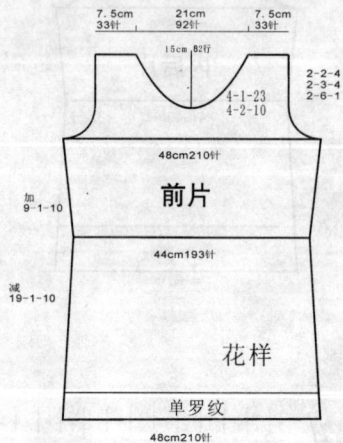

前片

7.5cm 33针　21cm 92针　7.5cm 33针

1.5cm 82行

4-1-23
4-2-10

2-2-4
2-3-4
2-6-1

48cm210针

加 9-1-10

44cm193针

减 19-1-10

花样

单罗纹

48cm210针

18cm 99行

5cm 27行

10cm 53行

47cm 258行

5cm 27行

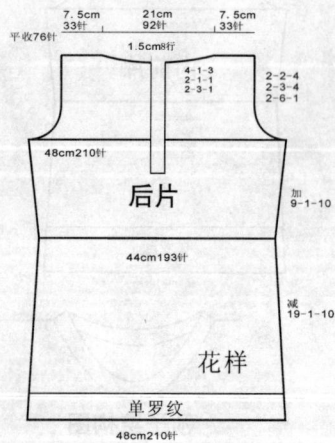

后片

7.5cm 33针　21cm 92针　7.5cm 33针

平收76针

1.5cm 8行

4-1-3
2-1-1
2-3-1

2-2-4
2-3-4
2-6-1

48cm210针

加 9-1-10

44cm193针

减 19-1-10

花样

单罗纹

48cm210针

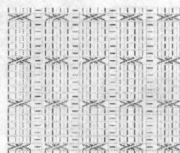

花样

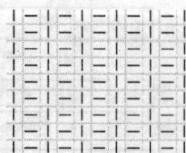

单罗纹

【成品尺寸】衣长90cm　胸围96cm　袖长53cm

【工具】1.7mm棒针

【材料】灰色、紫色纯羊毛线

【密度】10cm²：44针×54行

【附件】扣子2枚　装饰花1朵

【制作过程】前片：分内前片和外前片编织，内前片按图起针，先织双层平针底边，后改织花样，织至完成；外前片分左、右2片编织，按图起针，织下针，织至完成。后片：分上、下2片编织，上片按图起针，织下针，织至完成；下片按图起针，先织双层平针底边，后改织花样，织至完成，袖窿和领窝按图加减针。袖片：按图起针，织双罗纹，织至完成，袖片和袖山按图加减针，按图全部缝合。后上片下摆和外前片门襟：另织，依次缝合。领：挑针，织6cm双罗纹，形成圆领。缝上扣子和装饰花。整件毛衣编织完成。

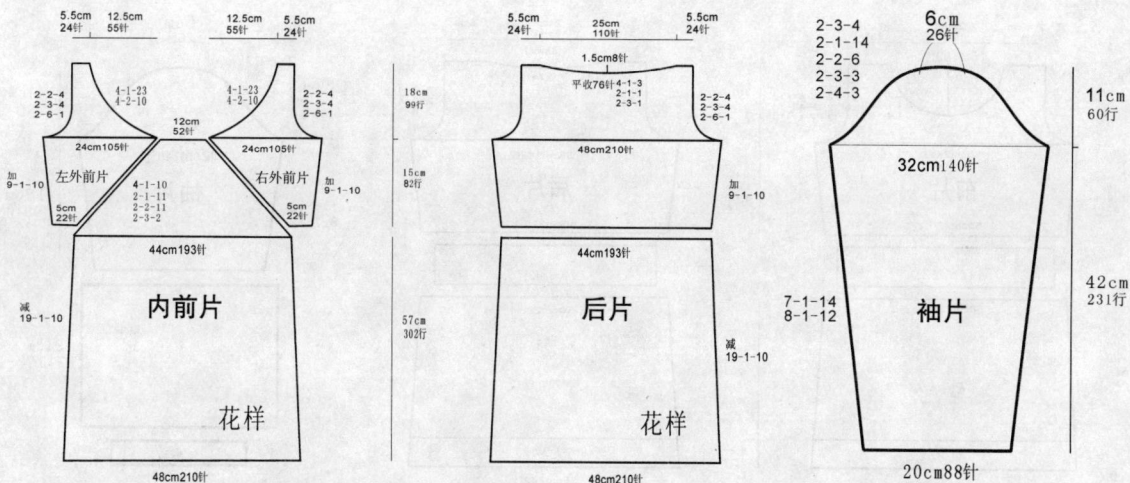

领子结构图

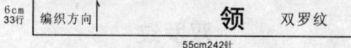

缝合

双层平针底边图解　　花样　　双罗纹

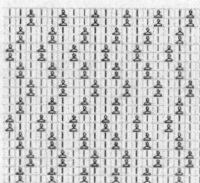

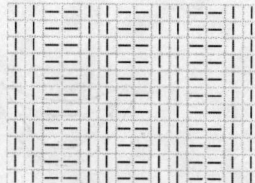

145

【成品尺寸】衣长85cm　胸围110cm　袖长53cm

【工具】1.7mm棒针

【材料】蓝色纯羊毛线

【密度】10cm²：44针×53行

【附件】亮片若干

【制作过程】前片：分上、中、下3片编织，上片按图起针，织下针，织至完成，袖窿和领窝按图加减针；中片是矩形，按图织好；下片按图起针，织5cm双罗纹后，改织下针，织至完成，按图打皱褶后，上、中、下片缝合。后片：分上、中、下3片编织，织法与前片一样。袖片：分上、中、下3片编织，上片按图起针，织下针，织至完成，袖片和袖山按图加减针；中片和袖口按图织好，打皱褶与上片缝好，最后袖片和前、后片全部缝合。领：前领窝打皱摺后，挑针织5cm单罗纹，形成圆领。缝上亮片。整件毛衣编织完成。

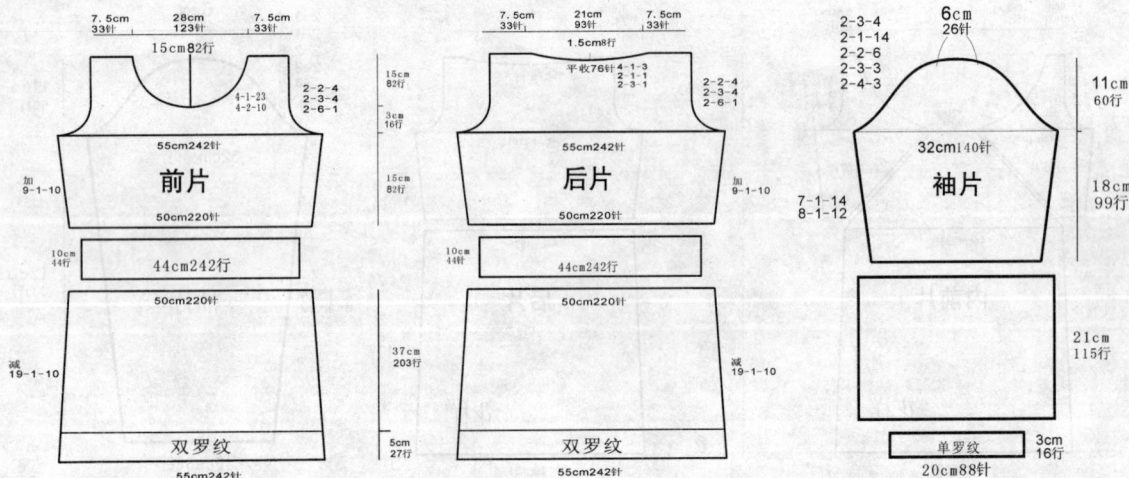

前片

后片

袖片

领　单罗纹

领子结构图

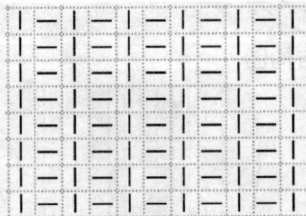

单罗纹

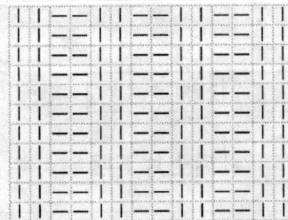

双罗纹

优雅V领连衣裙

【成品尺寸】衣长85cm　胸围96cm　连肩袖长33cm

【工具】1.7mm棒针

【材料】灰色、红色、白色纯羊毛线

【密度】10cm²：22针×51行

【制作过程】前片：分上、下2部分编织，上部分是横织，分左、右2片编织，分别从袖口织起，按编织方向起针，先织双层平针底边，后改织花样，织至门襟，另一片同样方法编织；下部分按图起针，先织双层平针底边，后改织花样37cm后，改织双罗纹，并间色，织完成后，上、下部分缝合。后片：分上、下2部分，上部分是横织，从袖口织起，按编织方向起针，先织双层平针底边后，改织花样，织至另一袖，领窝按图加减针；下部分按图起针，先织双层平针底边，后改织花样37cm后，改织双罗纹，并间色，织完成后，上、下部分缝合，然后前、后片全部缝合。领：挑针，织6cm双罗纹，按领子结构图缝好。整件毛衣编织完成。

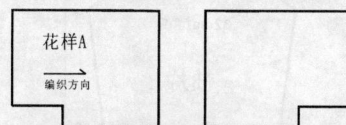

33cm / 181行　15cm / 82行　33cm / 181行

花样A　编织方向

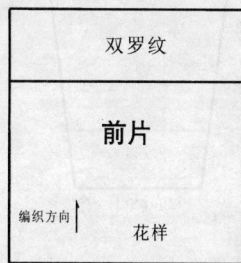

双罗纹

前片

编织方向　花样

48cm 105针

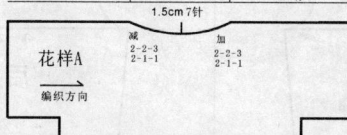

33cm / 181行　15cm / 82针 1.5cm 7针　33cm / 181行

减 2-2-3 2-1-1　加 2-2-3 2-1-1

花样A　编织方向

25cm / 110行

8cm / 35行

15cm / 82行

双罗纹

后片

37cm / 203行

编织方向　花样

48cm 105针

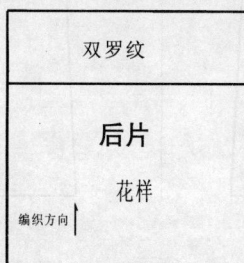

领子结构图

6cm / 33行　编织方向　**领**　双罗纹

81cm 356针

缝合

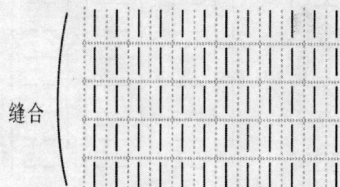

双层平针底边图解

花样

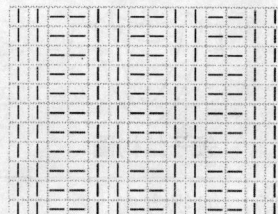

双罗纹

【成品尺寸】衣长85cm　胸围96cm　袖长53cm

【工具】1.7mm棒针

【材料】蓝色纯羊毛线

【密度】10cm²：44针×54行

【附件】亮片若干　腰带1条

【制作过程】前片：按图起针，先织52cm花样A后，改织花样B，织至完成。后片：按图起针，先织52cm花样A后，改织花样B，织至完成，袖窿和领窝按图加减针。袖片：按图起针，织8cm双罗纹后，改织下针，织至完成，袖片和袖山按图加减针，全部缝合。领：挑针织5cm双罗纹，褶边缝合，领尖缝合，形成双层V领。内领：另织，按领子结构图与V领缝合。缝上亮片，系上腰带，整件毛衣编织完成。

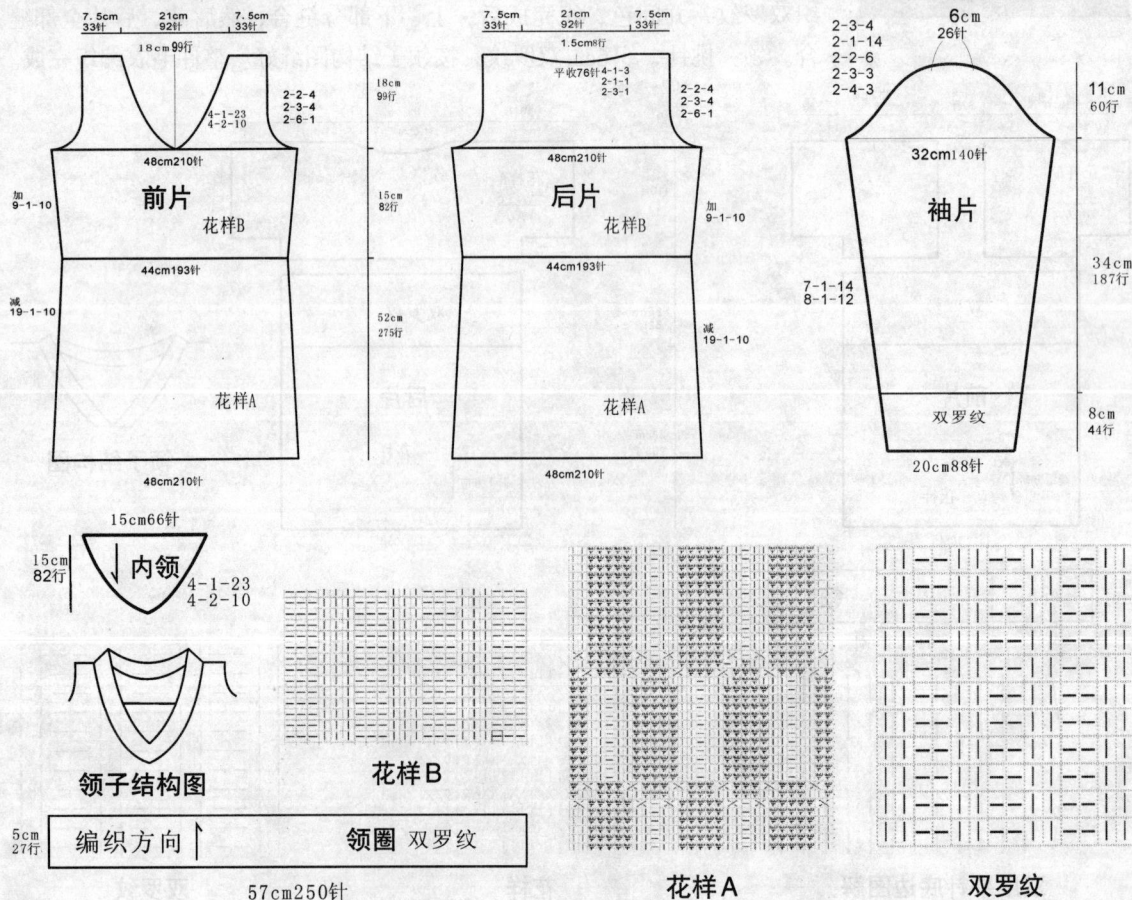

前片

7.5cm 33针　21cm 92针　7.5cm 33针

18cm 99行

2-2-4
2-3-4
2-6-1

4-1-23
4-2-10

48cm210针

花样B

加
9-1-10

44cm193针

减
19-1-10

花样A

48cm210针

后片

7.5cm 33针　21cm 92针　7.5cm 33针

1.5cm8行

18cm 99行

平收76针

4-1-3
2-1-1
2-3-1

2-2-4
2-3-4
2-6-1

48cm210针

15cm 82行

花样B

加
9-1-10

44cm193针

52cm 275行

减
19-1-10

花样A

48cm210针

袖片

2-3-4
2-1-14
2-2-6
2-3-3
2-4-3

6cm 26针

11cm 60行

32cm140针

7-1-14
8-1-12

34cm 187行

双罗纹

8cm 44行

20cm88针

内领

15cm66针

15cm 82行

4-1-23
4-2-10

领子结构图

5cm 27行　编织方向↑　领圈　双罗纹

57cm250针

花样B

花样A

双罗纹

148

纯白V领开衫

【成品尺寸】衣长85cm　胸围96cm　袖长53cm

【工具】1.7mm棒针

【材料】白色纯羊毛线

【密度】10cm²：44针×54行

【附件】扣子2枚

【制作过程】前片：分左、右2片编织，分别按图起针，先织42cm花样A，后改织10cm双罗纹，再织花样，织至完成。后片：按图起针，先织42cm花样，后改织10cm双罗纹，再织花样，织至完成，袖窿和领窝按图加减针。袖片：按图起针，织花样，织至完成，袖片和袖山按图加减针，全部缝合。领：按结构图挑针，织10cm花样，形成翻领。缝上扣子。整件毛衣编织完成。

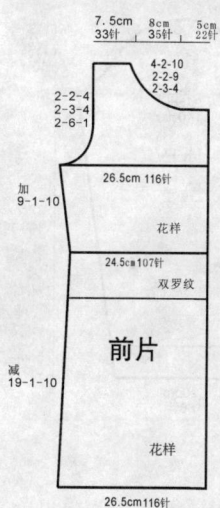

前片

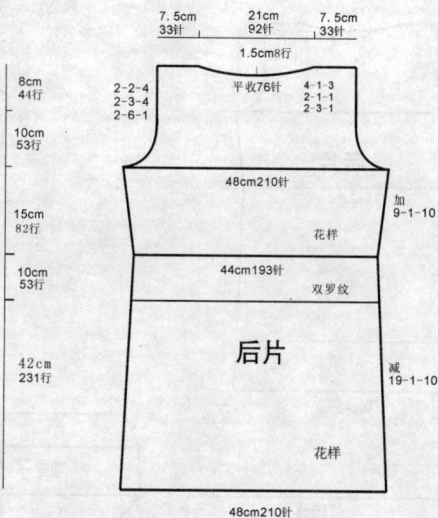

后片

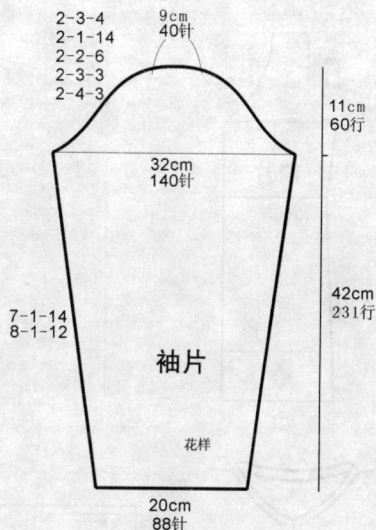

袖片

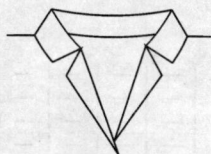

领子结构图

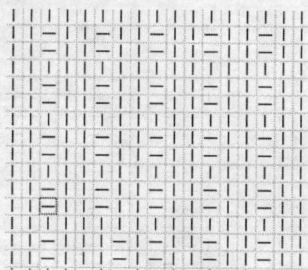

花样

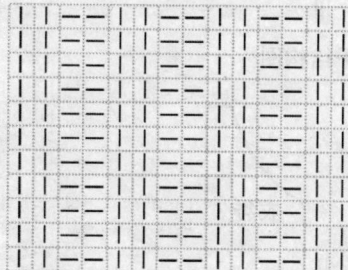

双罗纹

【成品尺寸】衣长85cm　胸围96cm　袖长53cm

【工具】1.7mm棒针

【材料】白色纯羊毛线

【密度】10cm²：44针×55行

【附件】扣子7枚

【制作过程】前片：分左、右2片编织，分别按图起针，织10cm双罗纹后，改织花样，织至完成。后片：按图起针，织10cm双罗纹后，改织花样，织至完成，袖窿和领窝按图加减针。袖片：按图起针，织5cm双罗纹后，改织下针，织至完成，袖片和袖山按图加减针，全部缝合。帽子：另织，与领圈缝合。门襟：另织，与前片至帽缘缝合。衣袋：另织，按图缝好。缝上扣子。整件毛衣编织完成。

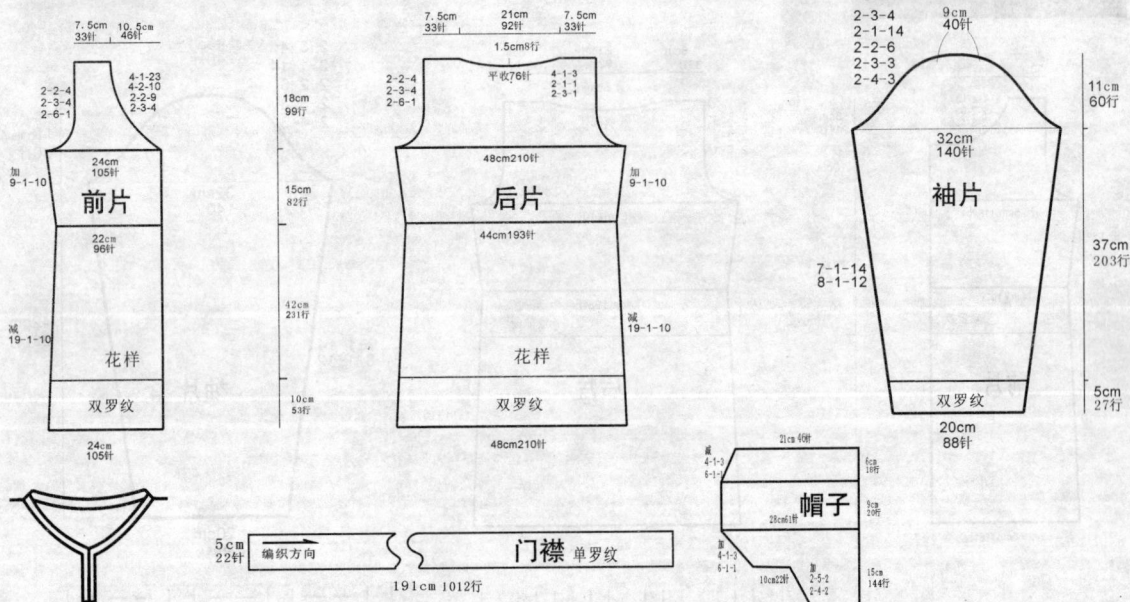

前片

7.5cm 33针　10.5cm 46针
2-2-4 / 2-3-4 / 2-6-1
4-1-23 / 4-2-10 / 2-2-9 / 2-3-4
18cm 99行
加 9-1-10
24cm 105针
15cm 82行
22cm 96针
42cm 231行
减 19-1-10
花样
双罗纹
24cm 105针

后片

7.5cm 33针　21cm 92针　7.5cm 33针
1.5cm8行
2-2-4 / 2-3-4 / 2-6-1
平收76针
4-1-3 / 2-1-1 / 2-3-1
48cm210针
加 9-1-10
44cm193针
减 19-1-10
花样
双罗纹
48cm210针

袖片

2-3-4 / 2-1-14 / 2-2-6 / 2-3-3 / 2-4-3
9cm 40针
32cm 140针
11cm 60行
7-1-14 / 8-1-12
37cm 203行
双罗纹
20cm 88针
5cm 27行

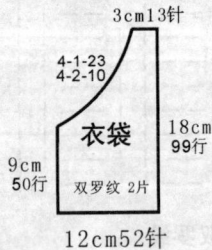

领子结构图

5cm 22针　编织方向　门襟 单罗纹
191cm 1012行

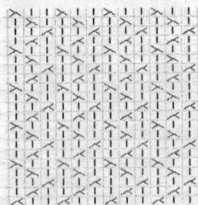

帽子

21针 46针
减 4-1-3 / 6-1-1
28cm60针
9cm
加 4-1-3 / 6-1-1
10cm24针
加 2-5-2 / 4-2-2
15cm 144行
11cm24针

衣袋

3cm13针
4-1-23 / 4-2-10
18cm 99行
9cm 50行
双罗纹 2片
12cm52针

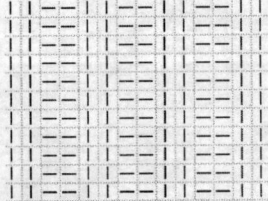

花样

双罗纹

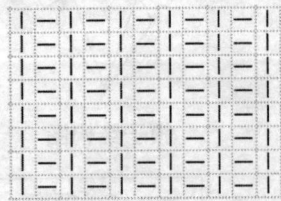

单罗纹

150

甜美荷叶领衫

【成品尺寸】衣长50cm　胸围96cm　连肩袖长50cm

【工具】1.7mm棒针

【材料】白色纯羊毛线

【密度】10cm²：22针×32行

【附件】扣子3枚

【制作过程】前片：分左、右2片编织，分别按图起针，织双罗纹5cm后，改织花样，门襟与前片一起织成，织至完成。后片：按图起针，织双罗纹5cm后，改织花样，织至完成，衣片和领窝按图加减针。袖片：本款是插肩袖，袖片按图起针，织5cm双罗纹后，改织花样，织至完成，袖片按图加减针，全部缝合。帽子：另织，与领圈缝合。缝上扣子。整件毛衣编织完成。

前片

16cm 35针　7.5cm 16针

4-1-10
2-1-10
2-2-10

15cm 48行

4-1-10
2-1-11
2-2-3-2

22cm 70行

花样

8cm 25行

双罗纹

5cm 16行

24cm52针

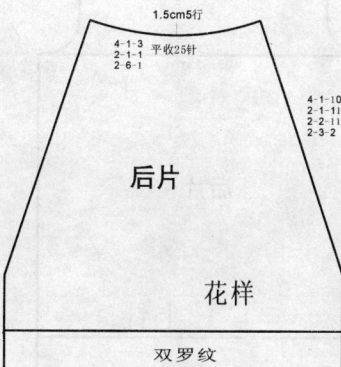

后片

16cm 35针　15cm 33针　16cm 35针

1.5cm5行
4-1-3
2-1-1　平收25针
2-6-1

4-1-10
2-1-11
2-2-11
2-3-2

花样

双罗纹

48cm105针

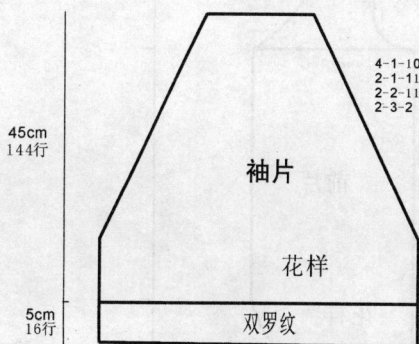

袖片

17.5cm 77针　15cm 66针　17.5cm 77针

4-1-10
2-1-11
2-2-11
2-3-2

45cm 144行

花样

5cm 16行

双罗纹

50cm110针

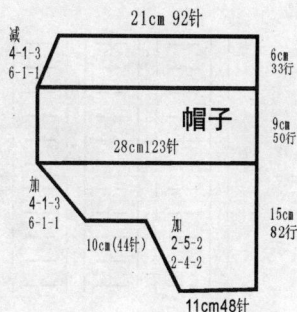

帽子

21cm 92针

减
4-1-3
6-1-1

6cm 33行

28cm123针

9cm 50行

加
4-1-3
6-1-1

10cm(44针)

加
2-5-2
2-4-2

15cm 82行

11cm48针

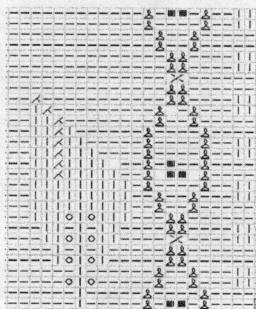

花样

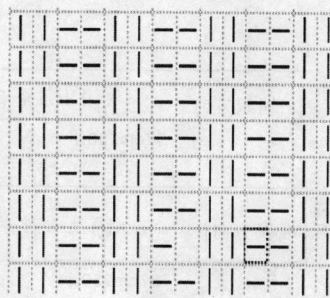

双罗纹

【成品尺寸】衣长55cm　胸围96cm　袖长53cm

【工具】1.7mm棒针

【材料】白色纯羊毛线

【密度】10cm²：44针×55行

【附件】扣子　亮珠若干

【制作过程】前片：分左、右2片编织，分别按图起针，织花样，衣摆圆角部分按图收针，织至完成。后片：按图起针，织10cm双罗纹后，改织上针织至完成，袖窿和领窝按图加减针。袖片：按图起针，织10cm双罗纹后，改织上针，织至完成，袖山和袖片按图加减针，全部缝合。领：挑针，织10cm花样，形成翻领。门襟：另织，缝合门襟至领边。缝上扣子和亮珠。整件毛衣编织完成。

7.5cm 33针　10.5cm 46针

2-2-4
2-3-4
2-6-1

4-1-23
4-2-10
2-2-9
2-3-4

18cm 99行

24cm132行

22cm 121行

前片

花样

15cm 82行

2-2-22
4-1-1
6-1-10

3cm16针

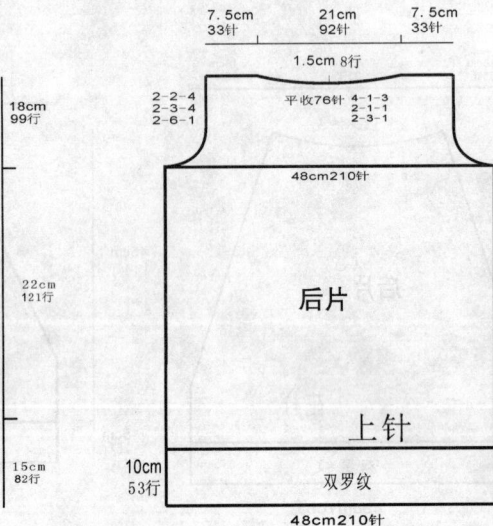

7.5cm 33针　21cm 92针　7.5cm 33针

1.5cm 8行

2-2-4
2-3-4
2-6-1

平收76针

4-1-3
2-1-1
2-3-1

48cm210针

后片

上针

10cm 53行

双罗纹

48cm210针

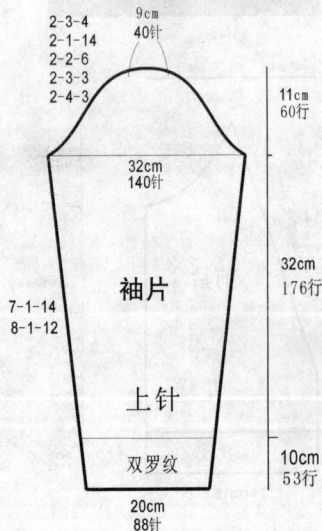

2-3-4
2-1-14
2-2-6
2-3-3
2-4-3

9cm 40针

11cm 60行

32cm 140针

袖片

7-1-14
8-1-12

上针

32cm 176行

双罗纹

10cm 53行

20cm 88针

6cm 33针　编织方向　门襟 全平针 2片

57cm250针

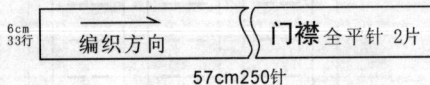

10cm 53行　编织方向　领　花样

57cm250针

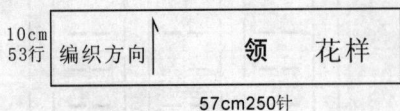

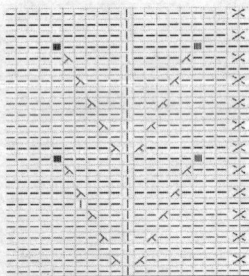

花样

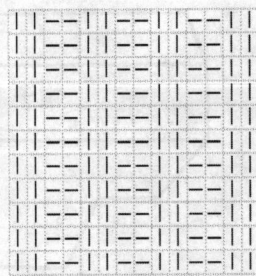

双罗纹

152

系带V领长衫

【成品尺寸】衣长85cm　胸围96cm

【工具】1.7mm棒针

【材料】灰色纯羊毛线

【密度】10cm²：44针×55行

【附件】扣子4枚

【制作过程】前片：分左、右2片编织，分别按图起针，织下针，衣摆圆角部分按图收针，织至完成。后片：按图起针，织10cm单罗纹后，改织下针，织至完成，领窝按图加减针，全部缝合。领：挑针，织12cm单罗纹。门襟：另织，与前片和领边缝合，形成翻领。衣袋：另织，按图缝合。腰带：另织好，系于腰间。缝上扣子。整件毛衣编织完成。

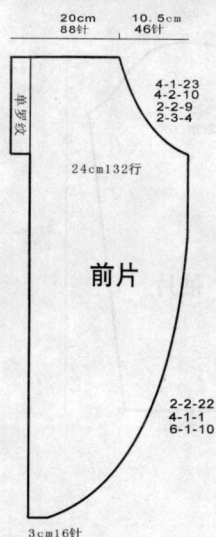

前片

20cm 88针　10.5cm 46针

4-1-23
4-2-10
2-2-9
2-3-4

24cm132行

2-2-22
4-1-1
6-1-10

3cm16针

18cm 99行

15cm 82行

42cm 231行

10cm 53行

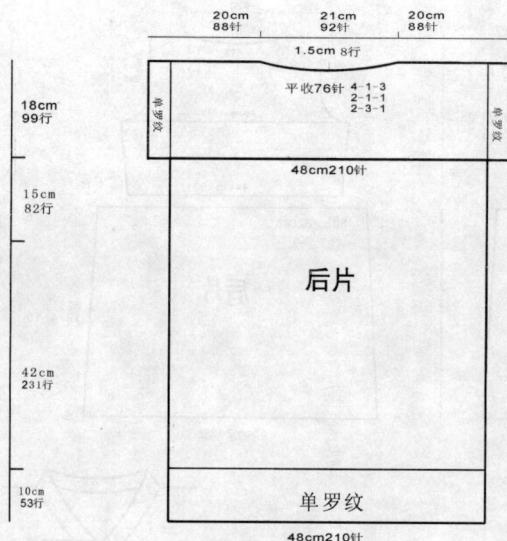

后片

20cm 88针　21cm 92针　20cm 88针

1.5cm 8行

平收76针　4-1-3
2-1-1
2-3-1

48cm210针

单罗纹

48cm210针

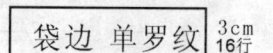

袋边 单罗纹　3cm 16行

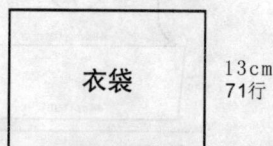

衣袋　13cm 71行

18cm79针

领子结构图

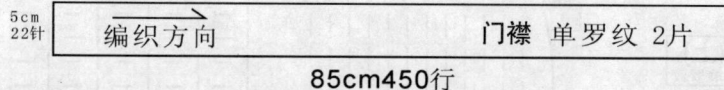

5cm 22针　编织方向　门襟 单罗纹 2片

85cm450行

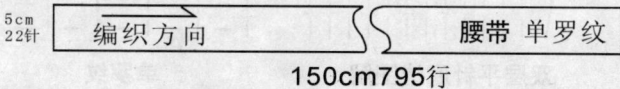

5cm 22针　编织方向　腰带 单罗纹

150cm795行

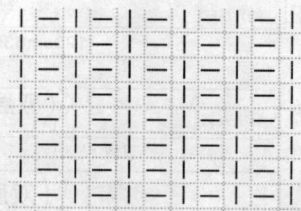

单罗纹

【成品尺寸】衣长70cm　胸围110cm　袖长53cm

【工具】1.7mm棒针　2.5mm棒针

【材料】灰色、黑色纯羊毛线

【密度】10cm²：44针×53行

【制作过程】前片：分上、下2片编织，上片按图起针，织下针，织至完成，袖窿和领窝按图加减针。下片按图起针，织下针，织至完成，打皱褶与上片缝合。后片：按图起针，织法与前片一样。袖片：按图起针，先织双层平针底边，后改织下针，织至完成，袖片和袖山按图加减针，全部缝合。双层下摆：另织好，按图与前、后片下摆缝合，形成花边形状。领：挑针，织3cm下针，褶边缝合，形成双层圆领圈。领带：另织，按图缝好，多余部分系蝴蝶结。整件毛衣编织完成。

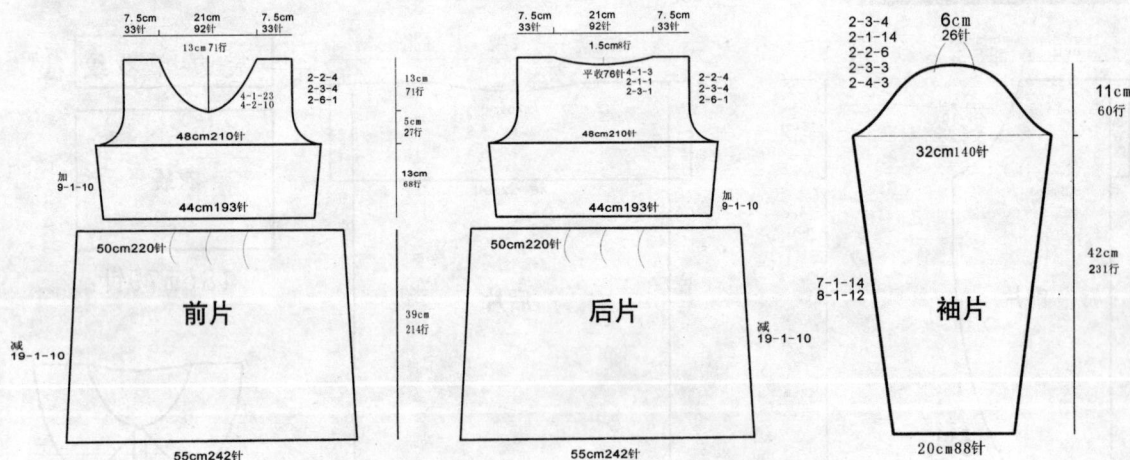

前片

7.5cm 33针　21cm 92针　7.5cm 33针
13cm 71行
2-2-4
2-3-4
2-6-1
4-1-23
4-2-10
48cm210针
加 9-1-10
44cm193针
50cm220针
减 19-1-10
55cm242针

后片

7.5cm 33针　21cm 92针　7.5cm 33针
1.5cm
13cm 71行
5cm 27行
13cm 68行
平收76针 4-1-3
2-1-2
2-3-1
2-2-4
2-3-4
2-6-1
48cm210针
44cm193针
加 9-1-10
50cm220针
减 19-1-10
39cm 214行
55cm242针

袖片

2-3-4
2-1-14
2-2-6
2-3-3
2-4-3
6cm 26针
11cm 60行
32cm140针
7-1-14
8-1-12
42cm 231行
20cm88针

领子结构图

领带 单罗纹
5cm 22针　编织方向
120cm636行

双层下摆(上) 单罗纹
10cm 53行　编织方向
110cm484针

双层下摆(下) 单罗纹
20cm 110行　编织方向
110cm484针

缝合

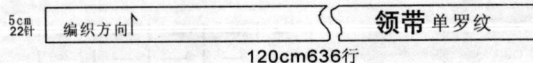

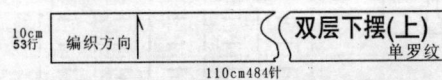

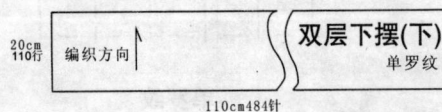

双层平针底边图解

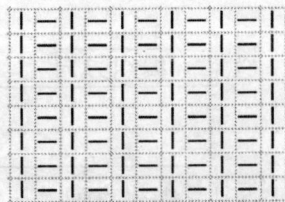

单罗纹

【成品尺寸】衣长85cm　胸围96cm　袖长53cm

【工具】1.7mm棒针

【材料】浅黄色纯羊毛线

【密度】10cm²：44针×53行

【附件】腰带1根　毛毛球2个

【制作过程】前片：分上、下2片组成，上片按图起针，下片织5cm双罗纹后，改织花样，织至完成，袖窿和领窝按图加减针。后片：按图起针，织法与前片一样。下摆另织2片，按图织完成后再按图缝好，缝合线在前、后片的中线，再打皱褶与前、后片缝合，形成图示的形状。袖片：按图起针，织5cm双罗纹后，织至完成，袖片和袖山按图加减针，与衣片全部缝合。系好腰带和毛毛球，整件毛衣编织完成。

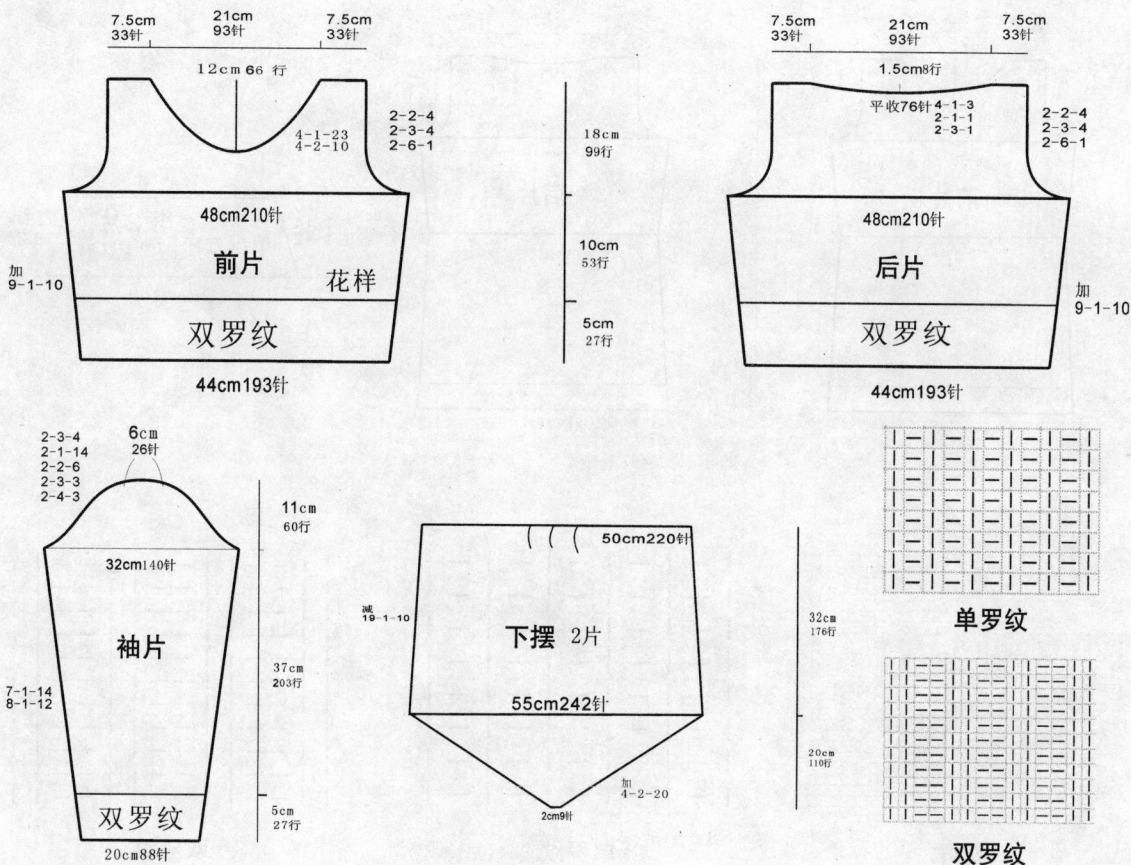

前片

7.5cm 33针　21cm 93针　7.5cm 33针

12cm 66 行

2-2-4
2-3-4
2-6-1

4-1-23
4-2-10

48cm210针

前片　花样

加 9-1-10

双罗纹

44cm193针

18cm 99行

10cm 53行

5cm 27行

后片

7.5cm 33针　21cm 93针　7.5cm 33针

1.5cm8行

平收76 4-1-3
2-1-1
2-3-1

2-2-4
2-3-4
2-6-1

48cm210针

后片

加 9-1-10

双罗纹

44cm193针

袖片

2-3-4
2-1-14
2-2-6
2-3-3
2-4-3

6cm 26针

32cm140针

袖片

7-1-14
8-1-12

双罗纹

20cm88针

11cm 60行

37cm 203行

5cm 27行

下摆 2片

50cm220针

减 19-1-10

下摆 2片

55cm242针

加 4-2-20

2cm9针

32cm 176行

20cm 110行

单罗纹

双罗纹

圆领职业毛衫

【成品尺寸】衣长68cm　胸围96cm

【工具】1.7mm棒针　小号钩针

【材料】米黄色纯羊毛线

【密度】10cm²：44针×55行

【附件】亮珠　装饰带子若干

【制作过程】前片：按图起针，织3cm双罗纹后，改织花样，织至完成。后片：按图起针，织3cm双罗纹后，改织下针，织至完成，袖窿和领窝按图加减针，将前、后片缝合。领：另织，按图缝合。缝上亮珠和装饰带子，袖圈用钩针钩织花边。整件毛衣编织完成。

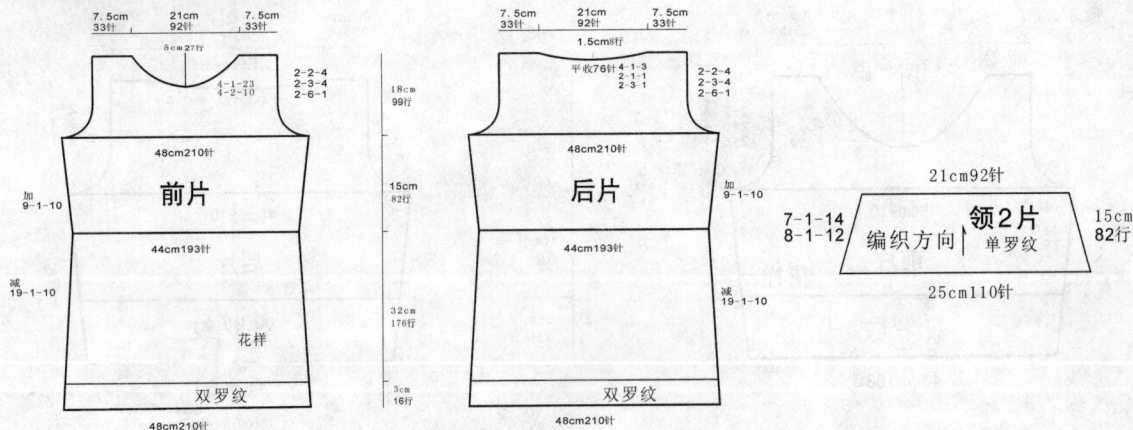

前片

7.5cm 33针　21cm 92针　7.5cm 33针
8cm 27行
2-2-4
4-1-23 2-3-4
4-2-10 2-6-1
48cm210针
44cm193针
加 9-1-10
减 19-1-10
花样
双罗纹
48cm210针

后片

7.5cm 33针　21cm 92针　7.5cm 33针
1.5cm8行
平收76针 4-1-3
2-2-4
4-1-1 2-3-4
2-3-1 2-6-1
48cm210针
44cm193针
加 9-1-10
减 19-1-10
双罗纹
48cm210针

18cm 99行
15cm 82行
32cm 176行
3cm 16行

领2片

21cm92针
7-1-14
8-1-12
编织方向 单罗纹
15cm 82行
25cm110针

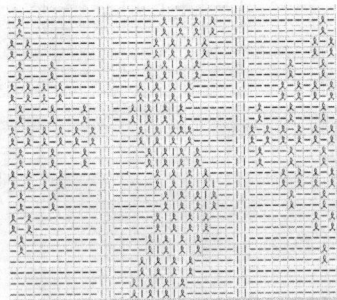

花样

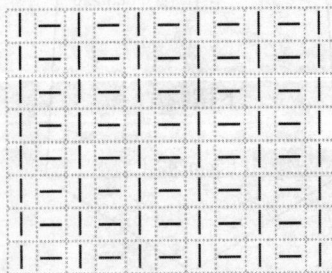

单罗纹

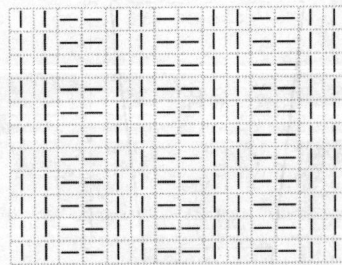

双罗纹

156

【成品尺寸】衣长80cm 胸围96cm 袖长53cm

【工具】1.7mm棒针

【材料】咖啡色、白色纯羊毛线

【密度】10cm²：44针×55行

【制作过程】前片：按图起针，织12cm双罗纹后，改织下针，并间色，织至完成，袖窿和领窝按图加减针。后片：按图起针，织法与前片一样。袖片：按图起针，织10cm双罗纹后，改织下针，织至完成。袖片和袖山按图加减针，全部缝合。领：另织，按图缝合。整件毛衣编织完成。

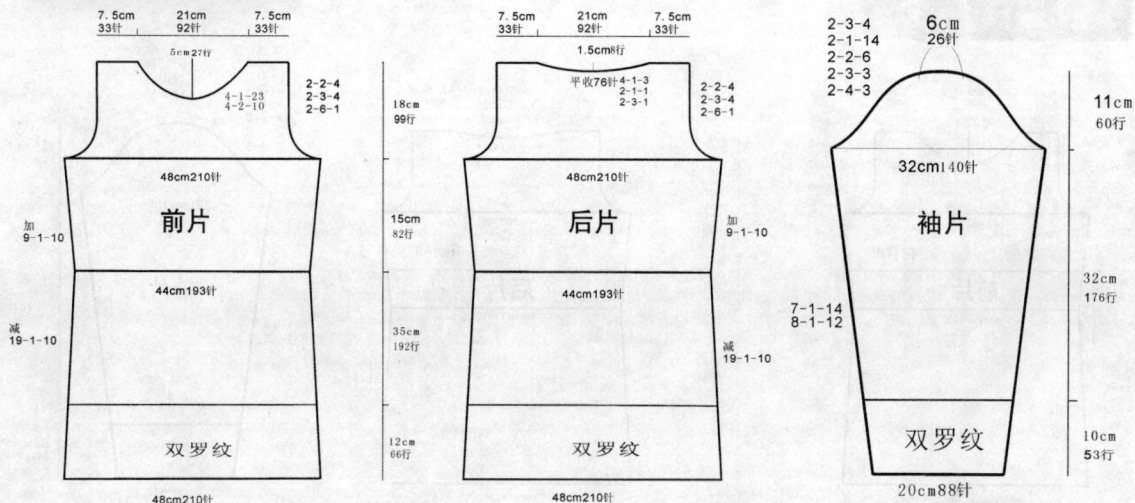

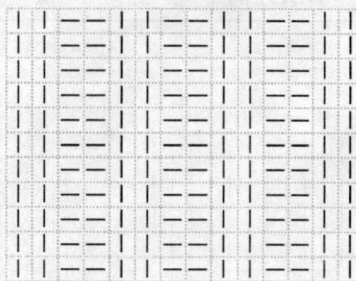

前片

7.5cm 33针　21cm 92针　7.5cm 33针

5cm27行

2-2-4
2-3-4
2-6-1

4-1-23
4-2-10

48cm210针

加
9-1-10

44cm193针

减
19-1-10

双罗纹

48cm210针

后片

7.5cm 33针　21cm 92针　7.5cm 33针

1.5cm9行

平收76针 4-1-3
4-1-1
2-3-4

2-2-4
2-3-4
2-6-1

48cm210针

加
9-1-10

44cm193针

减
19-1-10

双罗纹

48cm210针

18cm 99行

15cm 82行

35cm 192行

12cm 66行

袖片

2-3-4
2-1-14
2-2-6
2-3-3
2-4-3

6cm 26针

32cm140针

7-1-14
8-1-12

双罗纹

20cm88针

11cm 60行

32cm 176行

10cm 53行

领2片

21cm92针

7-1-14
8-1-12

编织方向 双罗纹

15cm 82行

25cm110针

双罗纹

白色圆领镂空衫

【成品尺寸】 衣长68cm　胸围96cm　袖长53cm

【工具】 1.7mm棒针

【材料】 白色纯羊毛线

【密度】 10cm²：44针×55行

【制作过程】 前片：按图起针，先织双层平针底边，后织花样A，织至40cm时，改织花样B，织至完成。后片：按图起针，先织双层平针底边，后织花样A，织至40cm时，改织花样B，织至完成，袖窿和领窝按图加减针。袖片：按图起针，织8cm双罗纹后，改织下针，织至完成，袖片和袖山按图加减针，全部缝合。领：挑针，织5cm双罗纹，褶边缝合，形成双层圆领。整件毛衣编织完成。

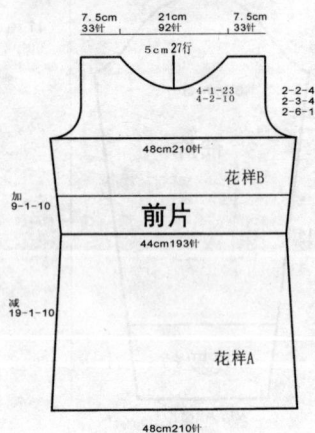

前片

7.5cm 33针　21cm 92针　7.5cm 33针
5cm 27行
4-1-23 4-2-10
2-2-4 2-3-4 2-6-1
48cm210针
花样B
加 9-1-10
44cm193针
减 19-1-10
花样A
48cm210针

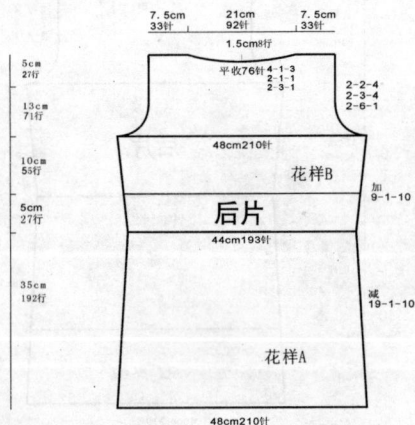

后片

7.5cm 33针　21cm 92针　7.5cm 33针
1.5cm 8行
5cm 27行
13cm 71行
平收76针 4-1-3 2-1-1 2-3-1
2-2-4 2-3-4 2-6-1
10cm 55行
48cm210针
花样B
5cm 27行
加 9-1-10
44cm193针
35cm 192行
花样A
48cm210针

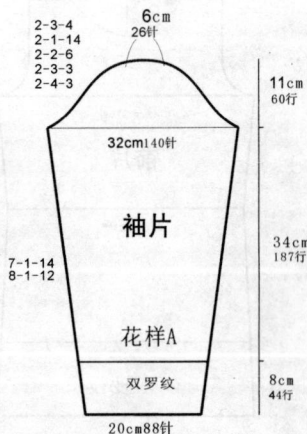

袖片

2-3-4 2-1-14 2-2-6 2-3-3 2-4-3
6cm 26针
11cm 60行
32cm140针
7-1-14 8-1-12
34cm 187行
花样A
双罗纹
8cm 44行
20cm88针

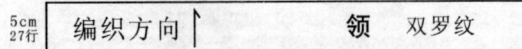

编织方向　领　双罗纹
5cm 27行
45cm198针

领子结构图

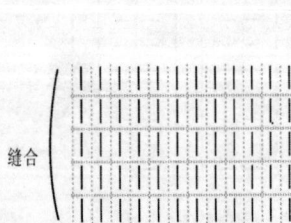

缝合

双层平针底边图解

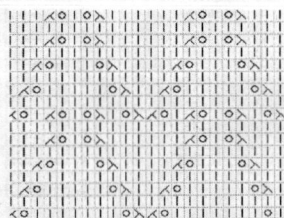

花样A

花样B

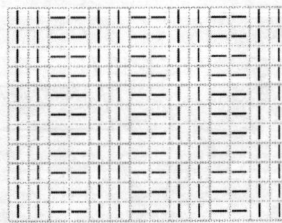

双罗纹

【成品尺寸】衣长68cm　胸围110cm　连肩袖长60cm

【工具】2.5mm棒针

【材料】白色纯羊毛线

【密度】10cm²：44针×55行

【附件】扣子7枚　腰带1条

【制作过程】前片：分上、下2片编织，上片按编织方向起针，织花样，织至完成，袖窿和领窝按图加减针；下片按图起针，织单罗纹，织至完成。后片：分上、下2片编织，上片按编织方向起针，织花样，织至完成，袖窿和领窝按图加减针；下片按图起针，织单罗纹，织至完成。袖片：按图起针，织10cm单罗纹后，改织花样，织至完成，全部缝合。领：挑针，织6cm全下针，形成圆领。系上腰带和扣子。整件毛衣编织完成。

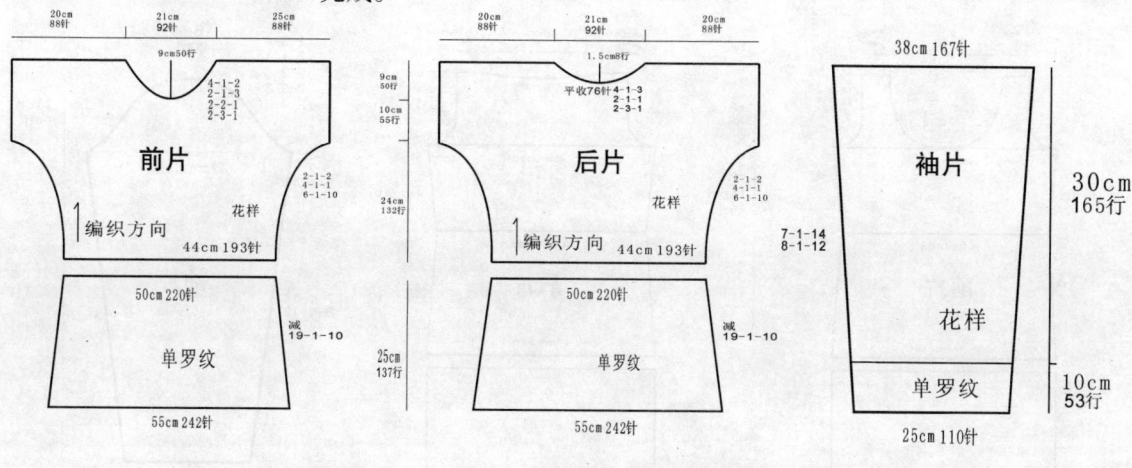

前片

20cm 88针　21cm 92针　25cm 88针

9cm50行

4-1-2
2-1-3
2-2-1
2-3-1

编织方向

花样

44cm 193针

50cm 220针

单罗纹

2-1-2
4-1-1
6-1-10

减
19-1-10

55cm 242针

后片

20cm 88针　21cm 92针　20cm 88针

9cm 50行

1.5cm8行

平收76 4-1-3
2-1-1
2-3-1

10cm 55行

编织方向

花样

44cm 193针

24cm 132行

50cm 220针

单罗纹

2-1-2
4-1-1
6-1-10

7-1-14
8-1-12

减
19-1-10

25cm 137行

55cm 242针

袖片

38cm 167针

花样

30cm 165行

2-1-2
4-1-1
6-1-10

7-1-14
8-1-12

单罗纹

10cm 53行

25cm 110针

6cm 33行

编织方向

领　全下针

40cm176针

领子结构图

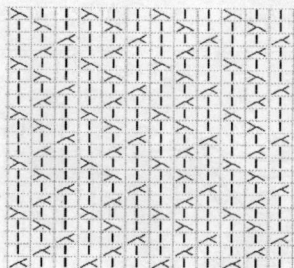

花样

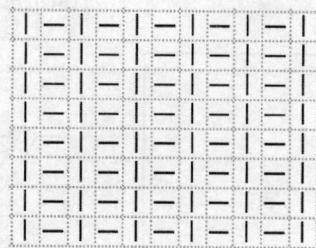

单罗纹

简约V领衫

【成品尺寸】衣长90cm　胸围96cm　袖长53cm

【工具】1.7mm棒针

【材料】浅灰色纯羊毛线

【密度】10cm²：44针×55行

【附件】扣子4枚　系带1条

【制作过程】前片：分上、下2片编织，上片按图起针，先织双层平针底边，后改织下针，织至完成；下片按图起针，先织双层平针底边，后改织下针，织至完成，将上、下片缝合。后片：分上、下2片编织，织法与前片一样，袖窿和领窝按图加减针。袖片：按图起针，先织双层平针底边，后改织下针，织至完成，袖山和袖片按图加减针，全部缝合。领：另织双罗纹。衣袋另织，与衣片缝合。缝上扣子，衣摆处穿入一条系带，整件毛衣编织完成。

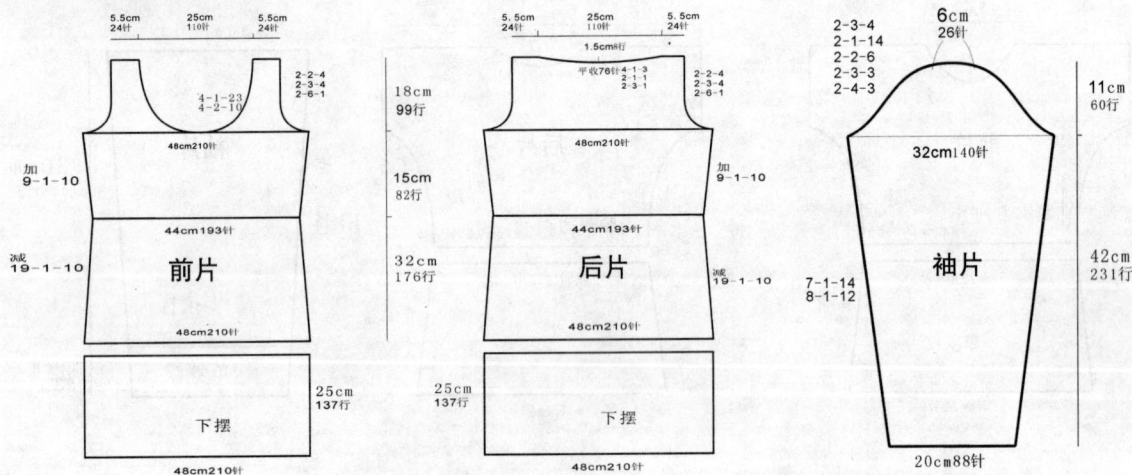

前片

5.5cm 24针　25cm 110针　5.5cm 24针

2-2-4
2-3-4
2-6-1

4-1-23
4-2-10

48cm210针

加 9-1-10

44cm193针

减 19-1-10

48cm210针

25cm 137行

下摆

48cm210针

后片

5.5cm 24针　25cm 110针　5.5cm 24针

1.5cm 行

平收76针 4-1-3
2-1-1
2-3-1

2-2-4
2-3-4
2-6-1

48cm210针

加 9-1-10

44cm193针

减 19-1-10

48cm210针

18cm 99行

15cm 82行

32cm 176行

25cm 137行

下摆

48cm210针

袖片

2-3-4
2-1-14
2-2-6
2-3-3
2-4-3

6cm 26针

32cm140针

7-1-14
8-1-12

11cm 60行

42cm 231行

20cm88针

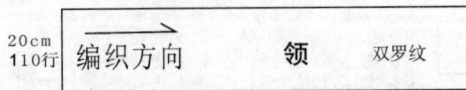

20cm 110行　编织方向　领　双罗纹

39cm171针

衣袋　2片

13cm 57针

15cm 82行

领子结构图

缝合

双层平针底边图解

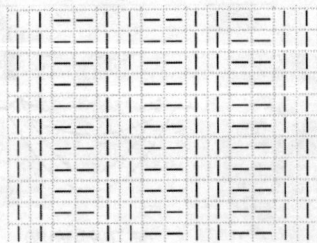

双罗纹

【成品尺寸】衣长65cm　胸围96cm　袖长53cm
【工具】1.7mm棒针
【材料】浅灰色纯羊毛线
【密度】10cm²：44针×53行
【附件】扣子4枚
【制作过程】前片：分上、下2片编织，上片按图起针，先织双层平针底边，后改织下针，织至完成；下片按图起针，先织双罗纹后，改织下针，织至完成，将上、下片缝合。后片：分上、下2片编织，织法与前片一样，袖窿和领窝按图加减针。袖片：按图起针，先织双罗纹，后改织上针，织至完成，袖山和袖片按图加减针，全部缝合。领：另织双罗纹。衣袋：另织，与衣片缝合。缝上扣子，整件毛衣编织完成。

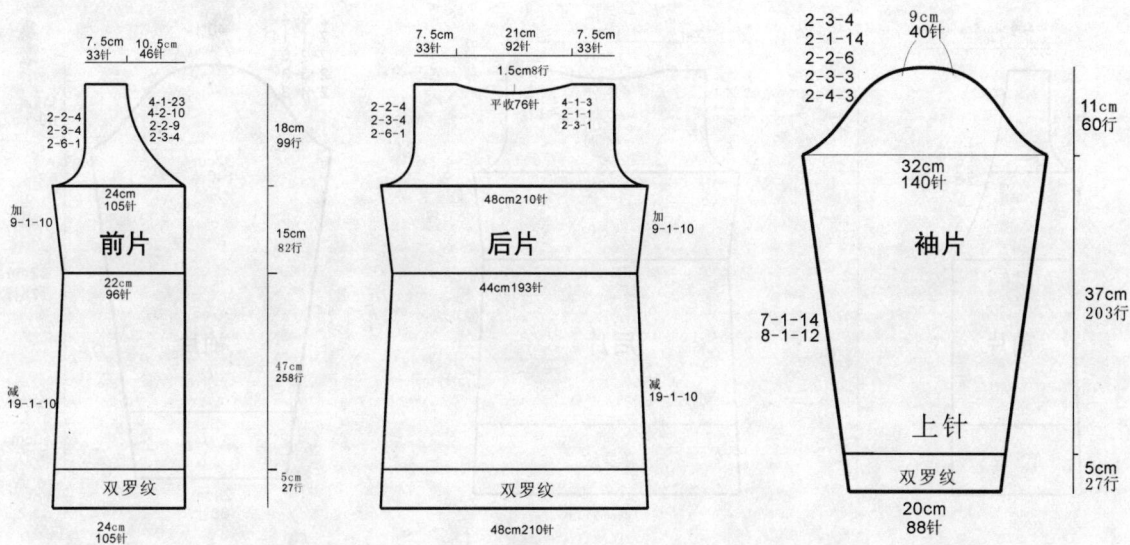

前片
7.5cm 33针　10.5cm 46针
2-2-4 2-3-4 2-6-1
4-1-23 4-2-10 2-2-9 2-3-4
18cm 99行
加 9-1-10
24cm 105针
15cm 82行
22cm 96针
减 19-1-10
47cm 258行
24cm 105针
5cm 27行
双罗纹

后片
7.5cm 33针　21cm 92针　7.5cm 33针
1.5cm8行
平收76针
2-2-4 2-3-4 2-6-1
4-1-3 2-1-1 2-3-1
48cm210针
加 9-1-10
44cm193针
减 19-1-10
48cm210针
5cm 27行
双罗纹

袖片
2-3-4 2-1-14 2-2-6 2-3-3 2-4-3
9cm 40针
11cm 60行
32cm 140针
37cm 203行
7-1-14 8-1-12
上针
20cm 88针
双罗纹
5cm 27行

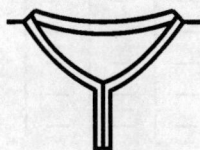

领子结构图

缝合

双层平针底边图解

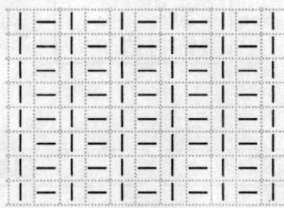

单罗纹

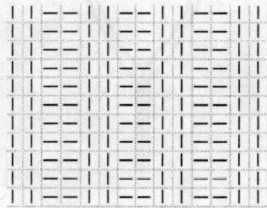

双罗纹

V领长袖衫

【成品尺寸】 衣长85cm　胸围96cm　袖长53cm

【工具】 1.7mm棒针

【材料】 黄色、灰色纯羊毛线

【密度】 10cm^2：44针×54行

【附件】 扣子7枚

【制作过程】 前片：分左、右2片编织，分别按图起针，织12cm单罗纹后，改织下针，并间色，织至完成。后片：按图起针，织12cm单罗纹后，改织下针，并间色，织至完成，袖窿和领窝按图加减针。袖片：按图起针，织10cm单罗纹后，改织下针，并间色，织至完成。袖片和袖山按图加减针，全部缝合。门襟：另织，与前片缝合。前片装饰衬边：另织，按图缝好。缝上扣子，整件毛衣编织完成。

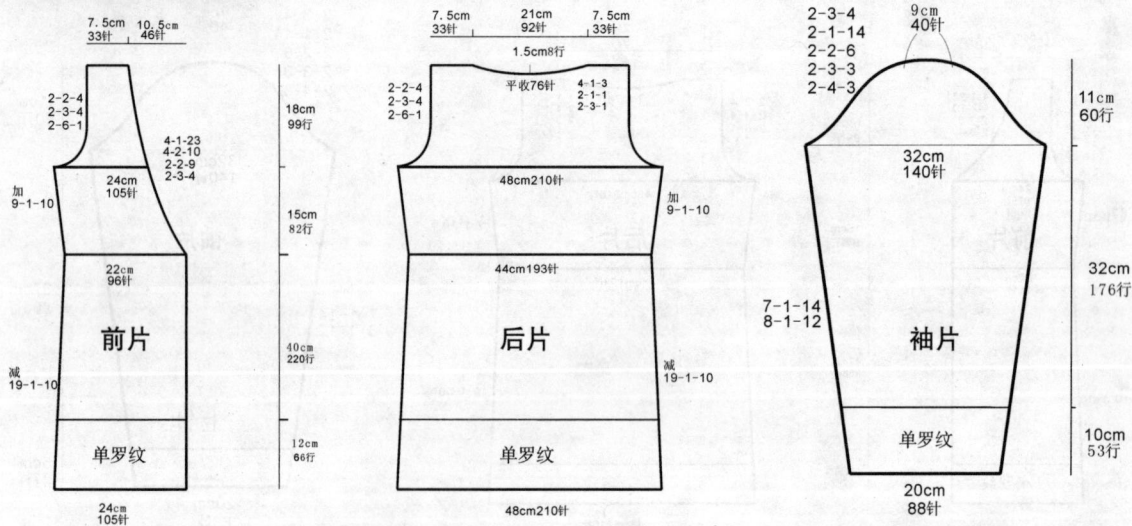

前片

7.5cm 33针　10.5cm 46针

2-2-4 2-3-4 2-6-1

4-1-23 4-2-10 2-2-9 2-3-4

24cm 105针

加 9-1-10

18cm 99行

15cm 82行

22cm 96针

40cm 220行

减 19-1-10

单罗纹

12cm 66行

24cm 105针

后片

7.5cm 33针　21cm 92针　7.5cm 33针

1.5cm8行

平收76针

2-2-4 2-3-4 2-6-1

4-1-3 2-1-1 2-3-1

48cm210针

加 9-1-10

44cm193针

减 19-1-10

单罗纹

48cm210针

袖片

2-3-4 2-1-14 2-2-6 2-3-3 2-4-3

9cm 40针

11cm 60行

32cm 140针

32cm 176行

7-1-14 8-1-12

单罗纹

10cm 53行

20cm 88针

领子结构图

8cm 44行　前片装饰衬边　12片　摺边缝合

10cm44针

5cm 22针　编织方向　门襟 单罗纹

191cm 1012行

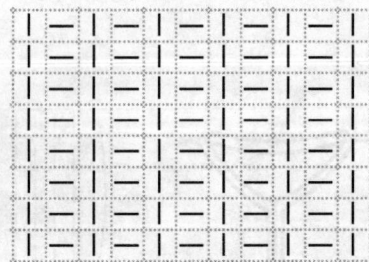

单罗纹

【成品尺寸】衣长85cm　胸围96cm　袖长53cm

【工具】1.7mm棒针

【材料】浅灰色、深灰色纯羊毛线

【密度】10cm²：44针×54行

【附件】亮片若干

【制作过程】前片：按图起针，织花样，并间色，织至完成。后片：按图起针，织花样，并间色，织至完成，袖窿和领窝按图加减针。袖片：按图起针，织10cm单罗纹后，改织花样，织至完成，袖片和袖山按图加减针，全部缝合。缝上亮片，整件毛衣编织完成。

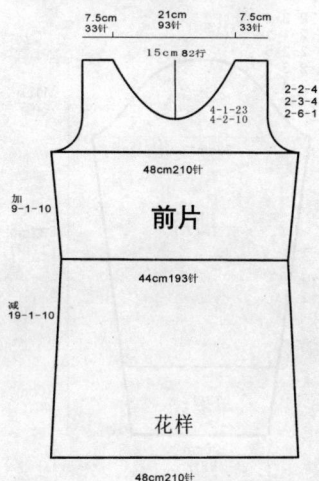

前片

7.5cm 33针　21cm 93针　7.5cm 33针
15cm 82行
2-2-4
2-3-4
2-6-1
4-1-23
4-2-10
48cm210针
加 9-1-10
44cm193针
减 19-1-10
花样
48cm210针

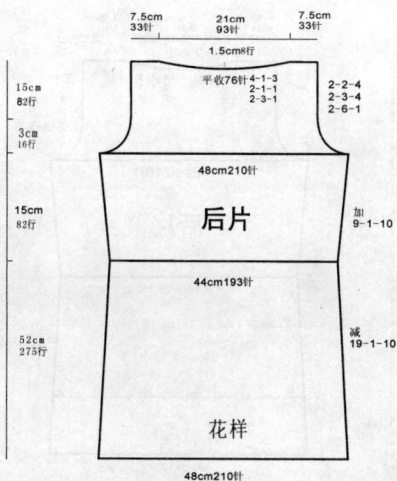

后片

7.5cm 33针　21cm 93针　7.5cm 33针
1.5cm8行
15cm 82行
平收76针 4-1-3　2-1-1　2-3-1
3cm 16行
2-2-4
2-3-4
2-6-1
15cm 82行
48cm210针
加 9-1-10
44cm193针
52cm 275行
减 19-1-10
花样
48cm210针

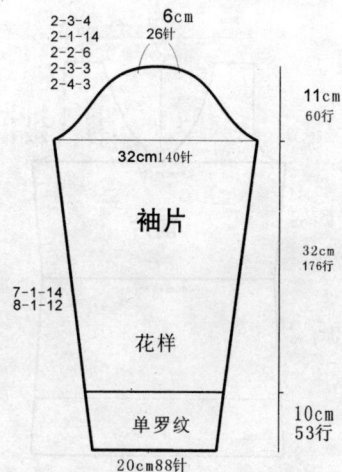

袖片

2-3-4
2-1-14
2-2-6
2-3-3
2-4-3
6cm 26针
32cm140针
11cm 60行
7-1-14
8-1-12
32cm 176行
花样
单罗纹
10cm 53行
20cm88针

领子结构图

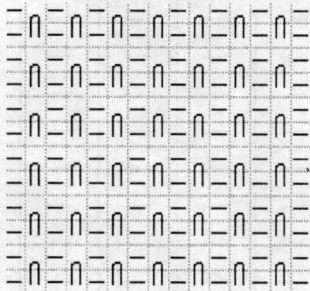

花样

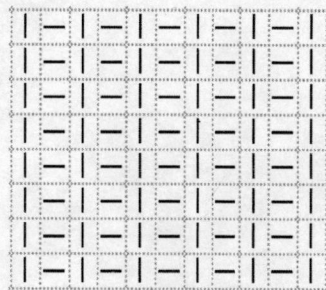

单罗纹

【成品尺寸】衣长65cm　胸围96cm　袖长53cm

【工具】1.7mm棒针

【材料】红色、白色纯羊毛线

【密度】10cm²：44针×55行

【附件】蕾丝布料　亮片若干

【制作过程】前片：按图起针，织10cm单罗纹后，改织下针，织至完成。后片：按图起针，织10cm单罗纹后，改织下针，织至完成，袖窿和领窝按图加减针。袖片：按图起针，织10cm单罗纹后，改织下针，织至完成，袖片和袖山按图加减针，全部缝合。领：用蕾丝布料缝制花边装饰。缝上亮片，整件毛衣编织完成。

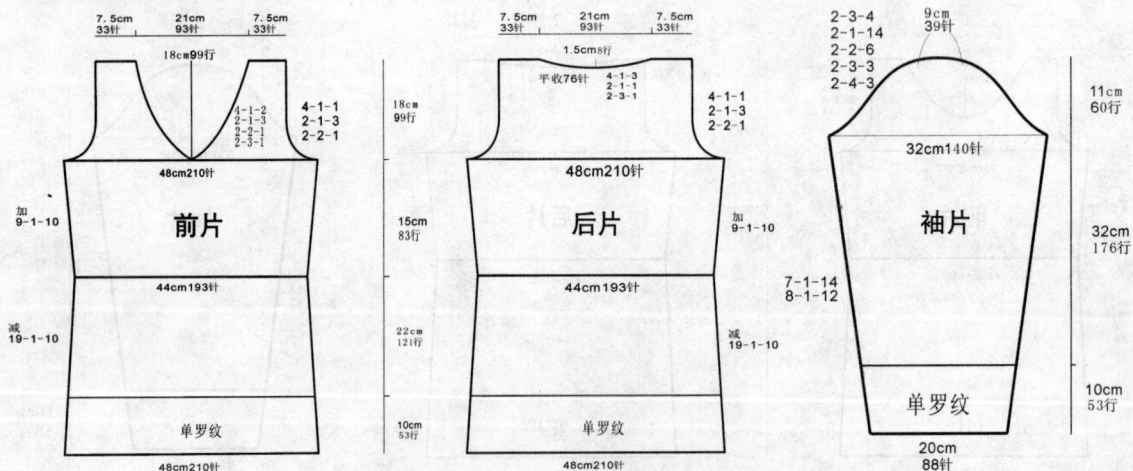

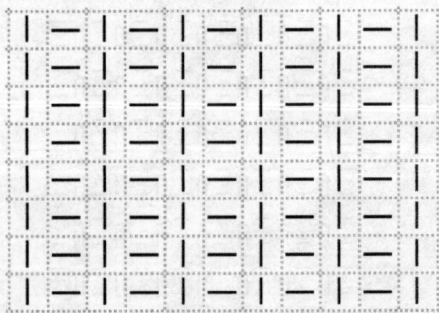

前片

7.5cm 33针　21cm 93针　7.5cm 33针

18cm99行

4-1-1
2-1-3
2-2-1

4-1-1
2-1-3
2-2-1
2-3-1

48cm210针

18cm 99行

加 9-1-10

44cm193针

15cm 83行

减 19-1-10

单罗纹

48cm210针

后片

7.5cm 33针　21cm 93针　7.5cm 33针

1.5cm8行

平收76针

4-1-3
2-3-1
2-3-1

4-1-1
2-1-3
2-2-1

48cm210针

18cm 99行

加 9-1-10

44cm193针

15cm 83行

减 19-1-10

22cm 121行

10cm 53行

单罗纹

48cm210针

袖片

2-3-4
2-1-14
2-2-6
2-3-3
2-4-3

9cm 39针

32cm140针

11cm 60行

7-1-14
8-1-12

32cm 176行

单罗纹

10cm 53行

20cm 88针

单罗纹

圆领镂空衫

【成品尺寸】衣长85cm　胸围96cm　袖长25cm

【工具】1.7mm棒针

【材料】红色纯羊毛线

【密度】10cm²：44针×54行

【制作过程】前片：分上、下2部分编织，上部分按图起针，织下针，织至完成，袖窿和领窝按图加减针；下部分按图起针，织5cm双罗纹后，改织花样，织至完成，将上、下部分缝合。后片：分上、下2部分编织，上部分按图起针，织下针，织至完成，袖窿和领窝按图加减针；下部分按图起针，织5cm双罗纹后，改织花样，织至完成，将上、下部分缝合。袖片：按图起针，织双罗纹5cm后，改织下针，织至完成，袖片和袖山按图加减针，全部缝合。领：另织5cm单罗纹，褶边缝合，领尖缝合，形成双层V领。整件毛衣编织完成。

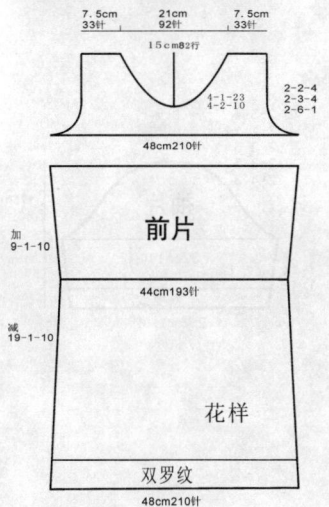

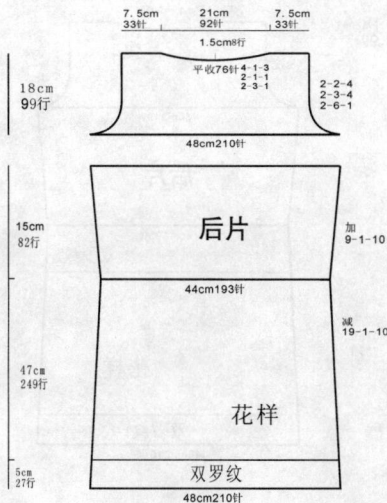

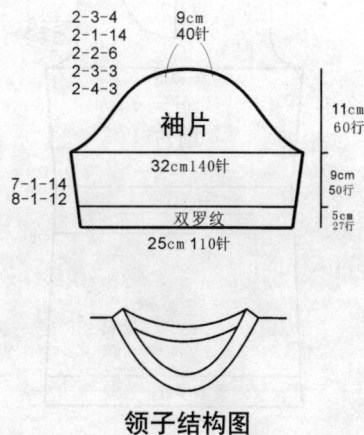

领子结构图

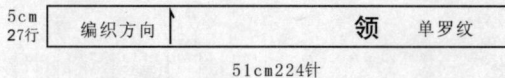

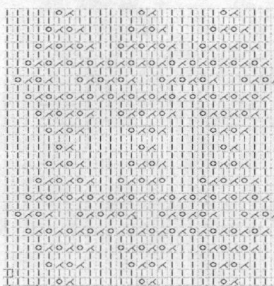

花样

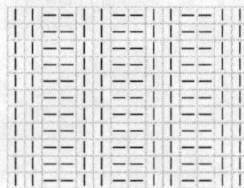

双罗纹

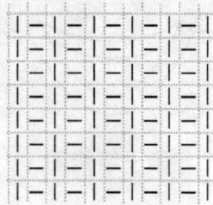

单罗纹

【成品尺寸】衣长85cm　胸围96cm　袖长25cm

【工具】1.7mm棒针　小号钩针

【材料】红色纯羊毛线

【密度】10cm²：44针×55行

【附件】钩织装饰花若干

【制作过程】前片：按图起针，织3cm双罗纹后，改织花样41cm，再织8cm双罗纹，然后改织下针，织至完成，袖窿和领窝按图加减。后片：与前片织法一样，注意加减针。袖片：按图起针，织双罗纹3cm后，改织花样，织至完成，袖片和袖山按图加减针，全部缝合。领：用钩针钩花边，缝上钩织的装饰花。整件毛衣编织完成。

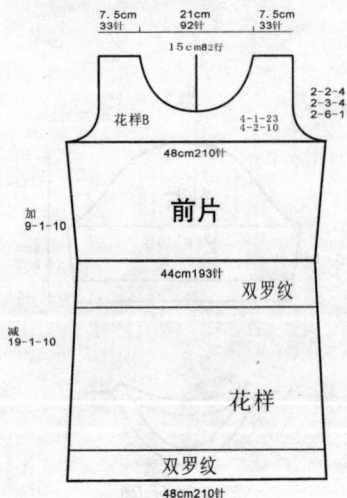

前片

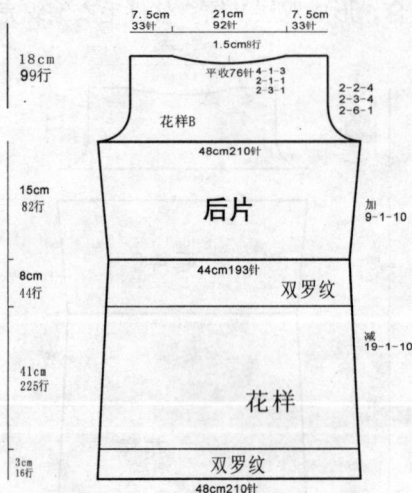

后片

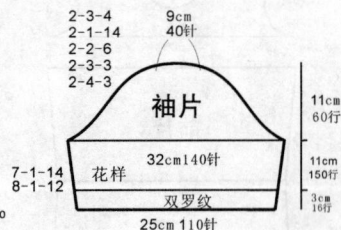

袖片

领子结构图

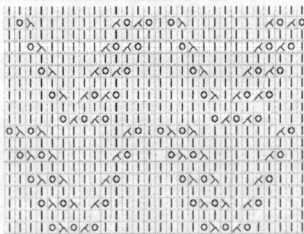

花样

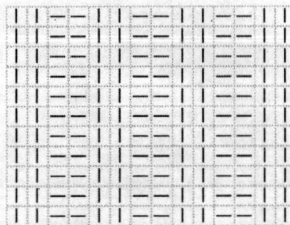

双罗纹

166

百搭长袖衫

【成品尺寸】衣长68cm　胸围110cm　袖长33cm

【工具】1.7mm棒针

【材料】米黄色纯羊毛线

【密度】10cm²：44针×55行

【附件】绳子1条

【制作过程】前片：按图起针，织花样，织至完成。后片：按图起针，织花样，织至完成，袖窿和领窝按图加减针。袖片：按图起针，织花样，织至完成，袖片和袖山按图加减针，全部缝合。领：挑针，织8cm双罗纹，褶边缝合，形成双层圆领。系上绳子，整件毛衣编织完成。

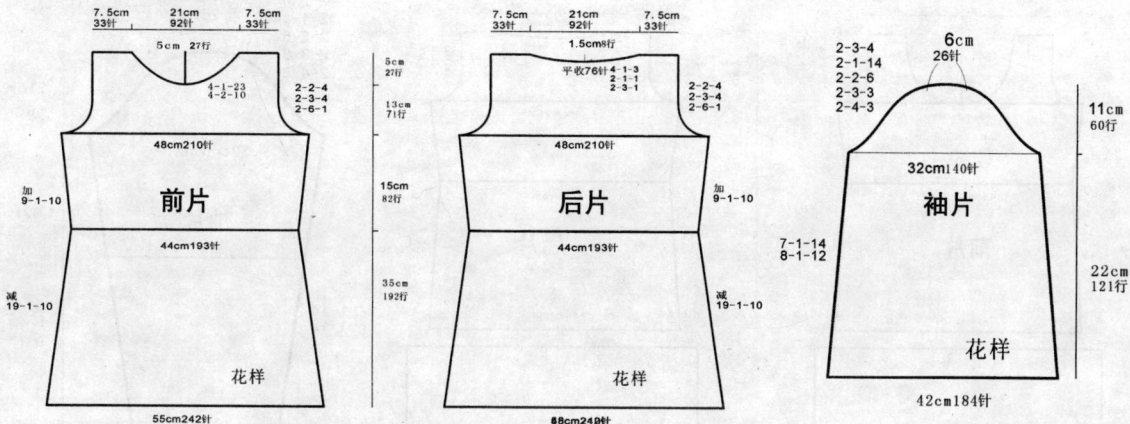

前片

7.5cm 33针　21cm 92针　7.5cm 33针

5cm 27行

4-1-23
4-2-10

2-2-4
2-3-4
2-6-1

48cm210针

加 9-1-10

44cm193针

减 19-1-10

花样

55cm242针

后片

7.5cm 33针　21cm 92针　7.5cm 33针

5cm 27行

1.5cm 8行

平收76针 4-1-3
2-3-1
2-3-1

13cm 71行

2-2-4
2-3-4
2-6-1

48cm210针

15cm 82行

加 9-1-10

44cm193针

35cm 192行

减 19-1-10

花样

68cm249针

袖片

2-3-4
2-1-14
2-2-6
2-3-3
2-4-3

6cm 26针

11cm 60行

32cm140针

7-1-14
8-1-12

22cm 121行

花样

42cm184针

领子结构图

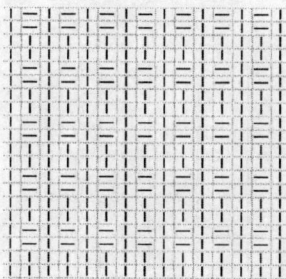

花样

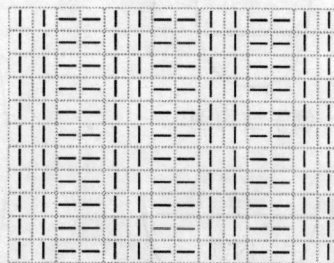

双罗纹

167

【成品尺寸】衣长85cm　胸围110cm　袖长53cm

【工具】1.7mm棒针　2.5mm棒针

【材料】湖蓝色、白色纯羊毛线

【密度】10cm²：44针×55行

【制作过程】前片：分上、下2片编织，上片按图起针，先织双层平针底边，后改织下针，织至完成；下片按图起针，先织双层平针底边，后改织下针，并间色，织至完成。后片：分上、下2片编织，织法与前片一样，袖窿和领窝按图加减针；下片打皱褶后，与上片缝合。袖片：按图起针，先用2.5mm棒针织17cm下针，再用1.7mm棒针织下针，织至完成，袖片和袖山按图加减针。袖口：另织，下片打皱褶后与袖口缝合，然后前后片和袖片全部缝合。外领圈：挑针，织5cm下针，褶边缝合，形成双层圆领。内领：另织，按图缝好。整件毛衣编织完成。

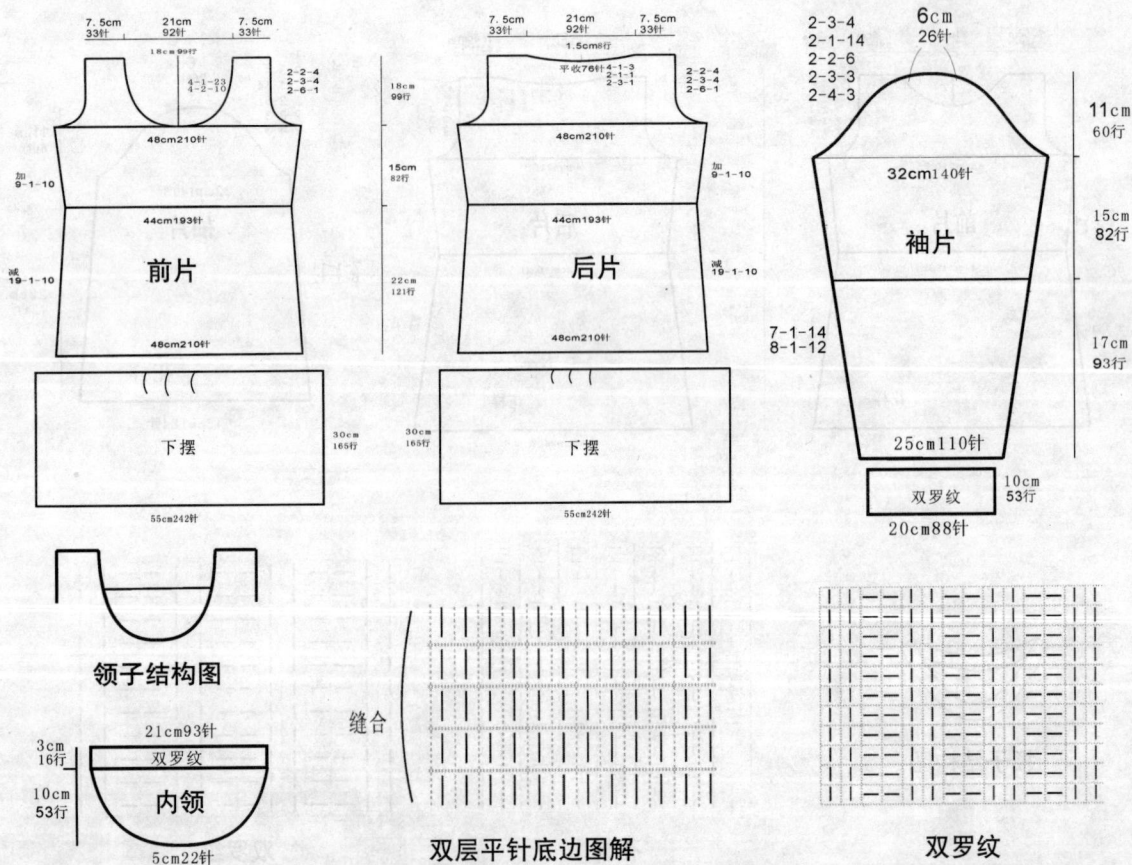

前片
7.5cm 33针　21cm 92针　7.5cm 33针
18cm 99行
48cm 210针
2-2-4
2-3-4
2-6-1
4-1-23
4-2-10
加 9-1-10
44cm 193针
减 19-1-10
48cm 210针

后片
7.5cm 33针　21cm 92针　7.5cm 33针
1.5cm 8行
18cm 99行
平收76针 4-1-3
2-3-1
2-2-4
2-3-4
2-6-1
48cm 210针
15cm 82行
加 9-1-10
44cm 193针
减 19-1-10
22cm 121行
48cm 210针

袖片
2-3-4
2-1-14
2-2-6
2-3-4
2-4-3
6cm 26针
11cm 60行
32cm 140针
15cm 82行
7-1-14
8-1-12
17cm 93行
25cm 110针
双罗纹　10cm 53行
20cm 88针

下摆
30cm 165行
55cm 242针

下摆
30cm 165行
55cm 242针

领子结构图

内领
21cm 93针
3cm 16行　双罗纹
10cm 53行　内领
5cm 22针

缝合
双层平针底边图解

双罗纹

168

【成品尺寸】衣长85cm　胸围110cm　袖长55cm

【工具】1.7mm棒针

【材料】粉红色纯羊毛线

【密度】10cm²：44针×55行

【制作过程】前片：分上、下2片编织，上片按图起针，织花样，织至完成，袖窿和领窝按图加减针；下片按图起针，织3cm双罗纹后，改织下针，织至完成，上、下片缝合。后片：织法与前片一样。袖片：按图起针，织花样，织至完成，袖片和袖山按图加减针。前袖口和后袖口：另织，缝合袖片后，与前、后片全部缝合。领圈：另织，织5cm下针，形成卷边圆领。前片装饰花边：另织，按图打皱褶。整件毛衣编织完成。

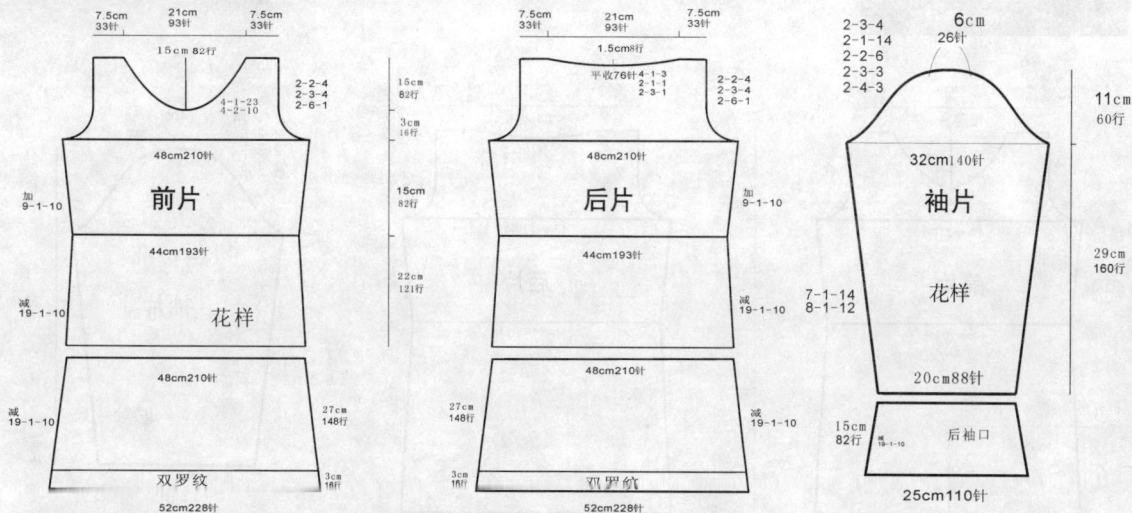

前片

后片

袖片

领子结构图

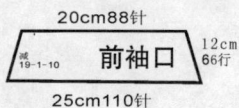

20cm88针

前袖口

25cm110针

6cm
26行　编织方向　前片装饰花边　下针 5条
190cm1007行

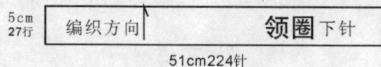

5cm
27行　编织方向　领圈　下针
51cm224针

花样

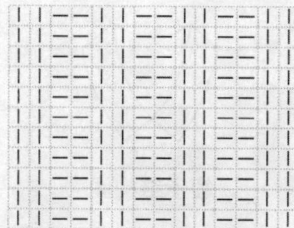

双罗纹

169

活力短袖衫

【成品尺寸】衣长65cm　胸围96cm　袖长40cm

【工具】1.7mm棒针　小号钩针

【材料】蓝红色纯羊毛线

【密度】10cm²：44针×55行

【附件】扣子3枚

【制作过程】前片：先分2片编织，按图起针，织15cm花样后，2片合起来编织，织至完成。后片：按图起针，织花样，织至完成，衣身、袖窿和领窝按图加减针。袖片：按图起针，织花样，织至完成，袖片和袖山按图加减针，全部缝合。领：领窝挑针，织15cm花样，按领子结构图缝合，形成翻领。缝上扣子，下摆衣边、袖口和领边用钩针钩织花边。整件毛衣编织完成。

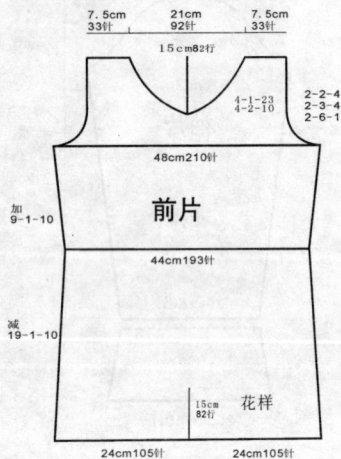

前片

- 7.5cm 33针　21cm 92针　7.5cm 33针
- 15cm 82行
- 4-1-23　4-2-10　2-6-1　2-2-4　2-3-4
- 48cm 210针
- 加 9-1-10
- 44cm 193针
- 减 19-1-10
- 15cm 82行 花样
- 24cm 105针　24cm 105针
- 15cm 82行
- 3cm 16行
- 15cm 82行

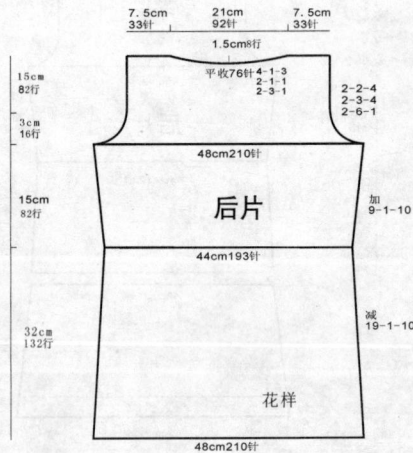

后片

- 7.5cm 33针　21cm 92针　7.5cm 33针
- 1.5cm 8行
- 平收76针　4-1-3　2-1-1　2-3-1　2-2-4　2-3-4　2-6-1
- 48cm 210针
- 加 9-1-10
- 44cm 193针
- 减 19-1-10
- 32cm 132行
- 48cm 210针
- 花样

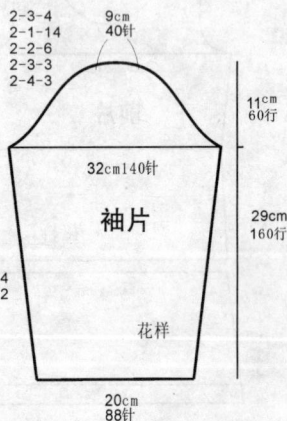

袖片

- 2-3-4　2-1-14　2-2-6　2-3-3　2-4-3　9cm 40针
- 11cm 60行
- 32cm 140针
- 7-1-14　8-1-12
- 29cm 160行
- 20cm 88针
- 花样

领子结构图

- 15cm 82行

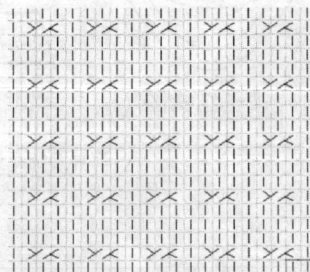

- 15cm 82行　编织方向　领　花样
- 51cm 224针

花样

【成品尺寸】胸围88cm　肩宽36cm　衣长52cm　袖长（含单侧肩宽）28cm

【工具】4.5mm棒针

【材料】水蓝色冰丝线500g

【密度】10cm²：16针×8行

【制作过程】圈起196针编织花样18cm，然后按图示进行分隔，袖子部分44针先穿起停织。前、后片差4cm，两腋下各加12针，身片圈织140针34cm。穿好的袖子再挑起腋下的12针，一共56针，编织10cm长。用短针和辫子针的方法每隔14针编织2个短针，并用4个辫子针进行连结。整件毛衣编织完成。

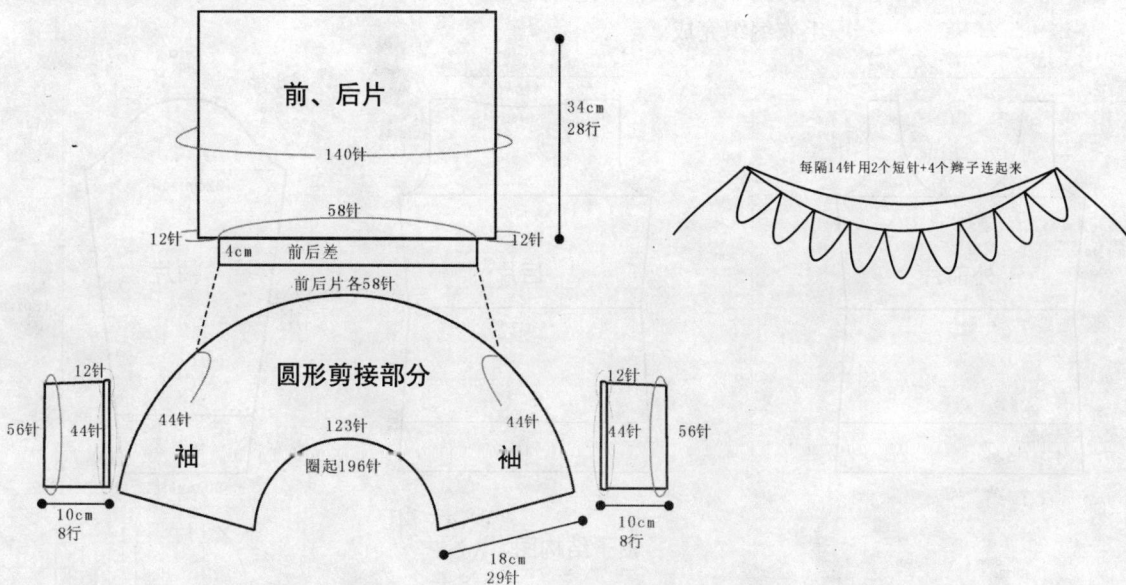

前、后片

34cm
28行

140针

58针

12针　　　　　　　　12针

4cm　前后差

前后片各58针

圆形剪接部分

12针

56针　44针

袖

123针

圈起196针

44针

袖

44针　56针

12针

10cm
8行

10cm
8行

18cm
29针

每隔14针用2个短针+4个辫子连起来

花样针法

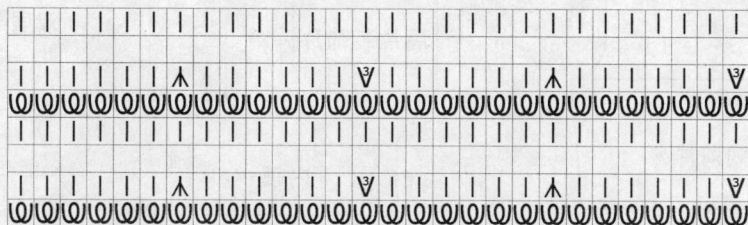

背带长袖衫

【成品尺寸】衣长65cm　胸围96cm　袖长53cm

【工具】1.7mm棒针

【材料】蓝色、粉红色纯羊毛线

【密度】10cm²：44针×55行

【制作过程】前片：分内前片和外前片编织。外前片：按图起针，织10cm双罗纹后，改织下针，并间色，织至完成；内前片：按图起针，先织双层平针底边后，改织下针，织至完成。后片：按图起针，织10cm双罗纹后，改织下针，织至完成。后片装饰片：另织好，袖窿和领窝按图加减针。袖片：按图起针，织10cm双罗纹后，改织下针，织至完成，袖山和袖片按图加减针。内前片和外前片重叠，后片和后片装饰片重叠后，全部缝合。外领：挑针，织下针5cm，褶边缝合，按图形成双层圆领。内领：挑针，以左前肩缝为中心，织20cm双罗纹，形成翻领。整件毛衣编织完成。

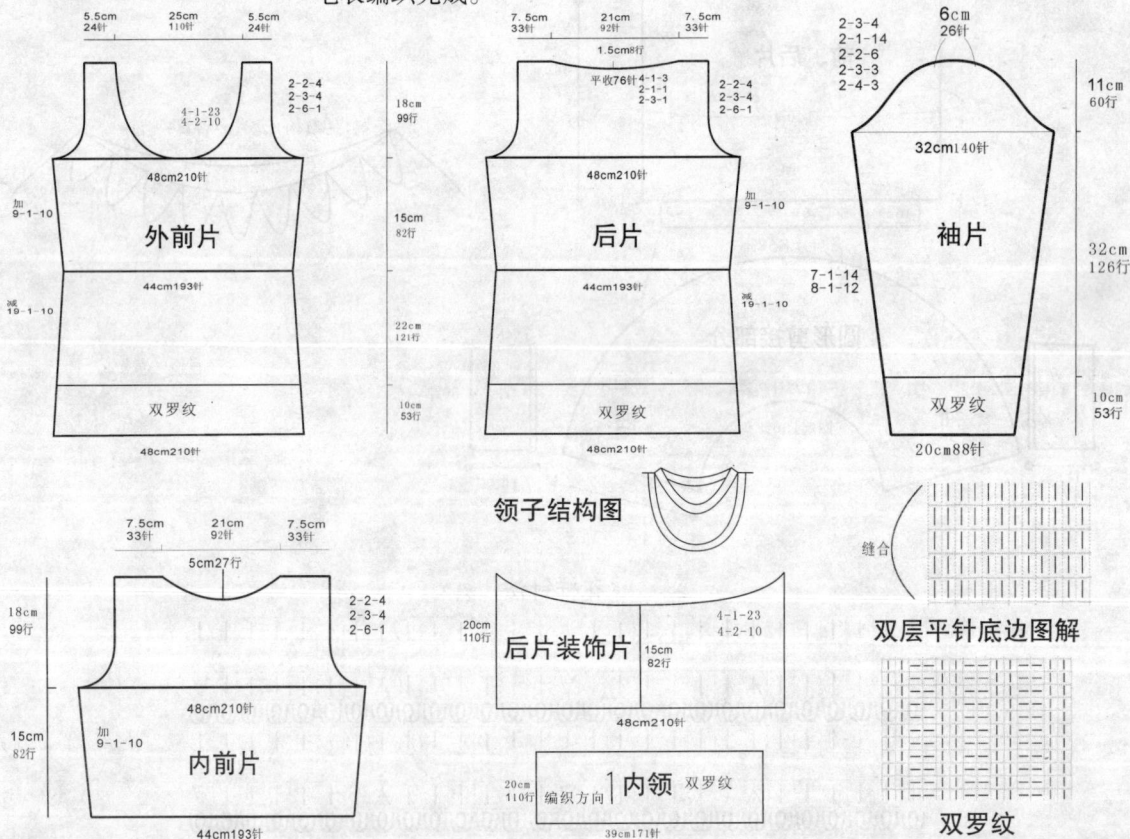

外前片

5.5cm 24针　25cm 110针　5.5cm 24针

2-2-4　2-3-4　2-6-1

4-1-23
4-2-10

18cm 99行

48cm210针

加 9-1-10

15cm 82行

44cm193针

减 19-1-10

22cm 121行

双罗纹

48cm210针

后片

7.5cm 33针　21cm 92针　7.5cm 33针

1.5cm8行

平收76针　4-1-3　2-1-1　2-3-1

2-2-4　2-3-4　2-6-1

48cm210针

加 9-1-10

44cm193针

减 19-1-10

双罗纹

48cm210针

15cm 82行

10cm 53行

袖片

2-3-4　2-1-1　2-2-6　2-3-3　2-4-3

6cm 26针

11cm 60行

32cm140针

32cm 126行

7-1-14
8-1-12

双罗纹

20cm88针

10cm 53行

领子结构图

内前片

7.5cm 33针　21cm 92针　7.5cm 33针

5cm27行

2-2-4　2-3-4　2-6-1

18cm 99行

48cm210针

加 9-1-10

15cm 82行

内前片

44cm193针

后片装饰片

20cm 110行

后片装饰片

15cm 82行

4-1-23
4-2-10

48cm210针

内领

20cm 110行　编织方向　内领　双罗纹

39cm171针

双层平针底边图解

缝合

双罗纹

172

【成品尺寸】衣长85cm　胸围96cm　袖长53cm

【工具】1.7mm棒针

【材料】深紫色、深蓝色纯羊毛线

【密度】10cm²：44针×55行

【制作过程】前片：按图起针，先织双层平针底边，后改织10cm花样B，再织花样A至42cm时，分左、右2片编织双罗纹，并间色，织至完成。后片：按图起针，先织双层平针底边，后织10cm花样B，再织花样A至42cm时，改织双罗纹，并间色，织至完成，袖窿和领窝按图加减针。袖片：按图起针，织双罗纹，织至完成，袖片和袖山按图加减针，全部缝合。门襟：另织6cm单罗纹，按图缝合。整件毛衣编织完成。

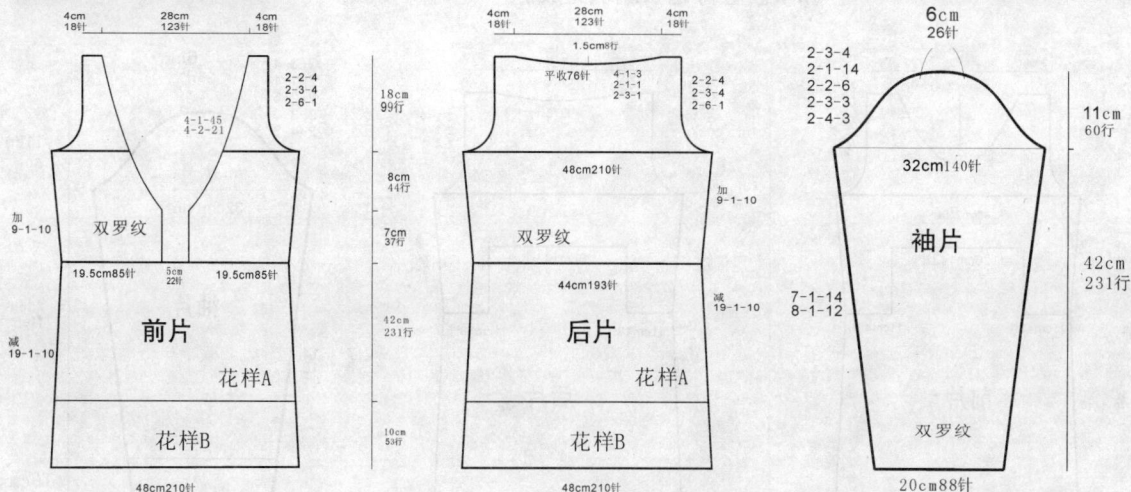

领子结构图

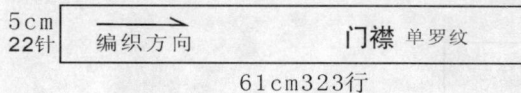

双层平针底边图解

花样A

花样B

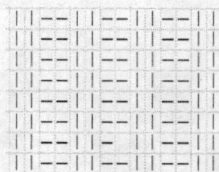

双罗纹

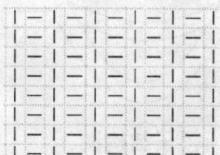

单罗纹

【成品尺寸】衣长85cm　胸围96cm　袖长53cm
【工具】1.7mm棒针
【材料】蓝色、红色、灰色纯羊毛线
【密度】10cm²：44针×54行
【附件】扣子4枚
【制作过程】前片：按图起针，先织双层平针底边，后改织下针，并按图间色，织至完成。后片：按图起针，先织双层平针底边，后改织下针，并按图间色按图所示，织至完成，袖窿和领窝按图加减针。袖片：按图起针，织10cm双罗纹后，改织下针，按图所示，织至完成。袖片和袖山按图加减针，全部缝合。吊带衬边：另织，按图与前片缝合。缝上扣子。整件毛衣编织完成。

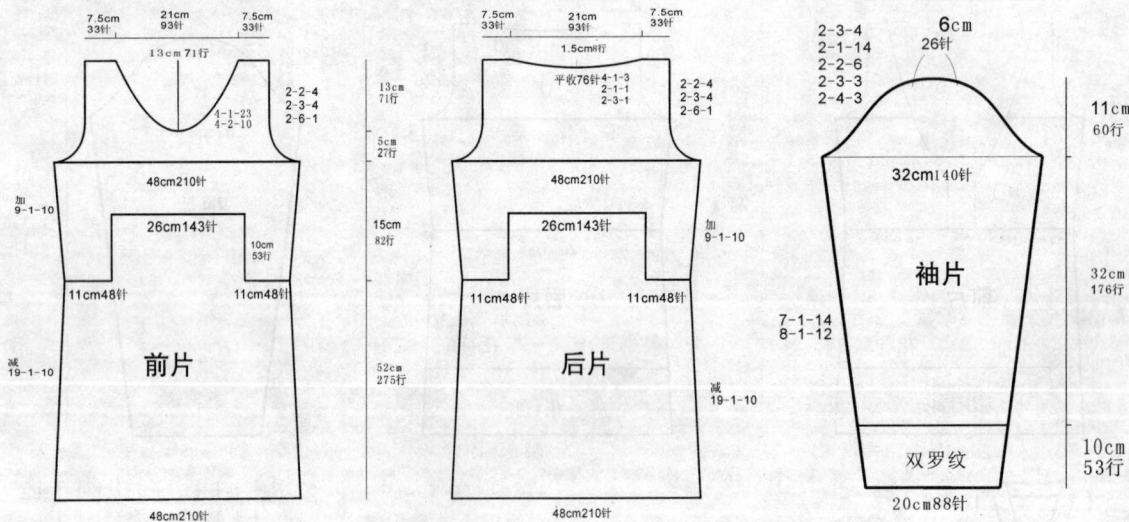

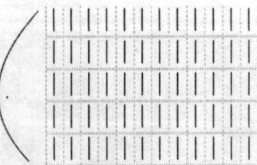

双层平针底边图解

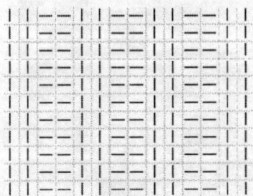

双罗纹

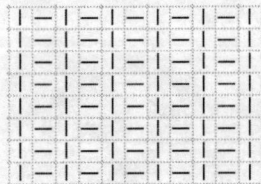

单罗纹

印花长袖衫

【成品尺寸】 衣长65cm 胸围96cm 袖长53cm

【工具】 1.7mm棒针 绣花针

【材料】 深蓝色、白色纯羊毛线

【密度】 10cm²：22针×32行

【附件】 扣子5枚 腰带1条

【制作过程】 前片：分左、右2片编织，分别按图起针，织10cm双罗纹后，改织下针，并间色，织至完成，同样方法织另一片。后片：按图起针，织10cm双罗纹后，改织下针，并间色，织至完成，袖窿和领窝按图加减针。袖片：按图起针，织10cm双罗纹后，改织下针，并间色，袖片和袖山按图加减针，织至完成。同样方法织另一袖，全部缝合。帽子：另织下针，与领窝缝合。连帽门襟：另织，连着门襟和帽缘缝合。衣袋：另织。缝上扣子和衣袋，系上腰带。整件毛衣编织完成。

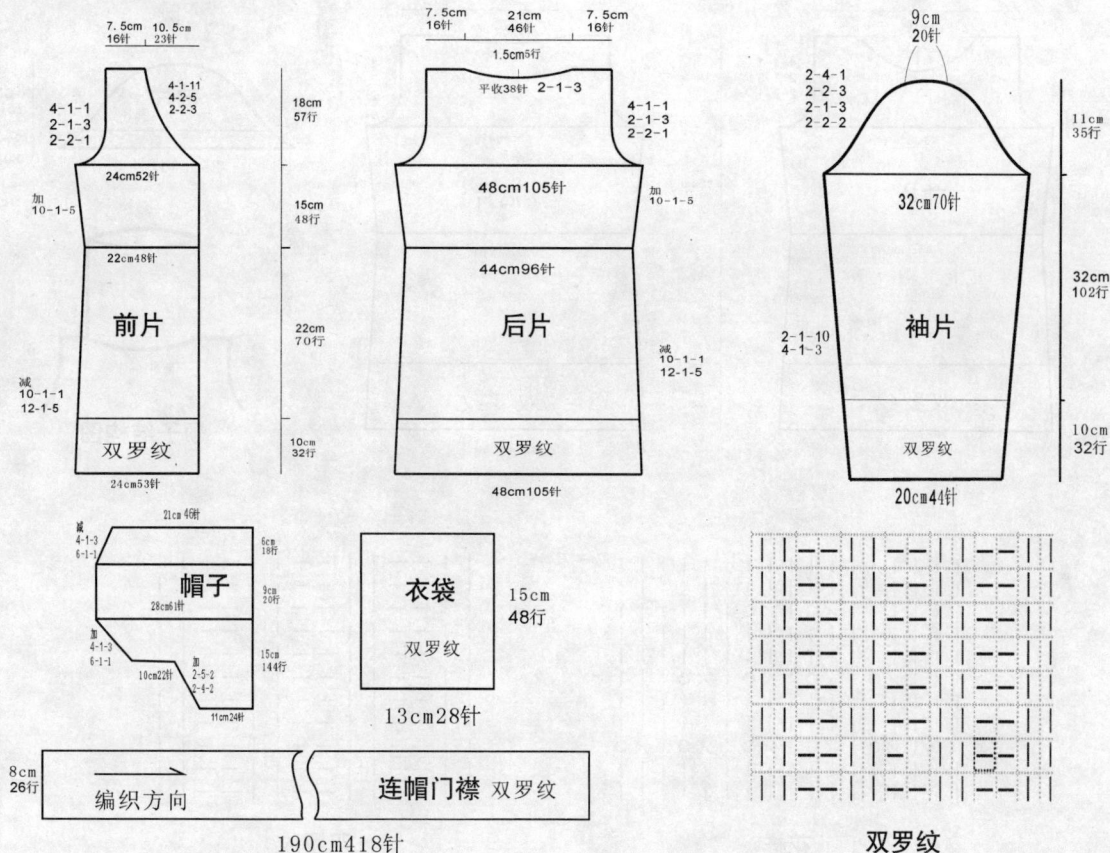

前片

- 7.5cm 16针 | 10.5cm 23针
- 4-1-11 / 4-2-5 / 2-2-3
- 4-1-1 / 2-1-3 / 2-2-1
- 18cm 57行
- 24cm52针
- 加 10-1-5
- 15cm 48行
- 22cm48针
- 22cm 70行
- 减 10-1-1 / 12-1-5
- 10cm 32行
- 双罗纹
- 24cm53针

后片

- 7.5cm 16针 | 21cm 46针 | 7.5cm 16针
- 1.5cm 5行
- 平收38针 2-1-3
- 4-1-1 / 2-1-3 / 2-2-1
- 48cm105针
- 加 10-1-5
- 44cm96针
- 减 10-1-1 / 12-1-5
- 双罗纹
- 48cm105针

袖片

- 9cm 20针
- 2-4-1 / 2-2-3 / 2-1-3 / 2-2-2
- 11cm 35行
- 32cm70针
- 32cm 102行
- 2-1-10 / 4-1-3
- 10cm 32行
- 双罗纹
- 20cm44针

帽子

- 21cm 46针
- 减 4-1-3 / 6-1-1
- 6cm 18行
- 28cm61针
- 9cm 20行
- 减 4-1-3 / 6-1-1
- 15cm 144行
- 加 2-5-2 / 2-4-2
- 10cm22针
- 11cm24针

衣袋

- 衣袋 双罗纹
- 15cm 48行
- 13cm28针

连帽门襟

- 8cm 26行
- 编织方向
- 连帽门襟 双罗纹
- 190cm418针

双罗纹

【成品尺寸】衣长65cm　胸围96cm　袖长11cm

【工具】2.5mm棒针

【材料】绿色、白色纯羊毛线

【密度】10cm²：22针×32行

【附件】绳子6条

【制作过程】前片：按图起针，织双罗纹10cm后，改织下针，按图所示，织至完成。后片：按图起针，织10cm双罗纹后，改织下针，织至完成，袖窿和领窝按图加减针。袖片：按图起针，织双罗纹3cm后，改织花样，织至完成，袖山按图减针，全部缝合。领：挑198针，织24cm双罗纹，形成高领缝上绳子。整件毛衣编织完成。

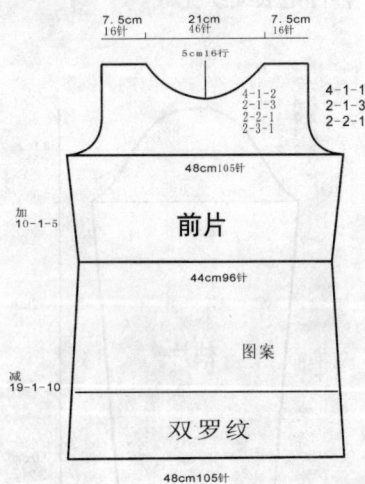

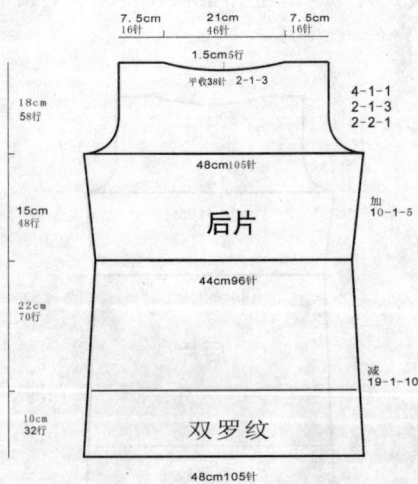

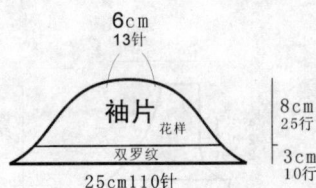

领子结构图

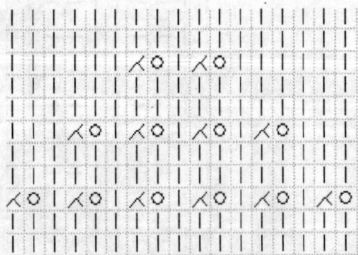

花样

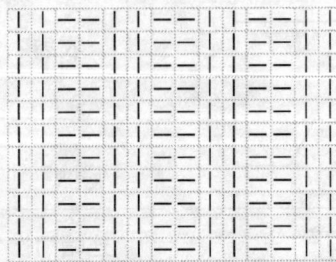

双罗纹

长袖塑身衫

【成品尺寸】衣长85cm　胸围96cm　袖长53cm

【工具】1.7mm棒针

【材料】红色纯羊毛线

【密度】10cm²：44针×54行

【制作过程】前片：按图起针，织5cm单罗纹后，改织下针，织至62cm时，再改织单罗纹，按图所示，织至完成。后片：按图起针，织5cm单罗纹后，改织下针，织至62cm时，再改织单罗纹，按图所示，织至完成，袖窿和领窝按图加减针。袖片：按图起针，织5cm单罗纹后，改织下针，织至23cm时，再改织单罗纹，织至完成，袖片和袖山按图加减针，全部缝合。领：挑针，织5cm下针，褶边缝合，形成双层圆领。整件毛衣编织完成。

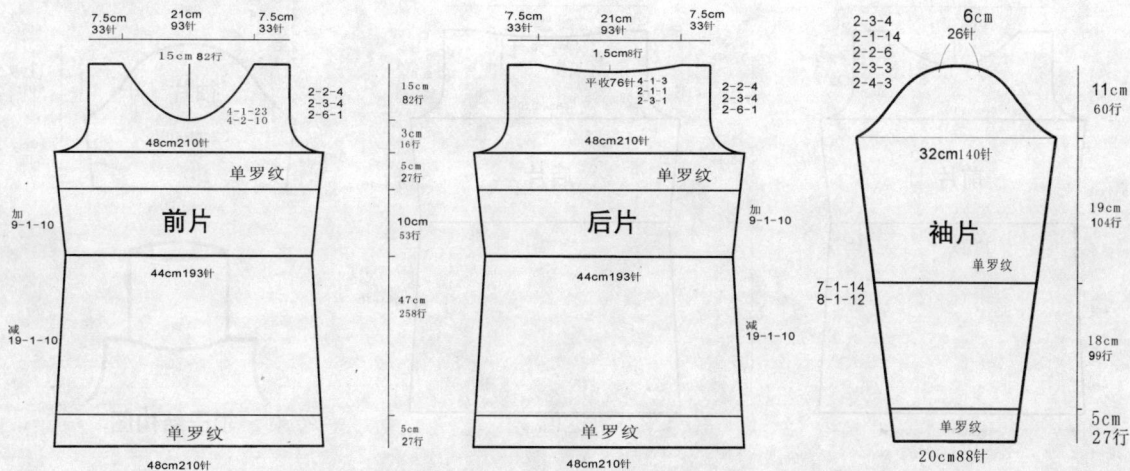

前片

后片

袖片

领子结构图

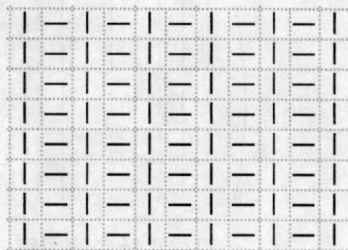

单罗纹

【成品尺寸】衣长85cm　胸围96cm　袖长21cm

【工具】1.7mm棒针

【材料】红色、白色纯羊毛线

【密度】10cm²：44针×54行

【制作过程】前片：按图起针，先织双层平针底边，后改织下针，按图所示，织至完成。后片：按图起针，先织双层平针底边，后改织下针，按图所示，织至完成，袖窿和领窝按图加减针。袖片：按图起针，先织双层平针底边，后改织下针，织至完成，袖片和袖山按图加减针，全部缝合。领：挑针，织24cm单罗纹，形成高领。整件毛衣编织完成。

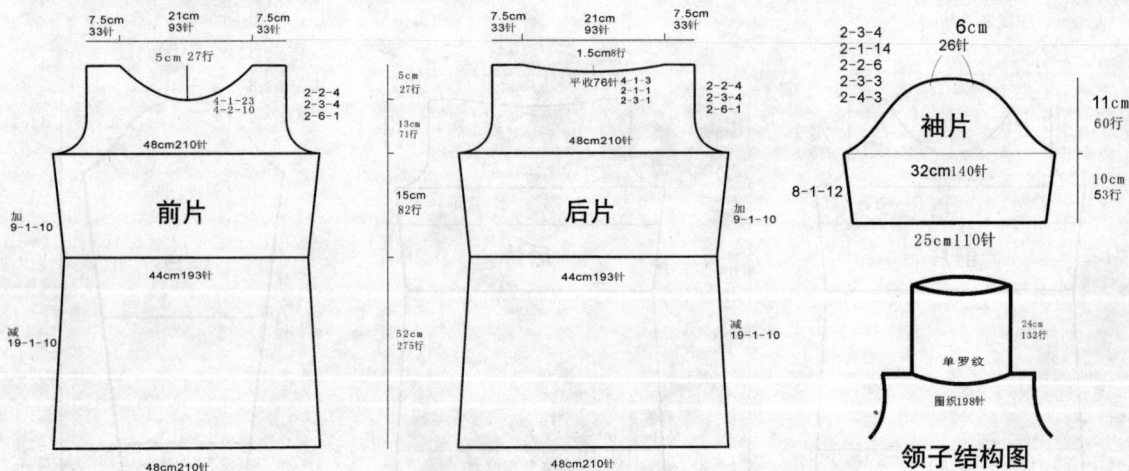

前片

7.5cm 33针　21cm 93针　7.5cm 33针

5cm 27行

5cm 27行

4-1-23
4-2-10

2-2-4
2-3-4
2-6-1

48cm210针

加 9-1-10

减 19-1-10

44cm193针

48cm210针

后片

7.5cm 33针　21cm 93针　7.5cm 33针

1.5cm8行

平收76针 4-1-3
2-1-1
2-3-1

5cm 27行

13cm 71行

15cm 82行

52cm 275行

2-2-4
2-3-4
2-6-1

48cm210针

加 9-1-10

减 19-1-10

44cm193针

48cm210针

袖片

2-3-4
2-1-14
2-2-6
2-3-3
2-4-3

6cm 26针

11cm 60行

10cm 53行

8-1-12

32cm140针

25cm110针

领子结构图

单罗纹

24cm 132行

围织198针

缝合

双层平针底边图解

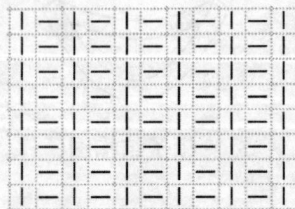

单罗纹

【成品尺寸】衣长65cm　胸围96cm　连肩袖长60cm

【工具】1.7mm棒针

【材料】红色、黑色、白色纯羊毛线

【密度】10cm²：44针×55行

【附件】拉链1条　袖片衬边2条

【制作过程】前片：分左、右2片编织，分别按图起针，先织双层平针底边，后改织下针，按图所示，织至完成。后片：按图起针，先织双层平针底边，后改织下针，织至完成，袖窿和领窝按图加减针。袖片：按图起针，先织双层平针底边，后改织下针，织至完成，全部缝合。领：挑针，织10cm单罗纹。拉链边：另织，同时缝上拉链和袖片衬边。整件毛衣编织完成。

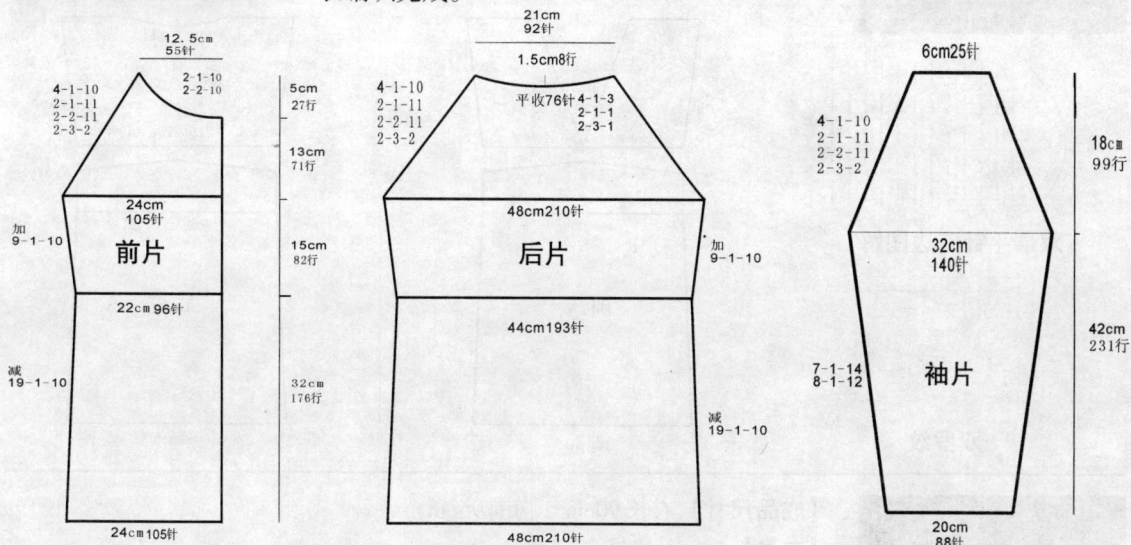

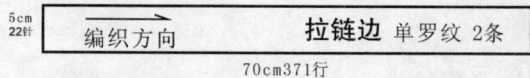

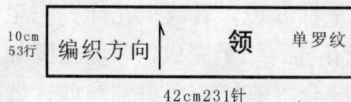

前片

12.5cm 55针

4-1-10
2-1-11
2-2-11
2-3-2

2-1-10
2-2-10

5cm 27行

13cm 71行

24cm 105针

加 9-1-10

22cm 96针

15cm 82行

减 19-1-10

32cm 176行

24cm 105针

后片

21cm 92针

1.5cm8行

4-1-10
2-1-11
2-2-11
2-3-2

平收76针 4-1-3
2-1-1
2-3-1

48cm210针

加 9-1-10

44cm193针

减 19-1-10

48cm210针

袖片

6cm25针

4-1-10
2-1-11
2-2-11
2-3-2

18cm 99行

32cm 140针

42cm 231行

7-1-14
8-1-12

20cm 88针

拉链边 单罗纹 2条

5cm 22针

编织方向 →

70cm371行

领 单罗纹

10cm 53行

编织方向 ↑

42cm231针

缝合

领子结构图

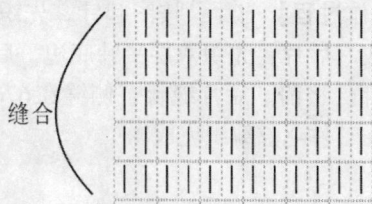

双层平针底边图解

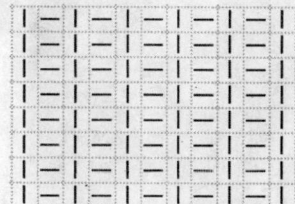

单罗纹

179

性感无袖衫

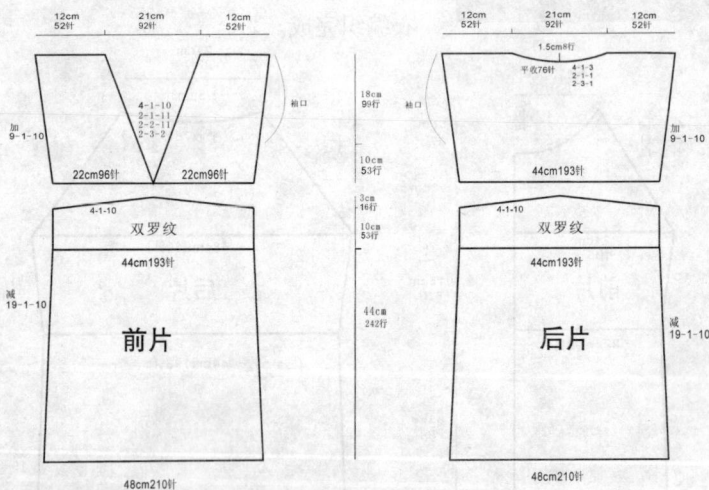

【成品尺寸】衣长85cm　胸围96cm

【工具】1.7mm棒针

【材料】深蓝色、浅蓝色纯羊毛线

【密度】10cm²：44针×54行

【制作过程】前片：分上、下2部分编织，上部分分左、右2片编织完成，并间色；下部分按图起针，先织双层平针底边，后改织44cm下针，再织双罗纹，织至完成。后片：分上、下2部分编织，上部分按图起针，织下针至完成，并间色；下部分按图起针，先织双层平针底边，后改织44cm下针，再织双罗纹，织至完成。袖窿和领窝按图加减针，全部缝合。其中袖口处须留下，不缝。整件毛衣编织完成。

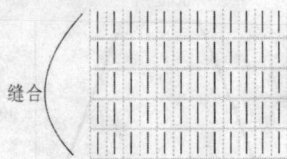

缝合

双层平针底边图解

双罗纹

前片

后片

【成品尺寸】衣长90cm　胸围96cm

【工具】1.7mm棒针

【材料】粉红色纯羊毛线

【密度】10cm²：44针×53行

【制作过程】前片：按图起针，先织双层平针底边，后改织花样，织至完成。后片：先织双层平针底边，后改织花样，织至完成，领窝按图加减针。将前、后片缝合，侧缝在67cm处缝合。衣袋：另织，与前片缝合。整件毛衣编织完成。

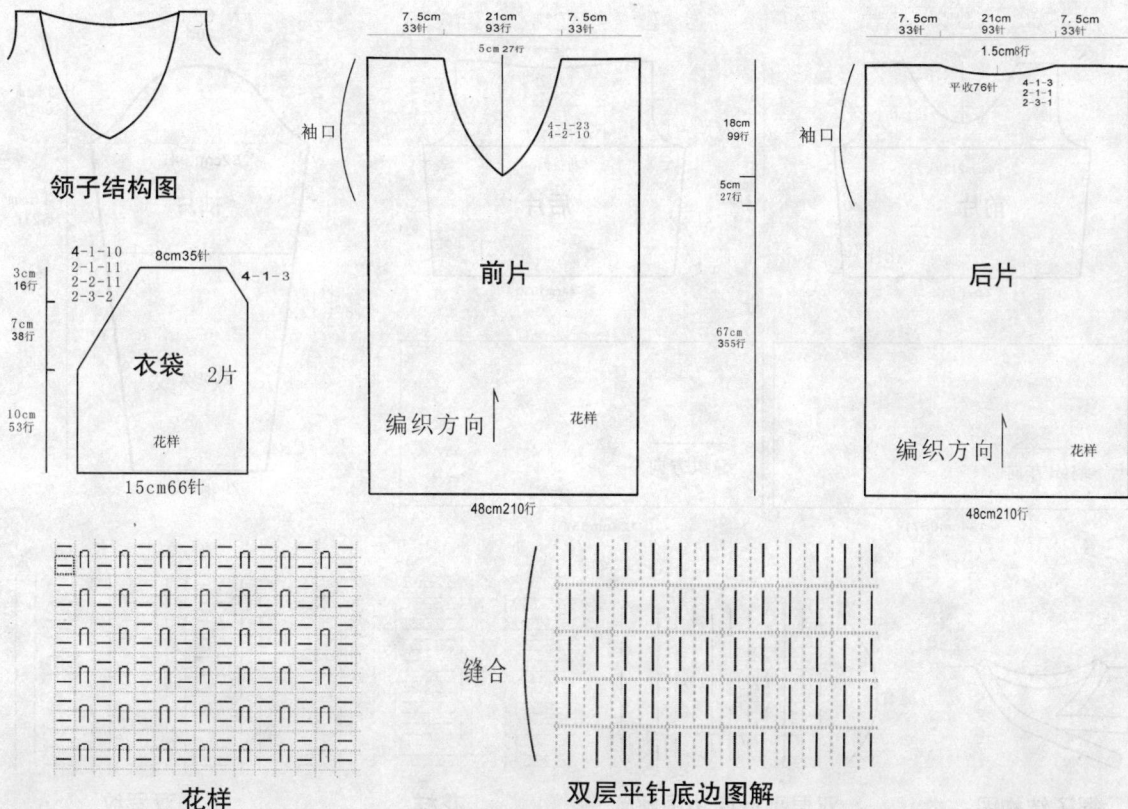

领子结构图

衣袋 2片

4-1-10
2-1-11
2-2-11
2-3-2
8cm35针
4-1-3

3cm 16行
7cm 38行
10cm 53行

15cm66针

花样

前片

7.5cm 33针 | 21cm 93行 | 7.5cm 33针
5cm 27行
4-1-23
4-2-10
袖口

编织方向
花样

48cm210行

后片

7.5cm 33针 | 21cm 93行 | 7.5cm 33针
1.5cm8行
平收76针
4-1-3
2-1-1
2-3-1
18cm 99行
5cm 27行
袖口

67cm 355行

编织方向
花样

48cm210行

缝合

双层平针底边图解

花纹长袖衫

【成品尺寸】 衣长85cm 胸围88cm 袖长53cm

【工具】 1.7mm棒针

【材料】 灰色、黑色纯羊毛线

【密度】 10cm²：44针×55行

【制作过程】 前片：分上、下2部分编织，上部分按图起针，织花样，并间色，织至完成，袖窿和领窝按图加减针；下部分按编织方向起针，先织双层平针底边，后改织下针，并间色，织至另一边，也织双层平针底边，上、下部分按图缝合。后片：分上、下2部分编织，分别与前片织法相同。袖片：按图起针，织27cm双罗纹后，改织下针，并间色，织至完成，袖山和袖片按图加减针，全部缝合。领带：另织下针95cm，与领圈缝合，多余部分系上蝴蝶结。整件毛衣编织完成。

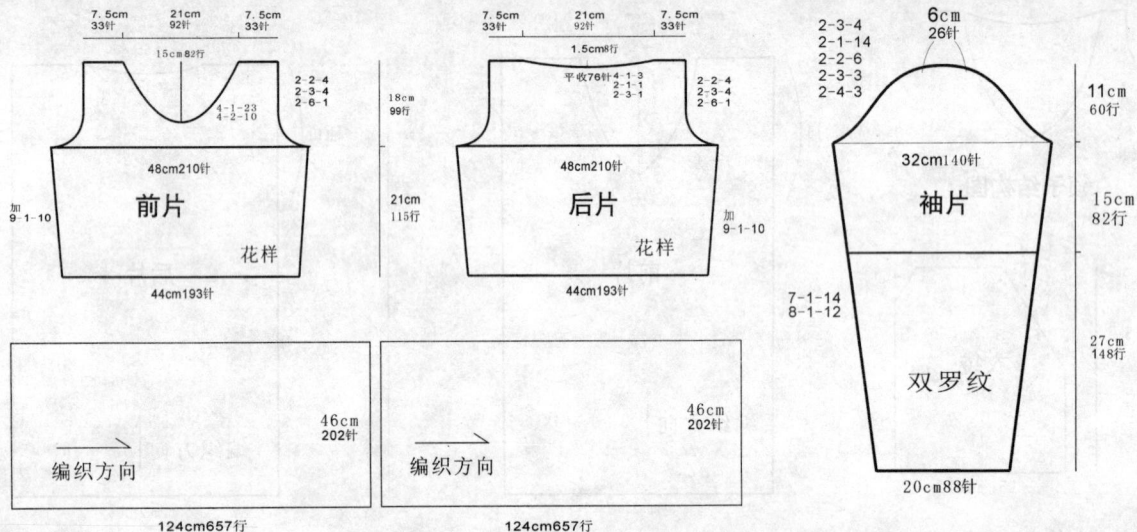

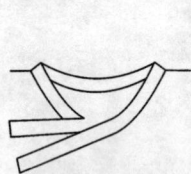
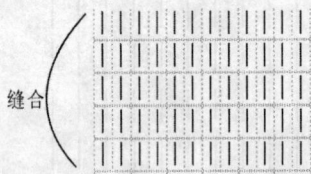
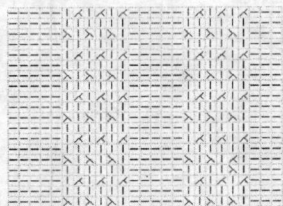
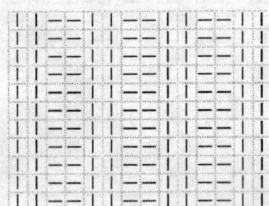

领子结构图　　双层平针底边图解　　花样　　双罗纹

【成品尺寸】衣长85cm　胸围96cm　袖长53cm

【工具】1.7mm棒针

【材料】深灰色、白色纯羊毛线

【密度】10cm²：44针×54行

【附件】扣子5枚

【制作过程】前片：分左、右2片编织，分别按图起针，织5cm双罗纹后，改织下针，按图所示，织至完成。后片：按图起针，织5cm双罗纹后，改织下针，按图所示，织至完成，袖窿和领窝按图加减针。袖片：按图起针，织10cm双罗纹后，改织下针，织至完成，袖片和袖山按图加减针，全部缝合。门襟：另织，与前片至领圈缝合。衣袋：另织，与前后片缝合。缝上扣子，整件毛衣编织完成。

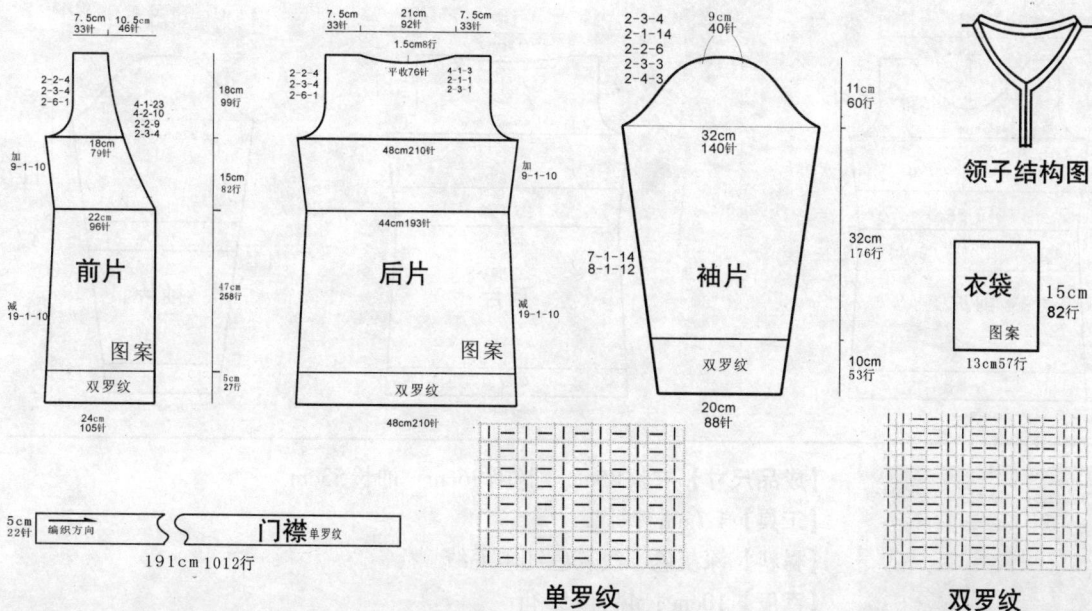

前片 (front piece)
- 7.5cm 33针　10.5cm 46针
- 2-2-4 / 2-3-4 / 2-6-1
- 4-1-23 / 4-2-10 / 2-2-9 / 2-3-4
- 18cm 99行
- 加 9-1-10
- 18cm 79针
- 15cm 82行
- 22cm 96针
- 47cm 258行
- 图案
- 双罗纹
- 减 19-1-10
- 5cm 27行
- 24cm 105针

后片 (back piece)
- 7.5cm 33针　21cm 92针　7.5cm 33针
- 1.5cm 8行
- 2-2-4 / 2-3-4 / 2-6-1
- 平收76针
- 4-1-3 / 2-1-1 / 2-3-1
- 48cm 210针
- 加 9-1-10
- 44cm 193针
- 图案
- 减 19-1-10
- 双罗纹
- 48cm 210针

袖片 (sleeve piece)
- 2-3-4 / 2-1-14 / 2-2-6 / 2-3-3 / 2-4-3
- 9cm 40针
- 11cm 60行
- 32cm 140针
- 32cm 176行
- 7-1-14 / 8-1-12
- 10cm 53行
- 双罗纹
- 20cm 88针

领子结构图 (collar structure diagram)

衣袋 (pocket) 15cm 82行
图案
13cm 57行

门襟 单罗纹　5cm 22针　编织方向　191cm 1012行

单罗纹 (single rib)

双罗纹 (double rib)

灰色长袖衫

【成品尺寸】衣长85cm　胸围96cm　袖长53cm

【工具】1.7mm棒针

【材料】深灰色纯羊毛线

【密度】10cm²：44针×55行

【附件】亮片若干

【制作过程】前片：按图起针，织5cm双罗纹后，改织下针，织至52cm时，再改织6cm双罗纹，再织下针，织至完成。后片：按图起针，织5cm双罗纹后，改织下针，织至52cm时，再改织6cm双罗纹，再织下针，织至完成，袖窿和领窝按图加减针。袖片：按图起针，织5cm双罗纹后，改织下针，织至23cm时，再改织6cm双罗纹，再织下针，织至完成，袖片和袖山按图加减针，全部缝合。领：挑针，织5cm下针，褶边缝合，形成双层V领。缝上亮片。整件毛衣编织完成。

领子结构图

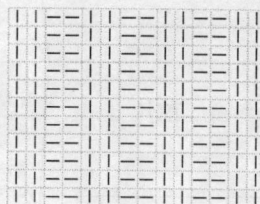

双罗纹

前片 (front piece):
- 7.5cm 33针 / 21cm 93针 / 7.5cm 33针
- 1.5cm 82行
- 2-2-4 / 2-3-4 / 2-6-1
- 4-1-23 / 4-2-10
- 48cm210针
- 加 9-1-10
- 双罗纹
- 44cm193针
- 减 19-1-10
- 前片
- 双罗纹
- 48cm210针

后片 (back piece):
- 7.5cm 33针 / 21cm 93针 / 7.5cm 33针
- 1.5cm 82行
- 平收76针 4-1-3 / 2-1-1 / 2-3-1
- 2-2-4 / 2-3-4 / 2-6-1
- 15cm 82行
- 3cm 16行
- 9cm 50行
- 48cm210针
- 加 9-1-10
- 6cm 33行
- 双罗纹
- 44cm193针
- 47cm 258行
- 减 19-1-10
- 后片
- 双罗纹
- 5cm 27行
- 48cm210针

袖片 (sleeve piece):
- 2-3-4 / 2-1-14 / 2-2-6 / 2-3-3 / 2-4-3
- 6cm 26针
- 11cm 60行
- 32cm140针
- 13cm 71行
- 7-1-14 / 8-1-12
- 6cm 33行
- 双罗纹
- 18cm 99行
- 袖片
- 双罗纹
- 5cm 27行
- 20cm88针

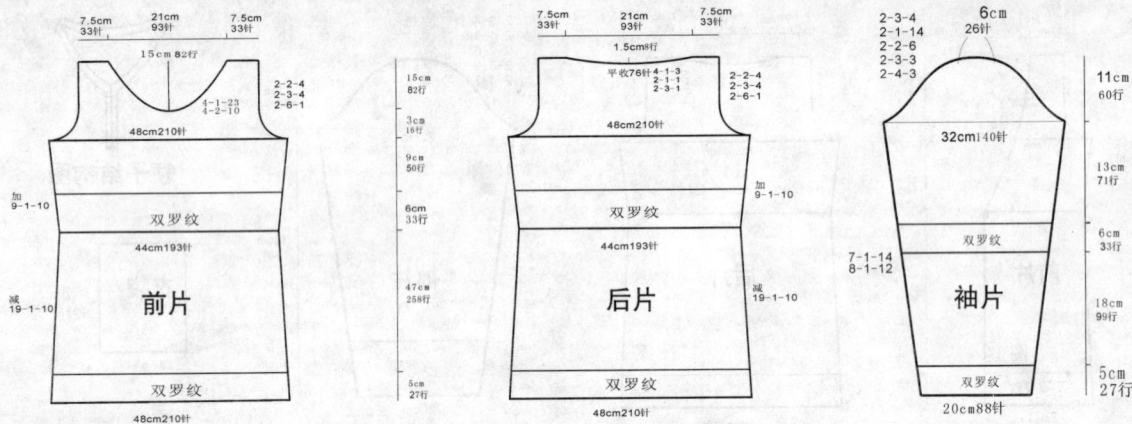

【成品尺寸】衣长85cm　胸围96cm　袖长53cm

【工具】1.7mm棒针

【材料】深灰色、浅灰色纯羊毛线

【密度】$10cm^2$：44针×53行

【附件】亮片若干

【制作过程】前片：按图起针，织5cm双罗纹后，改织下针，织至52cm时，再改织6cm双罗纹，再织下针，并间色，织至完成。后片：按图起针，织5cm双罗纹后，改织下针，织至52cm时，再改织6cm双罗纹，再织下针，并间色，织至完成，袖窿和领窝按图加减针。袖片：按图起针，织5cm双罗纹后，改织下针，织至完成，袖片和袖山按图加减针，全部缝合。领：挑针，织5cm双罗纹，形成圆领。肩带：另织，按图缝合。衣袋：另织。缝上亮片和衣袋。整件毛衣编织完成。

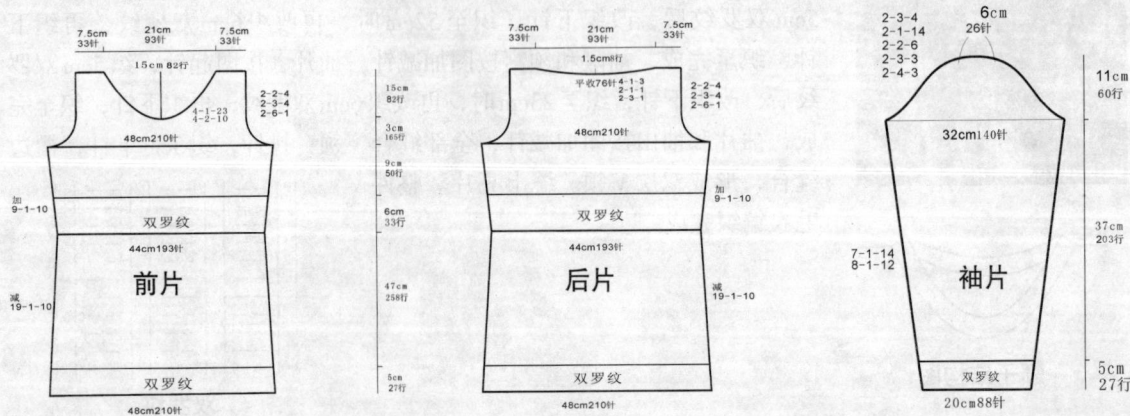

前片 (front piece, lower):
- 7.5cm 33针 / 21cm 93针 / 7.5cm 33针
- 1.5cm 82行
- 2-2-4 / 2-3-4 / 2-6-1
- 4-1-23 / 4-2-10
- 15cm 82行
- 3cm 16行
- 9cm 50行
- 48cm210针
- 加 9-1-10
- 6cm 33行
- 双罗纹
- 44cm193针
- 47cm 258行
- 减 19-1-10
- 前片
- 双罗纹
- 5cm 27行
- 48cm210针

后片 (back piece, lower):
- 7.5cm 33针 / 21cm 93针 / 7.5cm 33针
- 1.5cm 82行
- 平收76针 4-1-3 / 2-1-1 / 2-3-1
- 2-2-4 / 2-3-4 / 2-6-1
- 15cm 82行
- 3cm 16行
- 9cm 50行
- 48cm210针
- 加 9-1-10
- 6cm 33行
- 双罗纹
- 44cm193针
- 47cm 258行
- 减 19-1-10
- 后片
- 双罗纹
- 5cm 27行
- 48cm210针

袖片 (sleeve piece, lower):
- 2-3-4 / 2-1-14 / 2-2-6 / 2-3-3 / 2-4-3
- 6cm 26针
- 11cm 60行
- 32cm140针
- 37cm 203行
- 7-1-14 / 8-1-12
- 袖片
- 双罗纹
- 5cm 27行
- 20cm88针

领子结构图

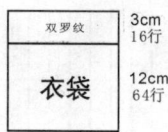

双罗纹 3cm 16行

衣袋

12cm 64行

13cm57针

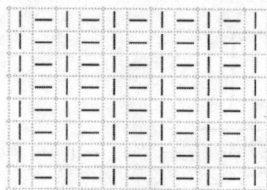 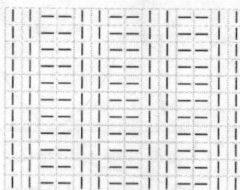

单罗纹　　　双罗纹

5cm 22针　编织方向　　　肩带 单罗纹 2条

66cm350行

温馨长袖衫

【成品尺寸】衣长85cm　胸围96cm　袖长53cm

【工具】1.7mm棒针

【材料】浅灰色、深灰色纯羊毛线

【密度】$10cm^2$：44针×54行

【附件】装饰花1朵

【制作过程】前片：分内前片和外前片编织，内前片按图起针，先织双层平针底边，后改织下针，织至完成；外前片按编织方向起针，织双罗纹，织至完成。后片：按图起针，先织双层平针底边，后改织下针，并间色，织至完成，袖窿和领窝按图加减针。袖片：按图起针，织10cm双罗纹后，改织下针，织至完成。袖片和袖山按图加减针，内前片和外前片重叠后，全部缝合。内领：另织5cm双罗纹，形成圆领。缝上装饰花，整件毛衣编织完成。

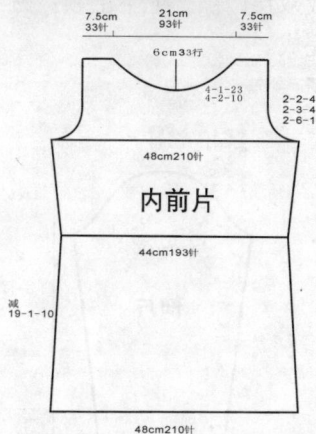

内前片

7.5cm 33针　21cm 93针　7.5cm 33针

6cm33行

2-2-4
2-3-4
2-6-1

4-1-23
4-2-10

48cm210针

44cm193针

减 19-1-10

48cm210针

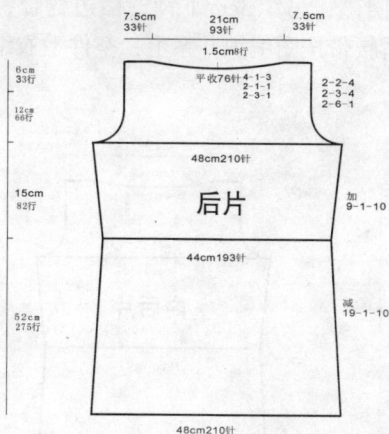

后片

7.5cm 33针　21cm 93针　7.5cm 33针

6cm 33行

12cm 66行

15cm 82行

52cm 275行

平收76针 4-1-3
2-3-1

2-2-4
2-3-4
2-6-1

1.5cm8行

48cm210针

44cm193针

加 9-1-10

减 19-1-10

48cm210针

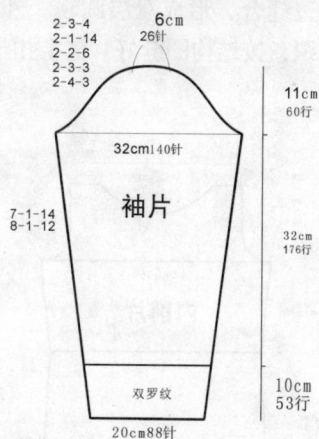

袖片

6cm 26针

2-3-4
2-1-14
2-2-6
2-3-3
2-4-3

11cm 60行

32cm140针

7-1-14
8-1-12

32cm 176行

双罗纹

20cm88针

10cm 53行

5cm 27针　编织方向　　　内领 双罗纹

51cm224针

领子结构图

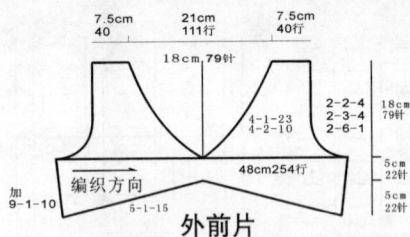

外前片

7.5cm 40 / 21cm 111行 / 7.5cm 40行

18cm 79针

2-2-4
2-3-4
2-6-1

18cm 79针

4-1-23
4-2-10

编织方向

48cm 254行

加 9-1-10

5-1-15

5cm 22针
5cm 22针

外前片

缝合

双层平针底边图解

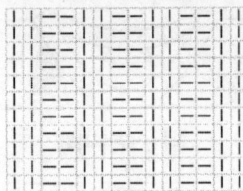

双罗纹

【成品尺寸】 衣长85cm　胸围96cm　袖长53cm

【工具】 1.7mm棒针

【材料】 深灰色、浅灰色纯羊毛线

【密度】 10cm²：44针×55行

【附件】 扣子1枚

【制作过程】 前片：分内前片和外前片编织，内前片按图起针，织5cm双罗纹后，改织下针，织至完成；外前片分左、右2片编织，分别按图起针，织下针，并间色，织至完成。后片：分内后片和外后片编织，内后片按图起针，织5cm双罗纹后，改织下针，织至完成；外后片按图起针，织10cm双罗纹后，改织下针，织至完成，袖窿和领窝按图加减针。袖片：按图起针，织5cm双罗纹后，改织下针，织至完成，袖片和袖山按图加减针。内前片和外前片重叠，内后片和外后片重叠后，全部缝合。内领：另织3cm下针，褶边缝合，形成双层圆领。外前片门襟：另织3cm下针，褶边缝合，形成双层门襟。上下翻领：另织，按结构图缝好。缝上扣子，后腰带按图编织并系上，整件毛衣编织完成。

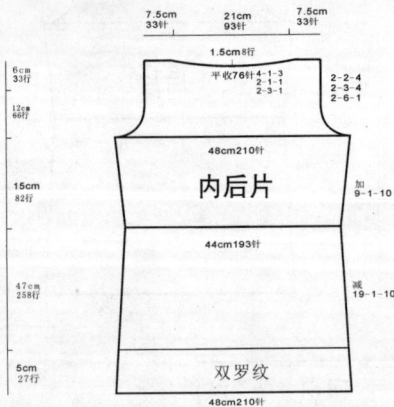

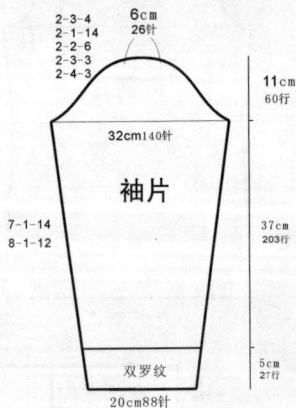

内前片

7.5cm 33针 / 21cm 93针 / 7.5cm 33针

6cm 33行

4-1-23
4-2-10

2-2-4
2-3-4
2-6-1

48cm 210针

内前片

44cm 193针

加 9-1-10

减 19-1-10

双罗纹

48cm 210针

内后片

7.5cm 33针 / 21cm 93针 / 7.5cm 33针

1.5cm 8针

6cm 33行

12cm 66行

平收76针 4-1-1
2-3-1

2-2-4
2-3-4
2-6-1

48cm 210针

内后片

15cm 82行

44cm 193针

加 9-1-10

47cm 258行

减 19-1-10

5cm 27行

双罗纹

48cm 210针

袖片

2-3-4
2-1-14
2-2-6
2-2-3
2-4-3

6cm 26针

11cm 60行

32cm 140针

袖片

37cm 203行

7-1-14
8-1-12

5cm 27行

双罗纹

20cm 88针

领子结构图

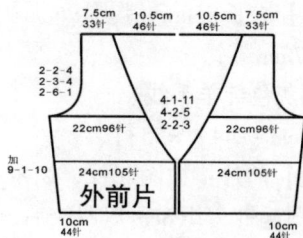

7.5cm 33针　10.5cm 46针　　10.5cm 46针　7.5cm 33针

2-2-4
2-3-4
2-6-1

4-1-11
4-2-5
2-2-3

22cm96针　　22cm96针

加 9-1-10

24cm105针　　24cm105针

外前片

10cm 44针　　10cm 44针

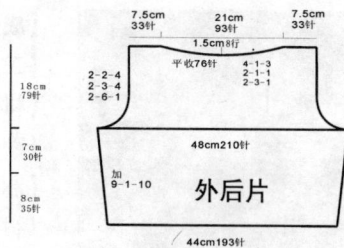

7.5cm 33针　21cm 93针　7.5cm 33针

1.5cm8行

平收76针

2-2-4
2-3-4
2-6-1

4-1-3
2-1-1
2-3-1

48cm210针

加 9-1-10

外后片

44cm193针

18cm 79行

7cm 30行

8cm 35行

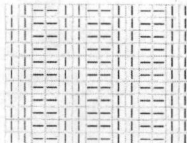

双罗纹

单罗纹

3cm 16行　编织方向→　**内领**　下针

51cm224针

3cm 16行　编织方向→**外前片门襟** 2片

8cm35针

3cm 13行　编织方向→　**后腰带** 单罗纹

80cm424行

10cm 53行　编织方向→ **上翻领** 单罗纹

41cm180针

15cm82行

10cm 44行　编织方向→

下翻领 单罗纹

7-1-14
8-1-12

魅力短袖衫

【成品尺寸】衣长68cm　胸围96cm

【工具】2.5mm棒针　绣花针

【材料】黑色纯羊毛线

【密度】10cm²：22针×32行

【附件】装饰带若干　起珠毛线若干

【制作过程】前片：先用起珠毛线按图起针，织单罗纹3cm后，用纯羊毛线改织上针，织至完成。后片：按图起针，织单罗纹3cm后，改织下针，织至完成。袖窿和领窝按图加减针，前片和后片全部缝合。领：用起珠毛线起针，圈织24cm单罗纹，形成高领。用绣花针缝上装饰带，整件毛衣编织完成。

领子结构图

单罗纹

圈织198针

24cm 132行

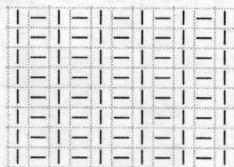

单罗纹

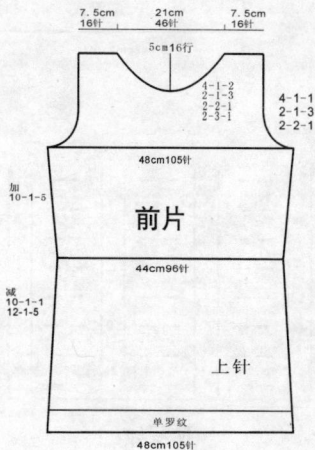

7.5cm 16针　21cm 46针　7.5cm 16针

5cm16行

4-1-2
2-1-2
2-1-3
2-3-1

4-1-1
2-1-1
2-2-1

48cm105针

前片

44cm96针

上针

单罗纹

48cm105针

加 10-1-5

减 10-1-1 12-1-5

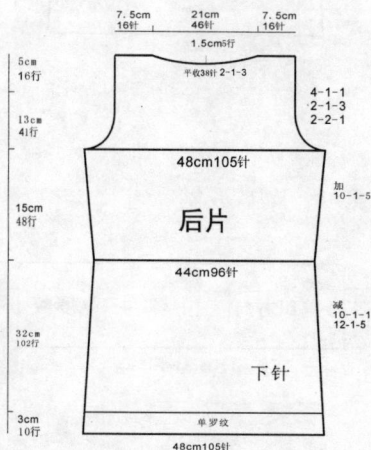

7.5cm 16针　21cm 46针　7.5cm 16针

1.5cm5行

平收3针 2-1-3

4-1-1
2-1-1
2-2-1

48cm105针

后片

44cm96针

下针

3cm 10行

单罗纹

48cm105针

加 10-1-5

减 10-1-1 12-1-5

5cm 16行

13cm 41行

15cm 48行

32cm 102行

【成品尺寸】衣长85cm　胸围96cm　袖长9cm

【工具】1.7mm棒针

【材料】深灰色纯羊毛线

【密度】10cm²：44针×55行

【制作过程】前片：按图起针，织8cm双罗纹后，改织下针，织至完成。后片：按图起针，织8cm双罗纹后，改织下针，织至完成，袖窿和领窝按图加减针。袖片：按图起针，织9cm双罗纹，织至完成，袖片和袖山按图加减针，全部缝合。领：挑242针，圈织15cm单罗纹，形成自然垂下的堆堆领。整件毛衣编织完成。

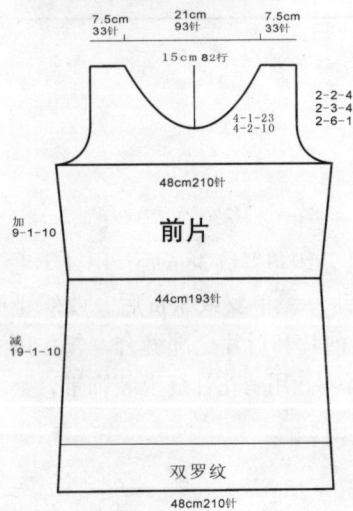

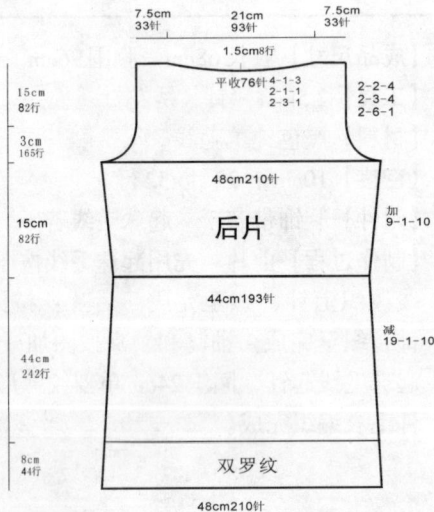

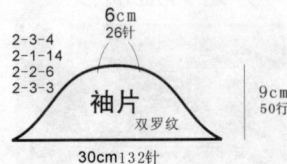

领子结构图

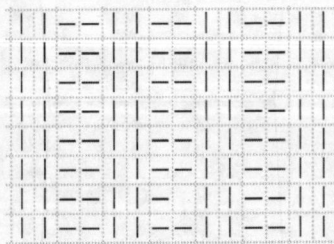

双罗纹

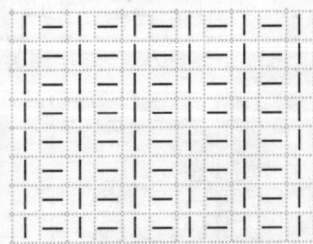

单罗纹

188

曼妙V领长衫

【成品尺寸】衣长85cm　胸围96cm　袖长53cm

【工具】1.7mm棒针

【材料】灰色纯羊毛线

【密度】10cm²：44针×55行

【附件】亮珠若干

【制作过程】前片：分上、下2片编织，上部分按编织方向起针，织双罗纹后，织至完成；下部分按图起针，织12cm双罗纹后改织下针，织至完成，上、下片缝合。后片：按图起针，织12cm双罗纹后，改织下针，织至完成，袖窿和领窝按图加减针。袖片：按图起针，织8cm双罗纹后，改织下针，织至完成，袖片和袖山按图加减针，全部缝合。领：按结构图织双罗纹，前领另织，打皱褶缝合。缝上亮珠。整件毛衣编织完成。

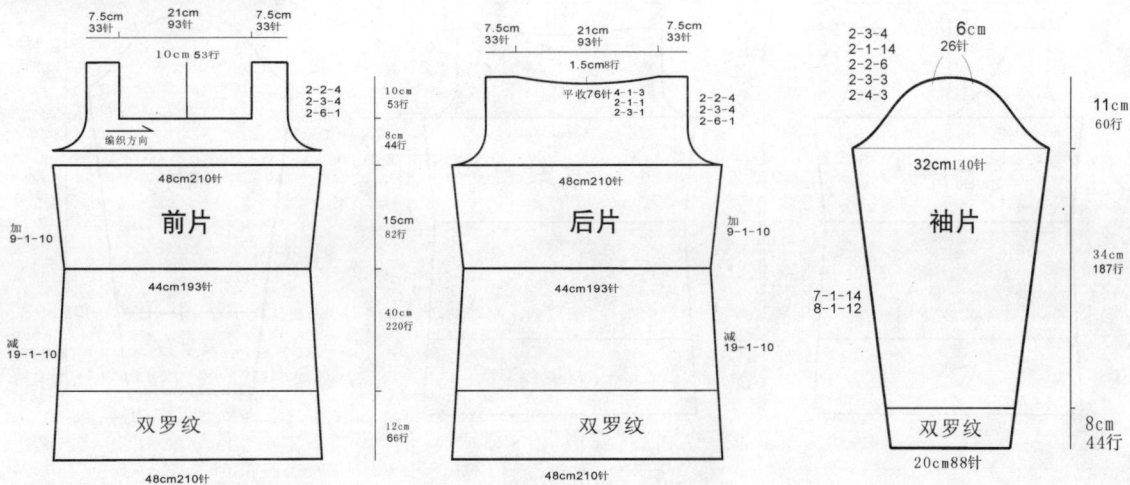

领子结构图

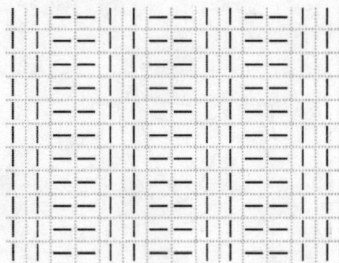

双罗纹

【成品尺寸】衣长85cm　胸围96cm　袖长53cm

【工具】1.7mm棒针

【材料】灰色纯羊毛线

【密度】10cm²：44针×55行

【制作过程】前片：按图起针，织15cm双罗纹后，改织单罗纹，织至完成。后片：按图起针，织15cm双罗纹后，改织单罗纹，织至完成，袖窿和领窝按图加减针。袖片：按图起针，织15cm双罗纹后，改织单罗纹，织至完成，袖片和袖山按图加减针，全部缝合。领：织5cm双罗纹，按结构图领尖缝合，形成V领。整件毛衣编织完成。

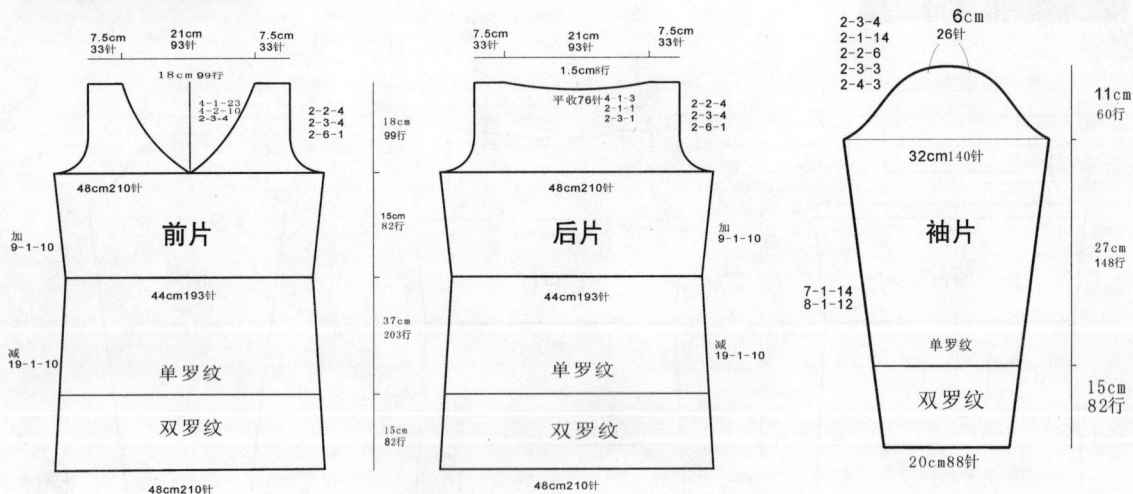

前片

7.5cm 33针　21cm 93针　7.5cm 33针

18cm 99行

4-1-23
1-2-10
2-3-4

2-2-4
2-3-4
2-6-1

48cm210针

48cm210针

加 9-1-10

44cm193针

单罗纹

减 19-1-10

双罗纹

48cm210针

18cm 99行
15cm 82行
37cm 203行
15cm 82行

后片

7.5cm 33针　21cm 93针　7.5cm 33针

1.5cm8行

平收76针 4-1-3
1-1-1
2-3-1

2-2-4
2-3-4
2-6-1

48cm210针

48cm210针

加 9-1-10

44cm193针

单罗纹

减 19-1-10

双罗纹

48cm210针

袖片

6cm 26针

2-3-4
2-1-14
2-2-6
2-3-3
2-3-3

32cm140针

11cm 60行

7-1-14
8-1-12

单罗纹

27cm 148行

双罗纹

15cm 82行

20cm88针

领子结构图

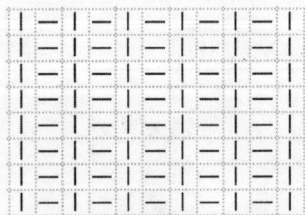

单罗纹

双罗纹

190

中长袖细纹衫

【成品尺寸】衣长70cm　胸围96cm　连肩袖长20cm

【工具】1.7mm棒针

【材料】灰色纯羊毛线

【密度】10cm²：44针×55行

【制作过程】前片：按图起针，织20cm双罗纹后，改织花样，织至完成，腋窝和领窝按图加减针。后片：按图起针，织20cm双罗纹后，改织花样，织至完成，腋窝和领窝按图加减针，全部缝合。领：另织2片20cm双罗纹，按图缝合，形成高领。整件毛衣编织完成。

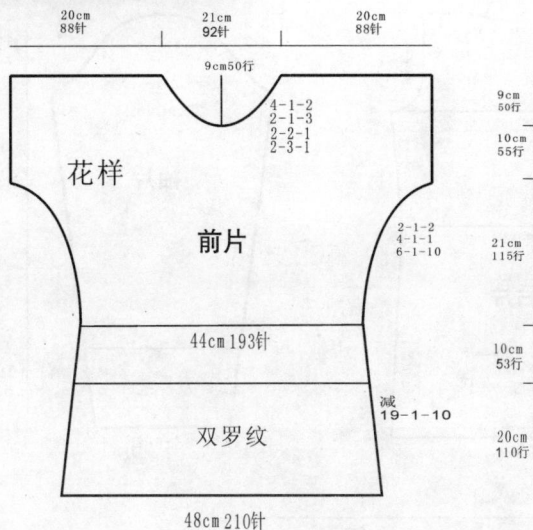

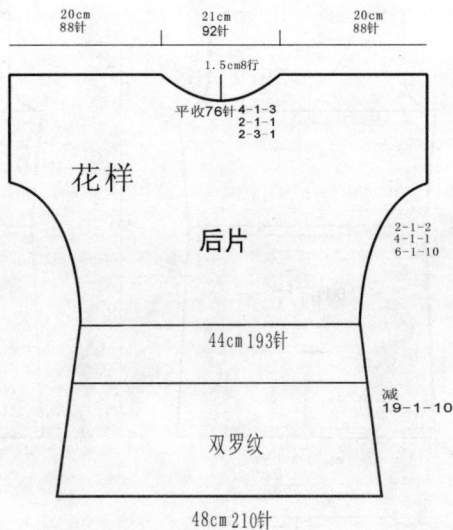

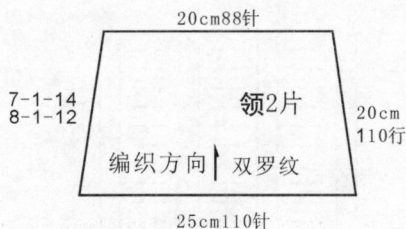

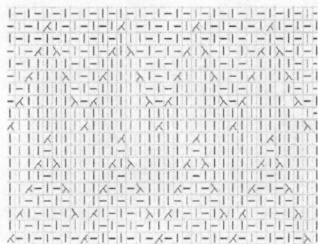

花样

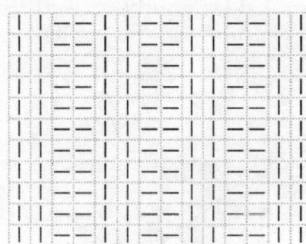

双罗纹

【成品尺寸】衣长85cm　胸围96cm　袖长53cm

【工具】1.7mm棒针

【材料】灰色纯羊毛线

【密度】10cm²：44针×53行

【制作过程】前片：分内前片和外前片编织，内前片按图起针，织花样，织至完成；外前片按图起针，织下针，织至完成。后片：按图起针，织下针，织至完成，袖窿和领窝按图加减针。袖片：按图起针，织10cm双罗纹后，改织下针，织至完成，袖片和袖山按图加减针，内前片和外前片重叠后，全部缝合。领：挑针织5cm双罗纹，形成反边圆领。整件毛衣编织完成。

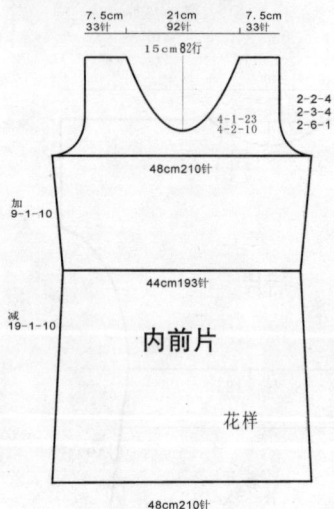

内前片

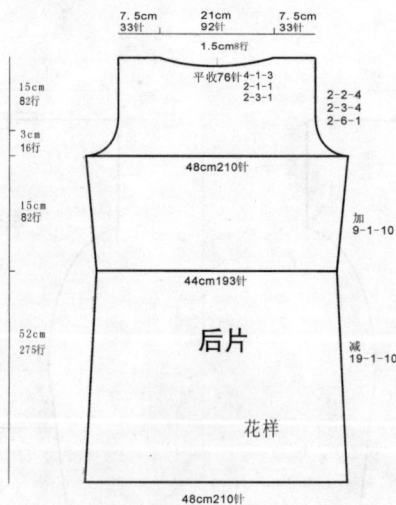

后片

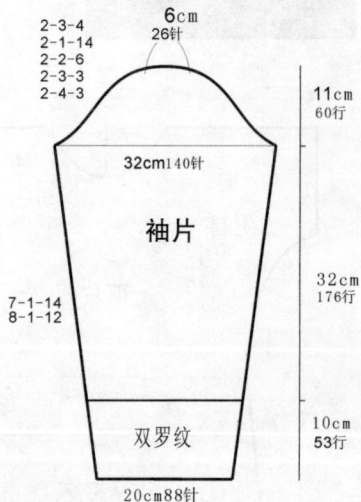

袖片

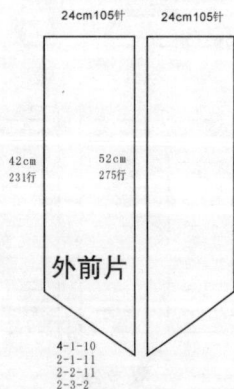

外前片

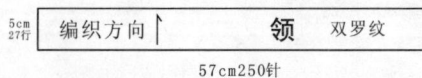

花样

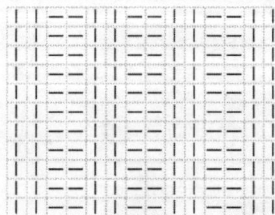

双罗纹

潮流长袖衫

【成品尺寸】衣长85cm　胸围96cm　连肩袖长60cm

【工具】1.7mm棒针

【材料】灰色纯羊毛线

【密度】10cm²：44针×53行

【制作过程】前片：分上、下2片编织，上片从袖片织起，按编织方向起针，织双罗纹10cm后，改织花样，织至另一袖，腋下和领窝按图加减针；下片按图起针，织双罗纹10cm，织至完成。后片：分上、下2片编织，上片从袖片织起，按编织方向起针，织10cm双罗纹后，改织花样，织至另一袖；下片按图起针，织双罗纹10cm，织至完成，全部缝合。整件毛衣编织完成。

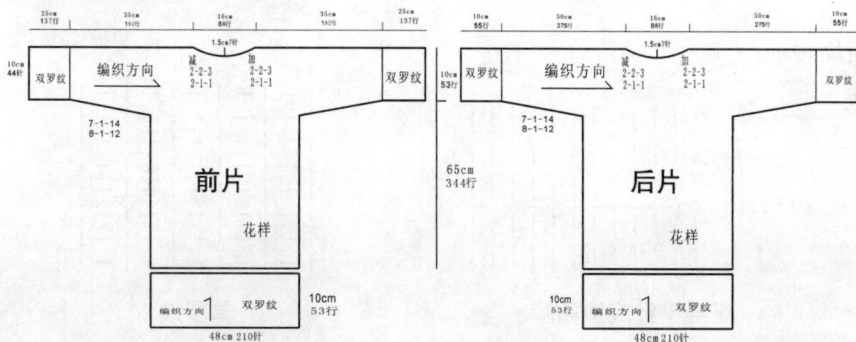

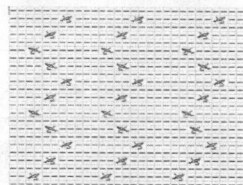

花样

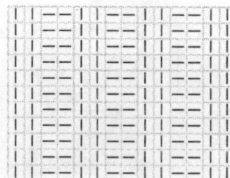

双罗纹

【成品尺寸】衣长85cm　胸围96cm　袖长53cm

【工具】1.7mm棒针

【材料】灰色纯羊毛线

【密度】10cm²：44针×54行

【附件】扣子6枚

【制作过程】前片：按图起针，先织双层平针底边，后改织下针，织至完成，袖窿和领窝按图加减针。后片：按图起针，织法与前片一样。袖片：按图起针，先织双层平针底边，后改织下针，织至完成，袖片和袖山按图加减针，全部缝合。领和前领横片：另织6cm单罗纹，按图与打皱褶的前片缝合。缝上扣子，整件毛衣编织完成。

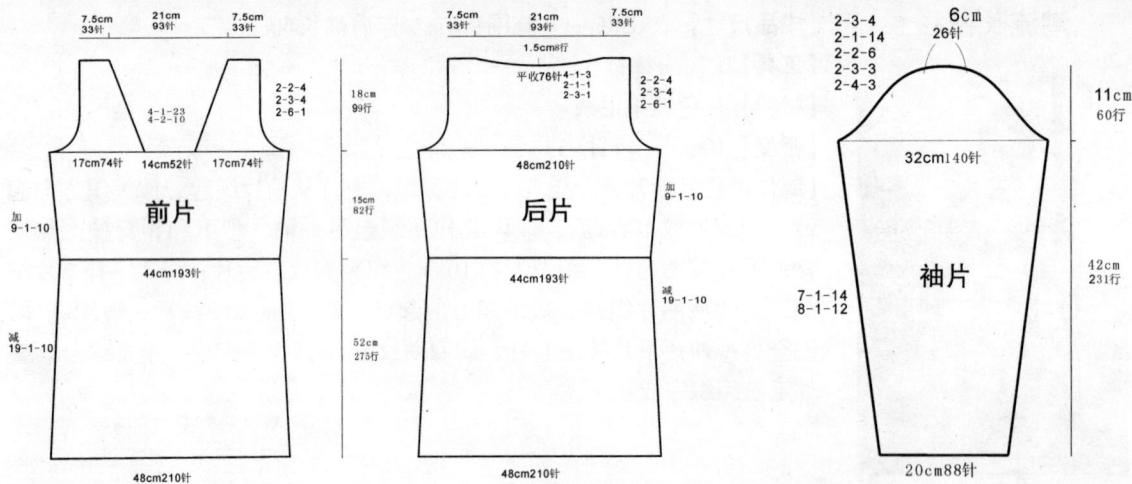

前片

7.5cm 33针 　 21cm 93针 　 7.5cm 33针

4-1-23
4-2-10

2-2-4
2-3-4
2-6-1

17cm74针 　 14cm52针 　 17cm74针

18cm 99行

15cm 82行

加 9-1-10

44cm193针

减 19-1-10

52cm 275行

48cm210针

后片

7.5cm 33针 　 21cm 93针 　 7.5cm 33针

1.5cm8行

平收76针 4-1-3
2-1-1
2-3-1

2-2-4
2-3-4
2-6-1

48cm210针

加 9-1-10

44cm193针

减 19-1-10

48cm210针

袖片

2-3-4
2-1-14
2-2-6
2-3-3
2-4-3

6cm 26针

32cm140针

11cm 60行

42cm 231行

7-1-14
8-1-12

20cm88针

52cm 228针

编织方向

前领横片 单罗纹

70cm371行

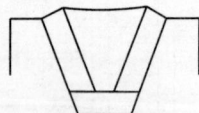

领子结构图

缝合

双层平针底边图解

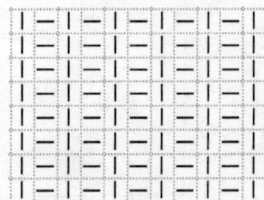

单罗纹

麻花股长袖衫

【成品尺寸】衣长80cm　胸围96cm　袖长53cm

【工具】1.7mm棒针　2.5mm棒针

【材料】灰色纯羊毛线

【密度】10cm²：44针×54行

【制作过程】前片：按图起针，先用2.5mm棒针织12cm单罗纹后，改用1.7mm棒针织花样，织至完成，袖窿和领窝按图加减针。后片：按图起针，织法与前片一样。袖片：按图起针，先用2.5mm棒针织12cm单罗纹后，改用1.7mm棒针织花样，织至完成，袖片和袖山按图加减针，全部缝合。整件毛衣编织完成。

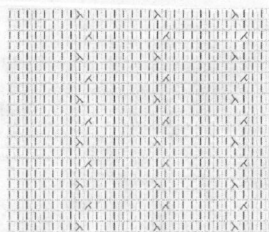

花样

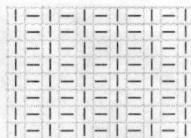

单罗纹

194

上部 前片图（上衣）

7.5cm 33针　21cm 92针　7.5cm 33针

13cm 71行

4-1-23
4-2-10
2-2-4
2-3-4
2-6-1

48cm210针

前片

加 9-1-10

44cm193针

减 19-1-10

花样

单罗纹

48cm210针

7.5cm 33针　21cm 92针　7.5cm 33针

1.5cm8行

平收76针 4-1-3　2-1-1　2-3-1

13cm 71行

5cm 27行

2-2-4
2-3-4
2-6-1

48cm210针

后片

加 9-1-10

15cm 82行

44cm193针

减 19-1-10

35cm 192行

花样

12cm 66行

单罗纹

48cm210针

2-3-4
2-1-14
2-2-6
2-3-3
2-4-3

6cm 26针

11cm 60行

32cm140针

袖片

7-1-14
8-1-12

30cm 165行

花样

单罗纹

12cm 66行

20cm88针

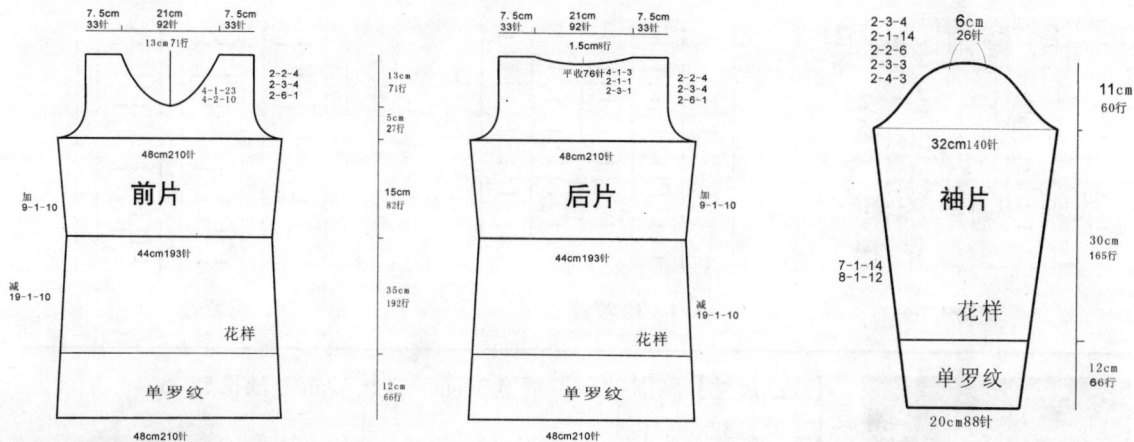

【成品尺寸】衣长65cm　胸围96cm　袖长35cm

【工具】1.7mm棒针

【材料】灰色纯羊毛线

【密度】10cm²：22针×32行

【附件】扣子4枚　衣袋丝带2条

【制作过程】前片：分左、右2片编织，分别按图起针，织10cm双罗纹后，改织花样，织至完成；同样方法织另一片。后片：按图起针，织10cm双罗纹后，改织花样，织至完成，袖窿和领窝按图加减针。袖片：按图起针，织10cm双罗纹后，改织花样，袖片和袖山按图加减针，织至完成；同样方法织另一袖，全部缝合。帽子：另织双罗纹，与领窝缝合。连帽门襟：另织，连着门襟和帽缘缝合。缝上扣子，系上衣袋丝带。整件毛衣编织完成。

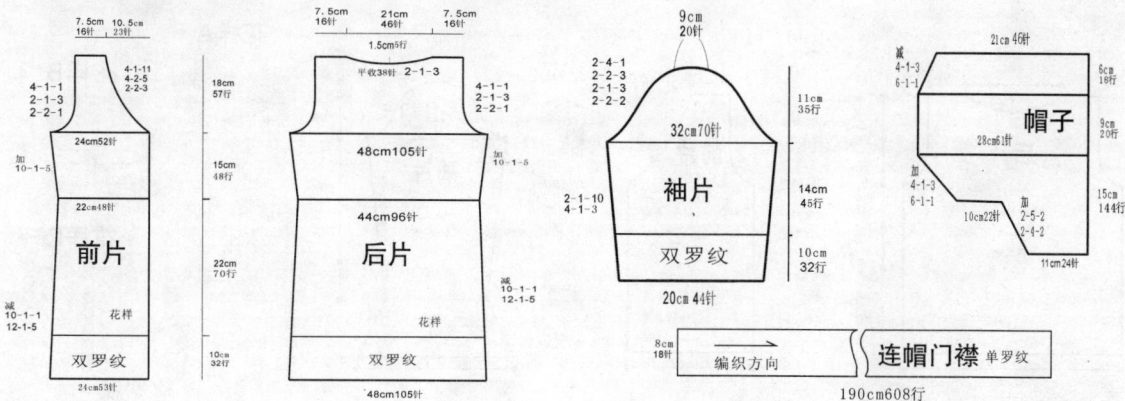

7.5cm 16针　10.5cm 23针

4-1-1
2-1-3
2-2-1

4-1-11
4-2-5
2-2-3

18cm 57行

24cm52针

加 10-1-5

前片

22cm48针

15cm 48行

22cm 70行

减 10-1-1
12-1-5

花样

双罗纹

24cm53针

7.5cm 16针　21cm 46针　7.5cm 16针

1.5cm5行

平收38针　2-1-3

4-1-1
2-1-3
2-2-1

48cm105针

加 10-1-5

后片

15cm 48行

44cm96针

减 10-1-5
12-1-5

22cm 70行

花样

双罗纹

10cm 32行

48cm105针

9cm 20针

2-4-1
2-2-3
2-1-3
2-1-3
2-2-2

11cm 35行

32cm70针

袖片

14cm 45行

2-1-10
4-1-3

10cm 32行

双罗纹

20cm 44针

21cm 46针

减 4-1-3
6-1-1

6cm 18行

帽子

28cm61针

9cm 27行

加 10-1-5
4-1-3
6-1-1

10cm22针

加 2-5-2
4-1-3

15cm 144行

11cm24针

8cm 18针　编织方向 →　**连帽门襟** 单罗纹

190cm608行

195

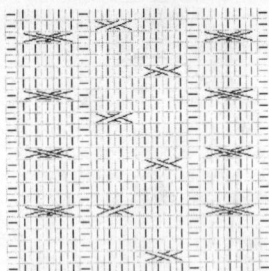

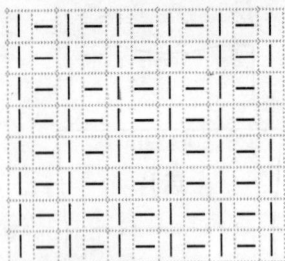

花样	单罗纹	双罗纹

【成品尺寸】胸围92cm　肩宽36cm　衣长52cm　袖长58cm

【工具】3.5mm棒针

【材料】白色兔绒线500g

【密度】10cm²：24针×30行

【附件】同色系丝带与花边若干　暗扣2枚　纽扣2枚

【制作过程】后片：起110针编织花样C17cm后改织花样B9cm(注意在适合的位置留出洞眼，方便将丝带穿入)，然后再织花样C，8cm后收袖窿，在离衣长3cm时收后领。前片：起62针，与后片相同，织花样B完成后进行排花，中间织花样A两边织花样C，继续编织8cm后收袖窿和前领。编织两片。袖片：82针，编织花样C12cm后分散减去30针，然后改织花样B如开始如图示加针，8cm后再改回织花样C，26cm后收袖山，编织两片。将前后片与袖片缝合。在花样B适合位置穿入丝带，并在袖口与下摆处将花边缝上。钩2枚纽扣，缝在门襟上部，并缝好暗扣。

纽扣（两枚）

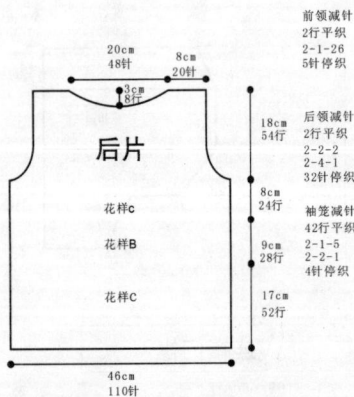

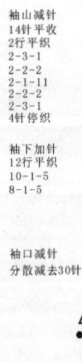

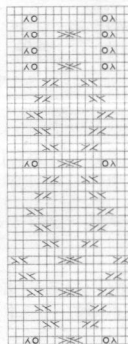

花样A

花样B

花样C

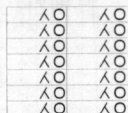

后片

20cm 48针　8cm 20针

3cm 8行

18cm 54行

后领减针
2行平织
2-2-2
2-4-1
32针停织

8cm 24行

袖笼减针
42行平织
2-1-5
2-2-1
4针停织

9cm 28行

17cm 52行

花样C

花样B

花样C

46cm 110针

前片
两片

前领减针
2行平织
2-1-26
5行停织

花样C 花样A 花样C

花样B

花样C

26cm 62针

袖片
两片

袖山减针
14行平收
2行平织
2-3-1
2-2-2
2-1-11
2-2-2
2-3-1
4针平织

袖下减针
12行平织
10-1-5
8-1-5

袖口减针
分散减30针

30cm 72针

花样c

花样B

22cm 52针
花样C

34cm 82针

12cm 36行

26cm 78行

8cm 24行

12cm 36行

196

时尚无袖衫

领子结构图

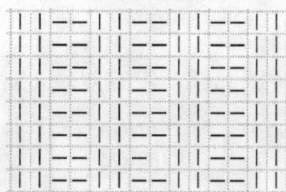

双罗纹

【成品尺寸】衣长75cm　胸围96cm

【工具】2.5mm棒针　小号钩针

【材料】杏色纯羊毛线

【密度】10cm²：22针×32行

【附件】织毛毛片的装饰线若干

【制作过程】前片：按图起针，织双罗纹20cm后，改织下针，织至完成。后片：起针织双罗纹20cm后，改织下针，织至完成，袖窿和领窝按图加减针，前片和后片全部缝合。领和袖口：用钩针钩边，并用装饰线按图钩毛毛片。整件毛衣编织完成。

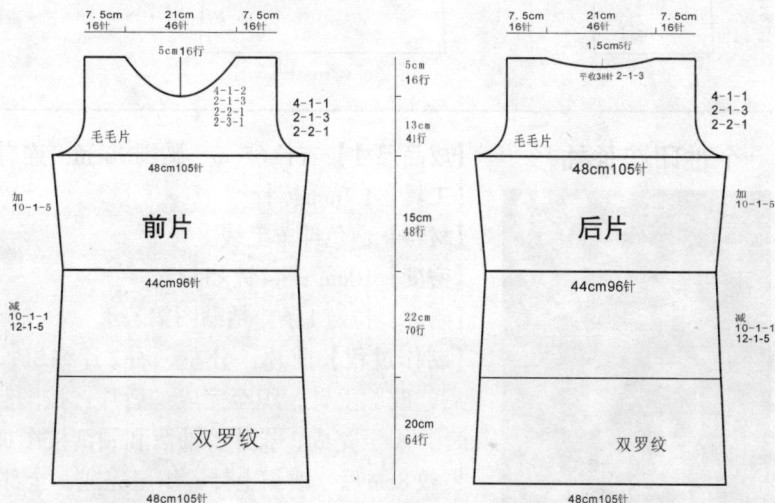

【成品尺寸】衣长55cm　胸围96cm

【工具】1.7mm棒针

【材料】灰色纯羊毛线

【密度】10cm²：22针×32行

【附件】编织的扣子3枚　前领和帽子的毛毛边若干

【制作过程】前片：分左、右2片编织，分别按图起针，织花样，织至完成。同样方法织另一片。后片：按图起针，织上针，织至完成，袖窿和领窝按图加减针，全部缝合。帽子：另织，与领圈缝合，前领和帽子边缘缝上毛毛边。缝上扣子，整件毛衣编织完成。

上部分の編み図

前片（上）
7.5cm 16针　10.5cm 23针

4-1-1
2-1-3
2-2-1

4-1-11
4-2-5
2-2-3

19cm83针

18cm 57行

加 10-1-5

前片

22cm48针

15cm 48行

22cm 70行

减 10-1-1
12-1-5

花样

24cm53针

后片（上）
7.5cm 16针　21cm 46针　7.5cm 16针

1.5cm 5行

平收38针 2-1-3

4-1-1
2-1-3
2-2-1

48cm105针

加 10-1-5

后片

44cm96针

48cm105针

减 10-1-1
12-1-5

上针

帽子
21cm 46针

减 4-1-3
6-1-1

帽子

28cm61针

6cm 18行

9cm 20行

加 4-1-3
6-1-1

10cm22针

加 2-5-2
2-4-2

11cm24针

15cm 144行

领子结构图
领子结构图

花样

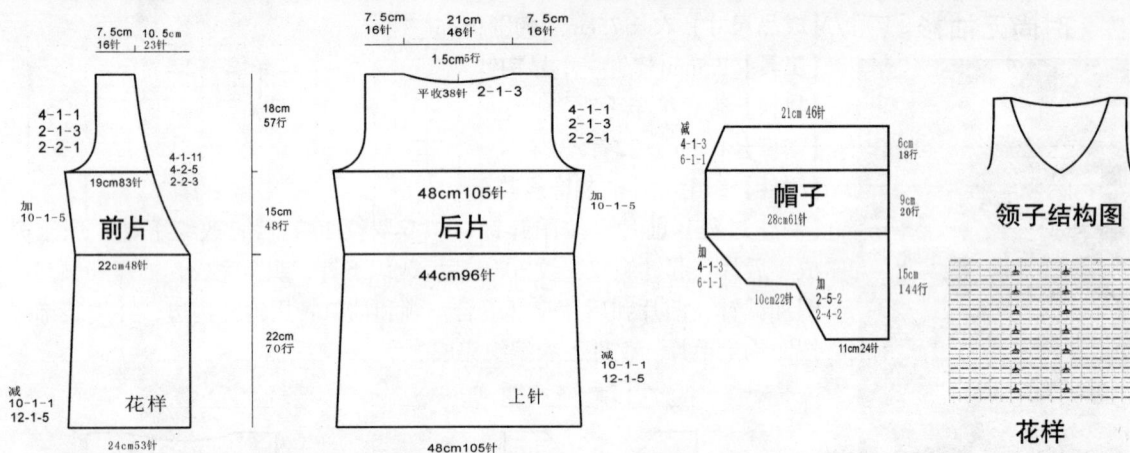

个性印花长袖衫

【成品尺寸】衣长65cm　胸围96cm　连肩袖长60cm

【工具】1.7mm棒针

【材料】白色纯羊毛线

【密度】$10cm^2$：44针×55行

【附件】拉链1条　粘贴图案若干

【制作过程】前片：分左、右2片编织，分别按图起针，织双罗纹8cm后，改织上针，织至完成。后片：按图起针，织双罗纹8cm后，改织上针，织至完成，衣片、袖窿和领窝按图加减针。袖片：按图起针，织双罗纹8cm后，改织上针，织至完成，全部缝合。领：挑针，织10cm双罗纹。拉链边：另织，同时缝上拉链，形成翻领。贴上粘贴图案。整件毛衣编织完成。

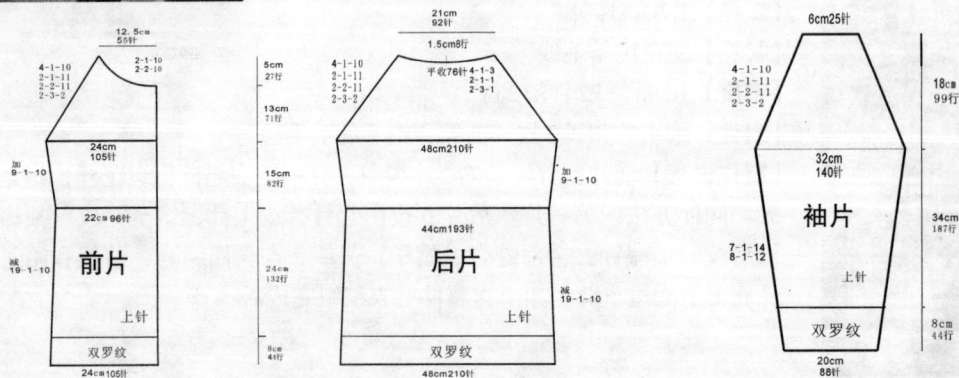

前片（下）
12.5cm 55针

4-1-10
2-1-11
2-2-11
2-3-2

2-1-10
2-2-10

24cm 105针

加 9-1-10

前片

22cm96针

上针

减 19-1-10

双罗纹

24cm105针

后片（下）
21cm 92针

1.5cm 8行

平收76针 4-1-3
2-1-11
2-3-1

5cm 27行

4-1-10
2-1-11
2-2-11
2-3-2

13cm 71行

48cm210针

15cm 82行

加 9-1-10

后片

44cm193针

24cm 132行

48cm210针

减 19-1-10

上针

8cm 44行

双罗纹

袖片
6cm25针

4-1-10
2-1-11
2-2-11
2-3-2

18cm 99行

32cm 140针

34cm 187行

袖片

上针

7-1-14
8-1-12

20cm 88针

8cm 44行

双罗纹

领子结构图

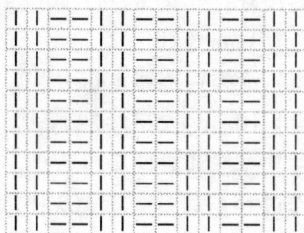

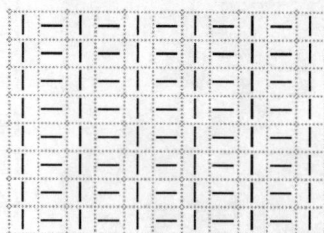

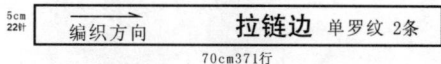

| 5cm 22针 | 编织方向 → | 拉链边 单罗纹 2条 |
| | | 70cm371行 |

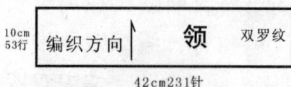

| 10cm 53行 | 编织方向 | 领 双罗纹 |
| | | 42cm231针 |

单罗纹   双罗纹

【成品尺寸】衣长65cm   胸围96cm   袖长53cm

【工具】1.7mm棒针

【材料】白色纯羊毛线

【密度】10cm²：22针×55行

【制作过程】前片：按图起针，织15cm单罗纹后，改织下针，按图所示，织至完成。后片：按图起针，织15cm单罗纹后，改织下针，织至完成，袖窿和领窝按图加减针。袖片：按图起针，织15cm单罗纹后，改织下针，织至完成，全部缝合。领：另织15cm单罗纹，按结构图缝好，形成翻领。整件毛衣编织完成。

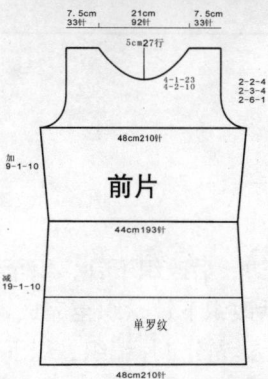

前片

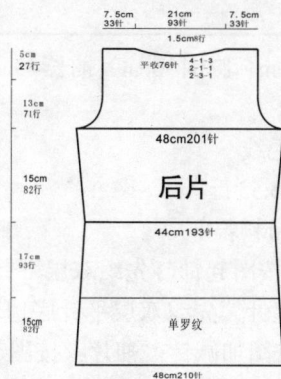

后片

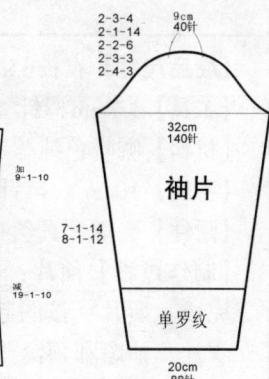

袖片

领子结构图

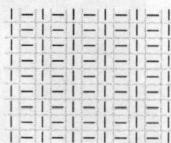

单罗纹

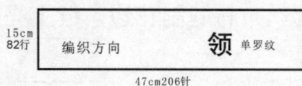

| 15cm 82行 | 编织方向 | 领 单罗纹 |
| | | 47cm206针 |

【成品尺寸】衣长56cm　胸围92cm　肩宽36cm　袖长52cm

【工具】3mm棒针

【材料】深杏色棉线400g

【密度】10cm²：22针×28行

【附件】亮珠和真丝布料若干

【制作过程】后片：起102针，编织双罗纹针38cm后收袖窿，在离衣长3cm时收后领。前片：按图示裁剪布料。袖片：起48针，编织双罗纹针并进行加针，织44cm后收袖山，编织两片。领片：起100针，编织双罗纹针15cm平收。缝合：先将前、后片缝合再装袖子与领子。整件毛衣编织完成。

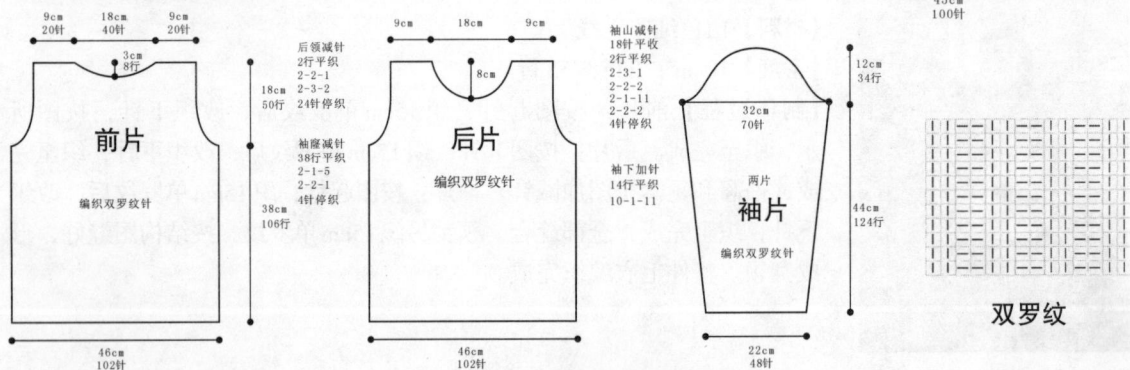

领片
编织双罗纹针

15cm
42行

45cm
100针

9cm
20针　18cm
40针　9cm
20针

3cm
8行

前片
编织双罗纹针

18cm
50行

袖窿减针
38行平织
2-1-5
2-2-1
4针停织

38cm
106行

46cm
102针

后领减针
2行平织
2-2-1
2-3-2
24针停织

8cm

9cm　18cm　9cm

后片
编织双罗纹针

46cm
102针

袖山减针
18针平收
2行平织
2-3-1
2-2-2
2-1-11
2-2-2
4针停织

袖下加针
14行平织
10-1-11

32cm
70针

两片

袖片
编织双罗纹针

12cm
34行

44cm
124行

22cm
48针

双罗纹

飘逸蝙蝠衫

【成品尺寸】衣长65cm　胸围96cm　袖长49cm

【工具】1.7mm棒针

【材料】咖啡色纯羊毛线

【密度】10cm²：44针×55行

【附件】亮珠、真丝布料若干

【制作过程】前片：按图起针，先织双层平针底边，后改织下针，织至完成。后片：按图起针，先织双层平针底边，后改织下针，织至完成，衣片、袖窿和领窝按图加减针。袖片：按图起针，先分2片编织，织下针至10cm时，连在一起编织，织至完成，袖片和袖山按图加减针，全部缝合。领和袖片按图，用真丝布料缝制花边。缝上亮珠，整件毛衣编织完成。

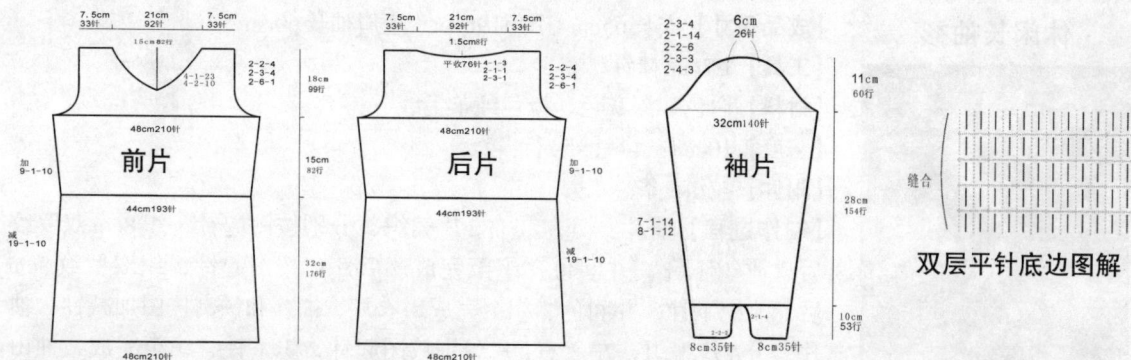

【成品尺寸】 衣长77cm　胸围96cm

【工具】 1.7mm 棒针

【材料】 黑色纯羊毛线

【密度】 10cm²：44针×53行

【制作过程】 前片：按编织方向起针，织花样至44cm时开领圈，平收30针后，按图加减针，织至完成。后片：按编织方向起针，织花样至44cm时开领圈，平收20针后，按图加减针，织至完成，前、后片全部缝合。领：挑针，织24cm单罗纹，形成高领。用原线做垂须装饰。整件毛衣编织完成。

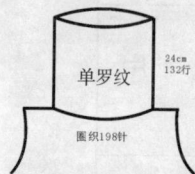

领子结构图

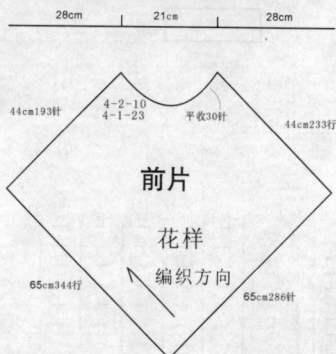

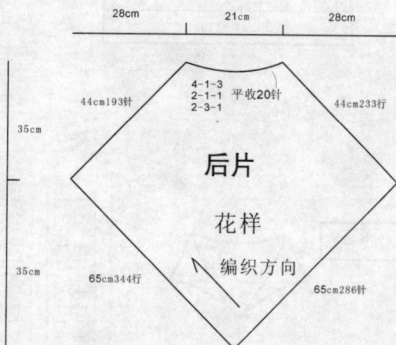

花样

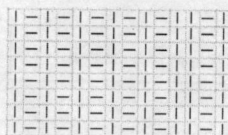

单罗纹

休闲长袖衫

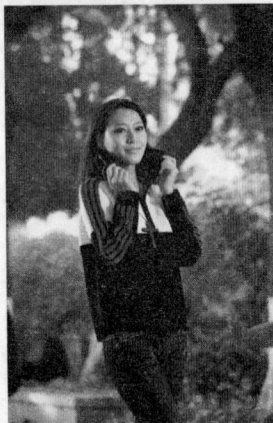

【成品尺寸】衣长65cm　胸围96cm　连肩袖长60cm

【工具】1.7mm棒针

【材料】白色、深灰色、橙色纯羊毛线

【密度】10cm²：44针×54行

【附件】拉链1条

【制作过程】前片：分左、右2片编织，分别按图起针，织8cm双罗纹后，改织下针，并间色，织至完成。后片：按图起针，织双罗纹8cm后，改织下针，并间色，织至完成，衣片、袖窿和领窝按图加减针。袖片：分4片编织，左、右2片分别按图起针，织下针，织至完成，袖山按图加减针；中间织单罗纹的长方形，并间色，袖口另织10cm双罗纹，按图解缝合，同样方法织另一袖，并与前、后片缝合。翻领：挑针，织10cm双罗纹。拉链边：另织，同时缝上拉链，形成翻领。整件毛衣编织完成。

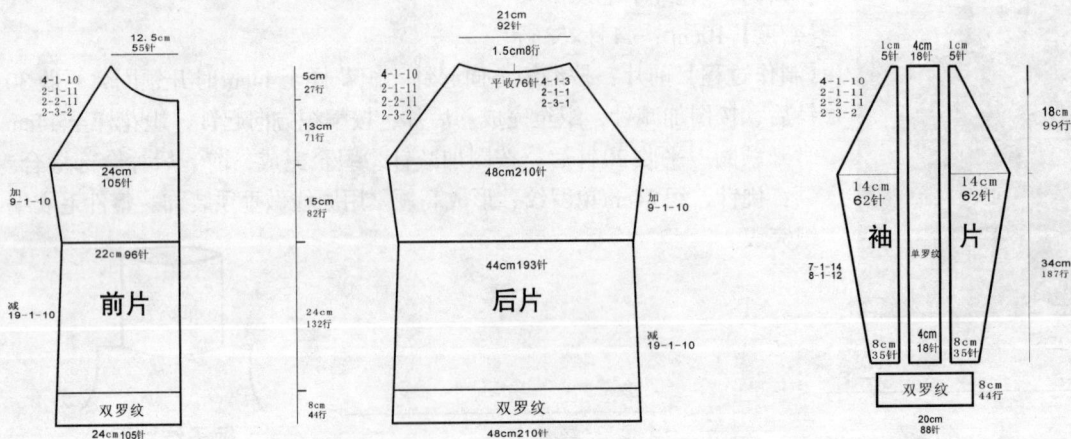

前片

12.5cm 55针

4-1-10
2-1-11
2-2-11
2-3-2

24cm 105针

加 9-1-10

22cm 96针

减 19-1-10

双罗纹

24cm 105针

后片

21cm 92针

1.5cm8行

平收76针 4-1-3
　　　　 2-1-11
　　　　 2-3-1

4-1-10
2-1-11
2-2-11
2-3-2

48cm210针

加 9-1-10

44cm193针

减 19-1-10

双罗纹

48cm210针

5cm 27行

13cm 71行

15cm 82行

24cm 132行

8cm 44行

袖　片

1cm 5针　4cm 18针　1cm 5针

4-1-10
2-1-11
2-2-11
2-3-2

14cm 62针　　14cm 62针

单罗纹

8cm 35针　4cm 18针　8cm 35针

双罗纹

20cm 88针

18cm 99行

34cm 187行

7-1-14
8-1-12

8cm 44行

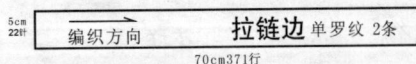

拉链边 单罗纹 2条

编织方向

70cm371行

5cm 22针

翻领 双罗纹

编织方向

42cm231针

10cm 53行

领子结构图

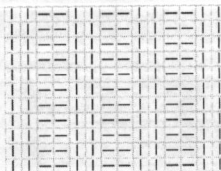

双罗纹

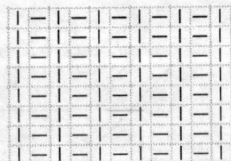

单罗纹

【成品尺寸】衣长65cm　胸围96cm　袖长53cm

【工具】2.5mm棒针

【材料】花色、黑色纯羊毛线

【密度】10cm²：22针×32行

【附件】腰带1条　金属环若干

【制作过程】前片：按图起针，织双层平针底边后，改织下针，并间色，织至完成。后片：按图起针，织双层平针底边后，改织下针，并间色，织至完成，袖窿和领窝按图加减针。袖片：按图起针，织双层平针底边后，改织下针，并间色，织至完成，全部缝合。领：挑针，织5cm下针，褶边缝合，形成双层圆领。系上腰带，缝上金属环。整件毛衣编织完成。

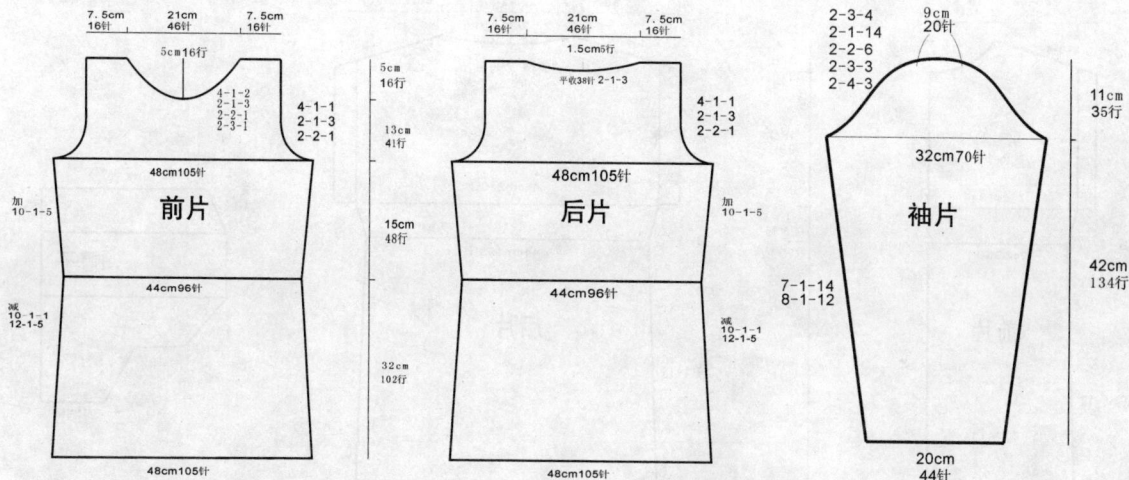

前片

7.5cm 16针　21cm 46针　7.5cm 16针
5cm16行
4-1-2
2-1-3
2-2-2
2-3-1
4-1-1
2-1-3
2-2-1
48cm105针
加 10-1-5
44cm96针
减 10-1-1 12-1-5
48cm105针

5cm 16行
13cm 41行
15cm 48行
32cm 102行

后片

7.5cm 16针　21cm 46针　7.5cm 16针
1.5cm6行
平收3针 2-1-3
4-1-1
2-1-3
2-2-1
48cm105针
加 10-1-5
44cm96针
减 10-1-1 12-1-5
48cm105针

袖片

2-3-4
2-1-14
2-2-6
2-3-3
2-4-3
9cm 20针
11cm 35行
32cm70针
7-1-14
8-1-12
42cm 134行
20cm 44针

领子结构图

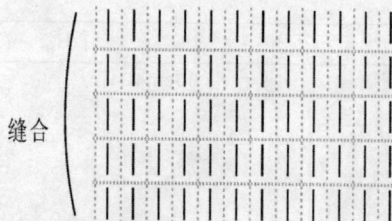

双层平针底边图解

缝合

宽松短袖长衫

【成品尺寸】衣长85cm　胸围96cm　连肩袖长20cm

【工具】1.7mm棒针

【材料】浅灰色纯羊毛线

【密度】10cm²：44针×54行

【附件】扣子5枚

【制作过程】前片：分左、右2片编织，分别按图起针，织10cm单罗纹后，改织下针，织至完成。后片：按图起针，织10cm单罗纹后，改织下针，织至完成，领窝按图加减针，全部缝合。帽子：另织好，与领圈缝合，缝好领带。门襟和衣袋：另织，与前片按图缝合。整件毛衣编织完成。

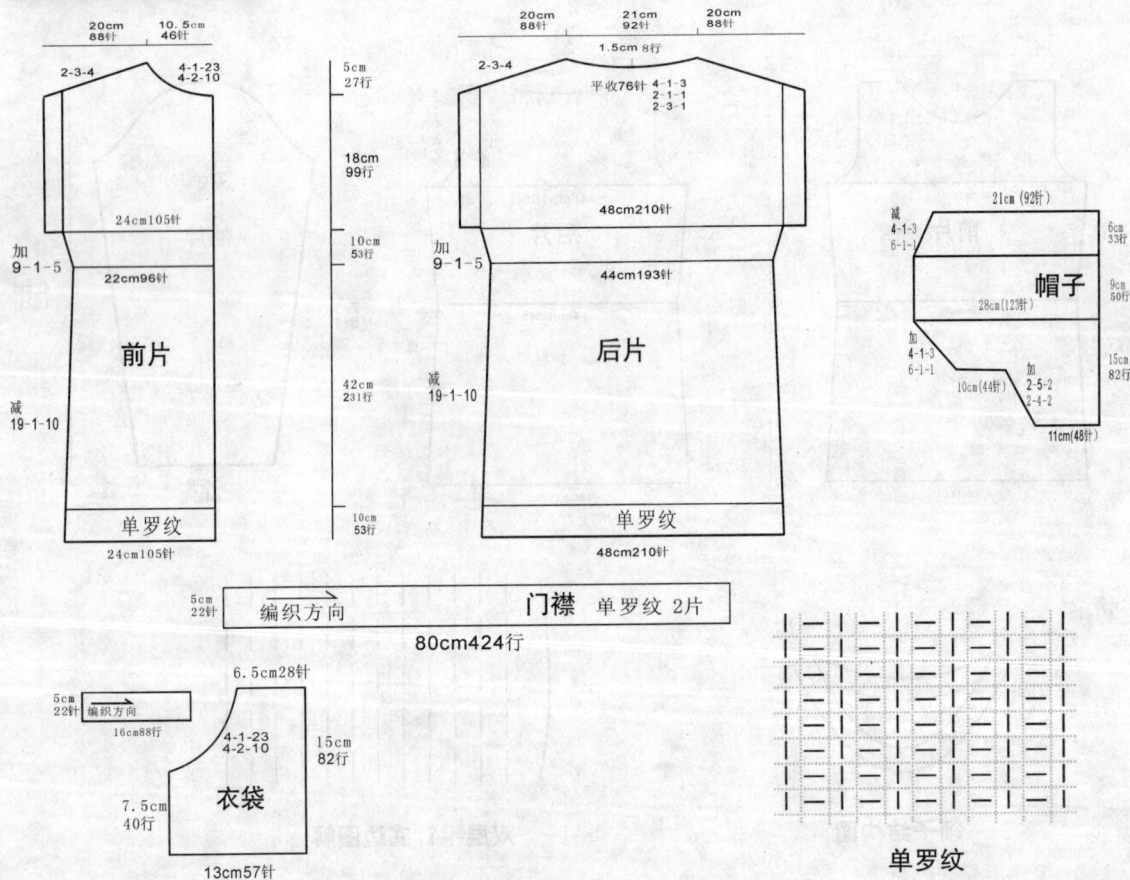

前片

20cm 88针　10.5cm 46针

2-3-4　　4-1-23 / 4-2-10

5cm 27行

18cm 99行

24cm105针

10cm 53行

加 9-1-5

22cm96针

42cm 231行

减 19-1-10

10cm 53行

单罗纹

24cm105针

后片

20cm 88针　21cm 92针　20cm 88针

1.5cm 8行

2-3-4　平收76针　4-1-3 / 2-1-1 / 2-3-1

48cm210针

加 9-1-5　44cm193针

减 19-1-10

10cm 53行

单罗纹

48cm210针

帽子

21cm（92针）

减 4-1-3 / 6-1-1

6cm 33行

28cm（123针）

9cm 50行

加 4-1-3 / 6-1-1

10cm（44针）

加 2-5-2 / 2-4-2

15cm 82行

11cm（48针）

门襟　单罗纹 2片

5cm 22针

编织方向 →

80cm424行

衣袋

5cm 22针　6.5cm28针

编织方向

16cm88针　4-1-23 / 4-2-10

15cm 82行

7.5cm 40行

13cm57针

单罗纹

【成品尺寸】衣长80cm　胸围88cm　肩宽40cm

【工具】2.5mm棒针

【材料】含丝毛线500g

【密度】10cm²：32针×40行

【制作过程】后片：起140针，编织元宝针15cm后收袖窿，织30cm后收后领。前片：起70针，编织元宝针，并如图示加针，15cm后收袖窿，5cm后收前领，编织两片。缝合：将两片前片与后片缝合。下摆：挑起282针，编织元宝针30cm后收针。

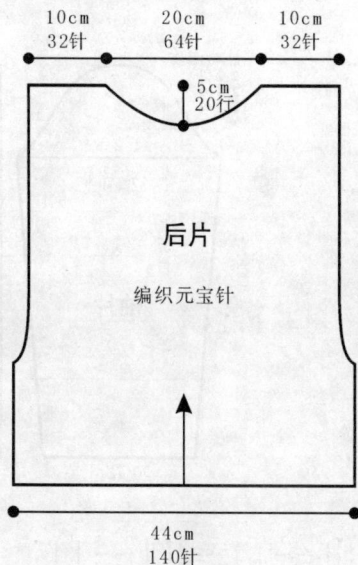

10cm
32针

20cm
64针

10cm
32针

5cm
20行

后片

编织元宝针

35cm
140行

后领减针
2行平织
2-1-4
2-2-3
2-3-2
32针停织

袖窿减针
136行平织
2-1-2
4针停织

15cm
60行

44cm
140针

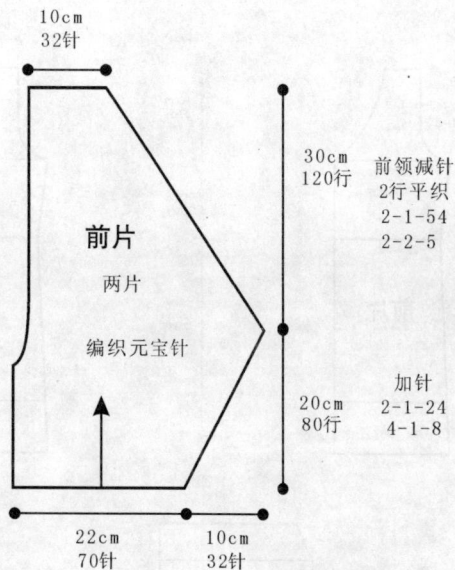

10cm
32针

前片

两片

编织元宝针

30cm
120行

前领减针
2行平织
2-1-54
2-2-5

20cm
80行

加针
2-1-24
4-1-8

22cm
70针

10cm
32针

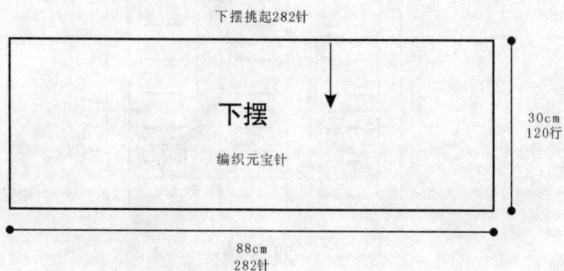

下摆挑起282针

下摆

编织元宝针

30cm
120行

88cm
282针

元宝针法

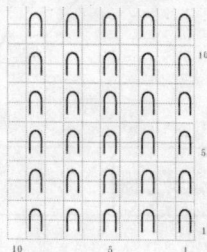

风情长袖衫

【成品尺寸】衣长65cm　胸围96cm　袖长53cm

【工具】1.7mm棒针　绣花针

【材料】白色纯羊毛线

【密度】10cm²：22针×32行

【附件】扣子4枚　绣花若干

【制作过程】前片：分左、右2片编织，分别按图起针，织10cm双罗纹后，改织下针，织至完成；同样方法织另一片。后片：按图起针，织10cm双罗纹后，改织下针，织至完成，袖窿和领窝按图加减针。袖片：按图起针，织10cm双罗纹后，改织下针，袖片和袖山按图加减针，织至完成；同样方法织另一袖，全部缝合。帽子：另织下针，与领窝缝合。连帽门襟：另织，连着门襟和帽缘缝合。缝上扣子，绣上绣花。整件毛衣编织完成。

前片

7.5cm 16针　10.5cm 23针

4-1-1
2-1-3
2-2-1

4-1-11
4-2-5
2-2-3

24cm52针

加 10-1-5

22cm48针

前片

减 10-1-1
12-1-5

双罗纹

24cm53针

后片

7.5cm 16针　21cm 46针　7.5cm 16针

1.5cm5行

平收38针 2-1-3

4-1-1
2-1-3
2-2-1

18cm 57行

48cm105针

加 10-1-5

15cm 48行

44cm96针

后片

22cm 70行

减 10-1-5
12-1-5

双罗纹

10cm 32行

48cm105针

袖片

9cm 20针

2-4-1
2-2-3
2-1-3
2-2-2

32cm70针

11cm 35行

袖片

2-1-10
4-1-3

32cm 102行

双罗纹

10cm 32行

20cm44针

帽子

21cm 46针

减 4-1-3
6-1-1

6cm 18行

帽子

28cm61针

6cm 20行

加 4-1-1
6-1-1

10cm22针

加 2-5-2
2-4-2

15cm 144行

11cm24针

连帽门襟

8cm 26行

编织方向

连帽门襟 双罗纹

190cm418针

双罗纹

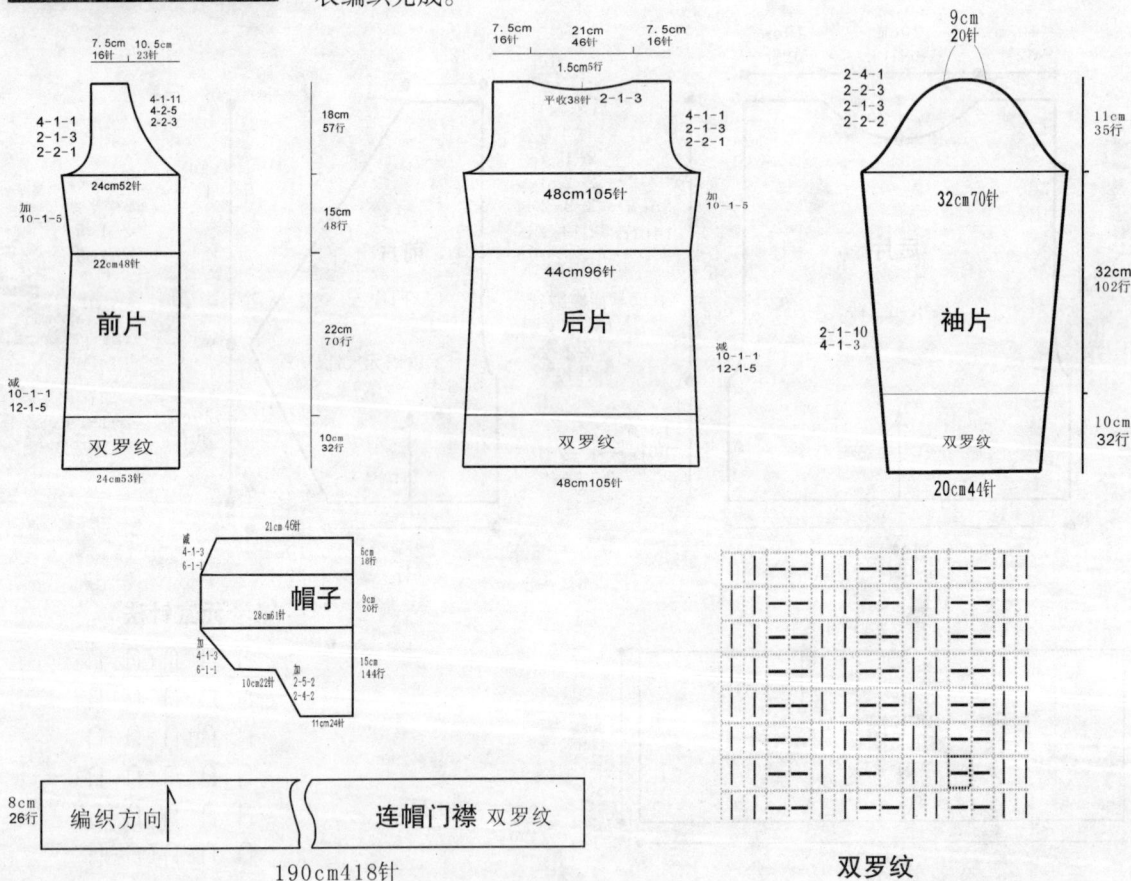

【成品尺寸】衣长75cm　胸围96cm　袖长53cm

【工具】1.7mm棒针　绣花针

【材料】白色、黑色纯羊毛线

【密度】10cm²：44针×55行

【制作过程】前片：按图起针，织花样，按图所示，织至完成，下摆另织单罗纹，与前片缝合。后片：按图起针，织法与前片一样，袖窿和领窝按图加减针。袖片：按图起针，织花样，织至完成，袖片和袖山按图加减针。袖口另织单罗纹，与袖片缝合，并与前、后片缝合。领：挑针，织5cm双罗纹，领尖缝合，形成V领。衣袋：另织，与前片缝合。整件毛衣编织完成。

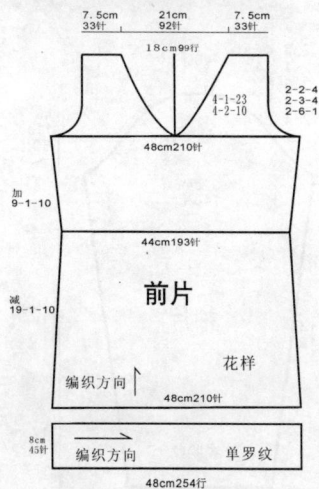

前片

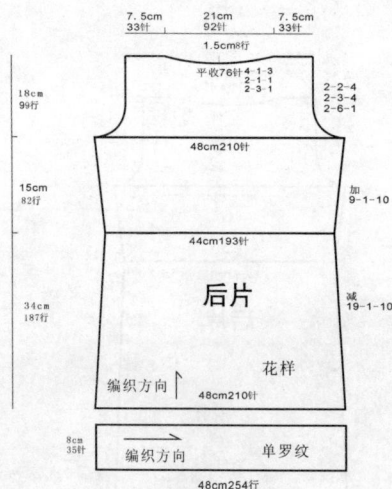

后片

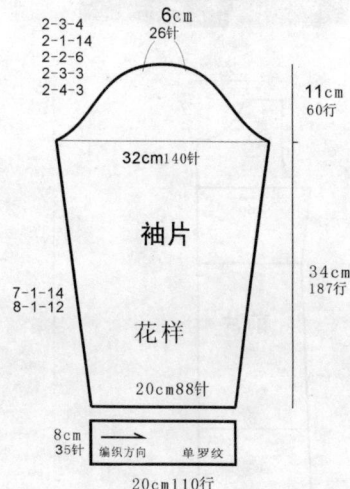

袖片

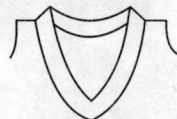

领子结构图

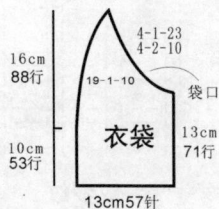

衣袋

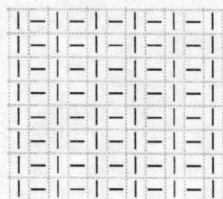

单罗纹

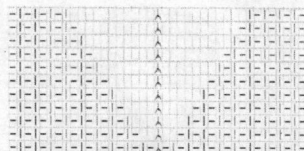

领尖花样

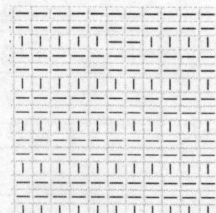

花样

白色长袖衫

【成品尺寸】衣长85cm　胸围96cm　袖长53cm

【工具】1.7mm棒针

【材料】白色纯羊毛线

【密度】10cm²：44针×55行

【附件】扣子5枚

【制作过程】前片：分左、右2片编织，分别按图起针，织12cm双罗纹后，改织花样，织至完成。后片：按图起针，织12cm双罗纹后，改织花样，织至完成，袖窿和领窝按图加减针。袖片：按图起针，织12cm双罗纹后，改织下针，织至完成，袖片和袖山按图加减针，全部缝合。门襟和门襟花边：另织，与前片缝合。领：挑针，织12cm双罗纹，形成翻领。缝上扣子。整件毛衣编织完成。

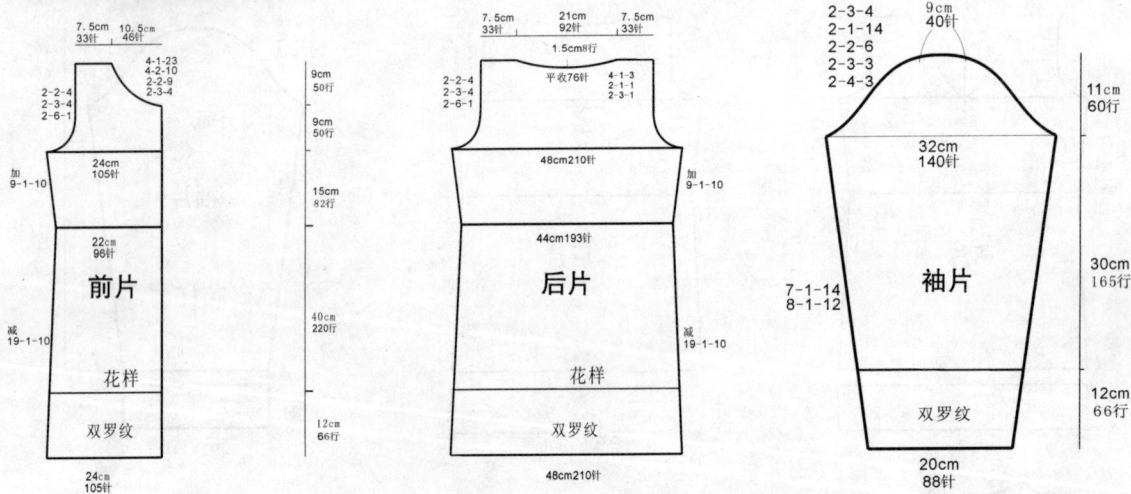

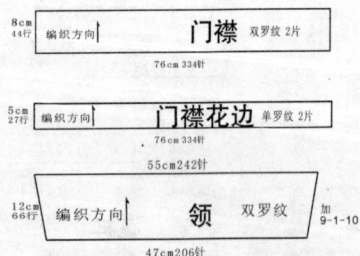

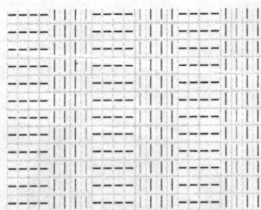

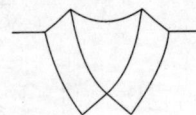

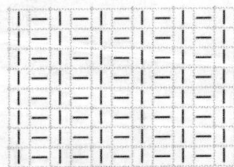

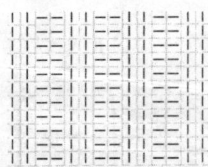

前片

7.5cm 33针　10.5cm 46针

4-1-23
4-2-10
2-2-9
2-3-4

2-2-4
2-3-4
2-6-1

9cm 50行

24cm 105针

9cm 50行

加 9-1-10

22cm 96针

15cm 82行

40cm 220行

花样

减 19-1-10

双罗纹

12cm 66行

24cm 105针

后片

7.5cm 33针　21cm 92针　7.5cm 33针

1.5cm8行

2-2-4
2-3-4
2-6-1

平收76针

4-1-3
2-1-1
2-3-1

48cm210针

加 9-1-10

44cm193针

48cm210针

花样

减 19-1-10

双罗纹

袖片

2-3-4
2-1-14
2-2-6
2-3-3
2-4-3

9cm 40针

32cm 140针

11cm 60行

7-1-14
8-1-12

30cm 165行

双罗纹

12cm 66行

20cm 88针

门襟

8cm 44行　编织方向　门襟　双罗纹 2片

76cm 334针

门襟花边

5cm 27行　编织方向　门襟花边　单罗纹 2片

55cm 242针

领

12cm 66行　编织方向　领　双罗纹　加 9-1-10

47cm 206针

花样　　单罗纹　　双罗纹

【成品尺寸】衣长85cm 胸围110cm 袖长53cm
【工具】1.7mm棒针
【材料】白色纯羊毛线
【密度】10cm²：44针×54行
【附件】大扣子3枚 小扣子12枚 丝带1条
【制作过程】前片：按图起针，织52cm花样后，改织上针，织至完成，下摆的侧缝和中线按图减针。后片：按图起针，织52cm花样后，改织上针，织至完成，下摆的侧缝和中线按图减针，袖窿和领窝按图加减针。袖片：按图起针，织10cm双罗纹后，改织上针，织至完成，袖片和袖山按图加减针，全部缝合。领：按结构图织5cm单罗纹。前领：另织，按结构图与领圈叠压缝合。缝上大小扣子，系上丝带。整件毛衣编织完成。

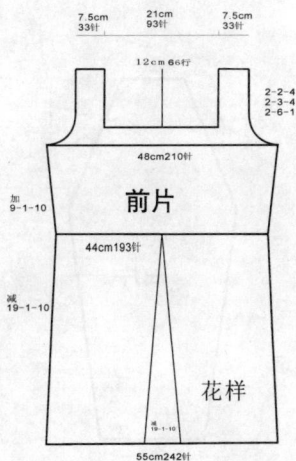

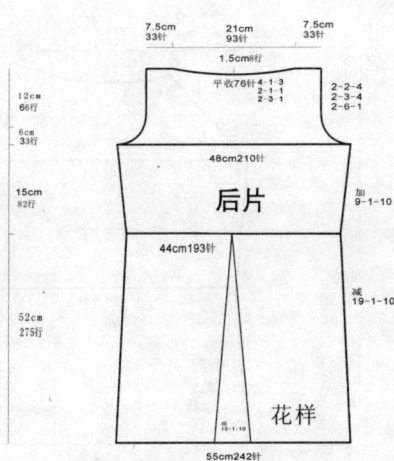

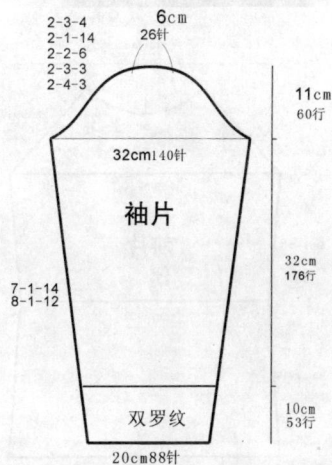

领子结构图

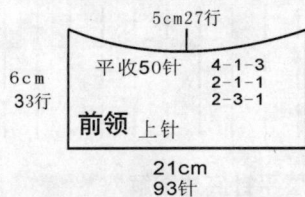

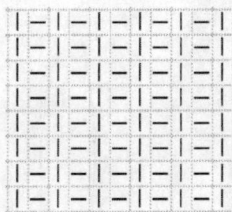

单罗纹

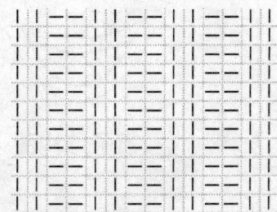

双罗纹

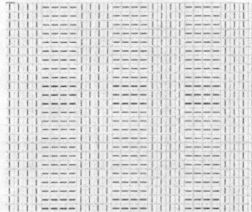

花样

亮丽长袖衫

【成品尺寸】衣长65cm　胸围96cm　袖长53cm

【工具】1.7mm棒针

【材料】黄色纯羊毛线

【密度】10cm²：44针×55行

【制作过程】前片：按图起针，织双层平针底边后，改织下针，按图所示，织至完成。后片：按图起针，织双层平针底边后，改织下针，并编织图案，织至完成，衣片、袖窿和领窝按图加减针。袖片：按图起针，织双层平针底边后，改织下针，按图所示，织至完成，衣片和袖山按图加减针。前、后片领窝和袖山打皱褶后，全部缝合。领：挑针，织5cm单罗纹，形成圆领。整件毛衣编织完成。

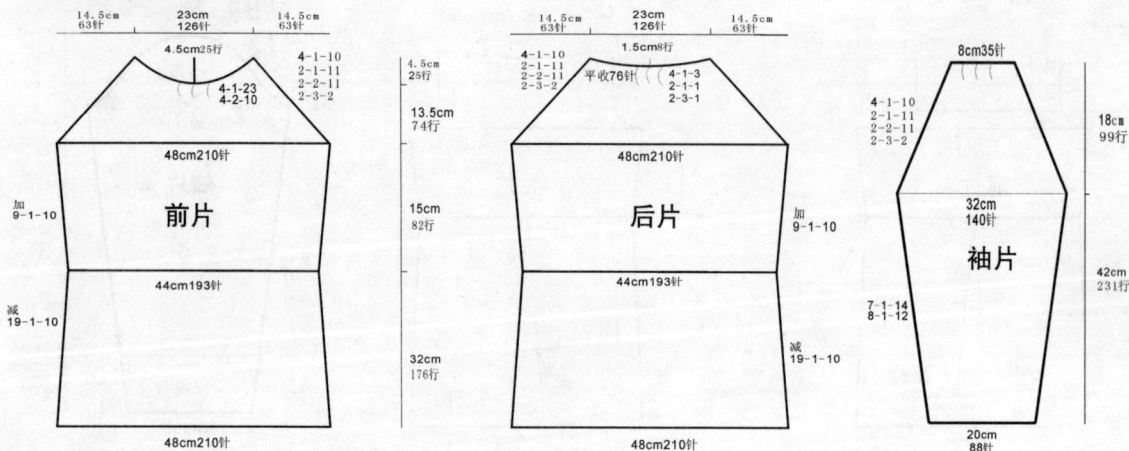

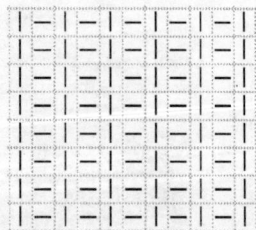

单罗纹

领子结构图

缝合

双层平针底边图解

5cm
27行　编织方向　　　　领　单罗纹
50cm 220针

【成品尺寸】衣长65cm　胸围96cm　袖长53cm

【工具】1.7mm棒针

【材料】黄色纯羊毛线

【密度】10cm²：44针×55行

【制作过程】前片：按图起针，织双层平针底边后，改织15cm花样，再织下针，织至完成。后片：按图起针，织双层平针底边后，改织15cm花样，再织下针，织至完成，袖窿和领窝按图加减针。袖片：按图起针，织双层平针底边后，改织花样，再织下针，织至完成，袖片和袖山按图加减针，全部缝合。领：另织花样，按图缝合。整件毛衣编织完成。

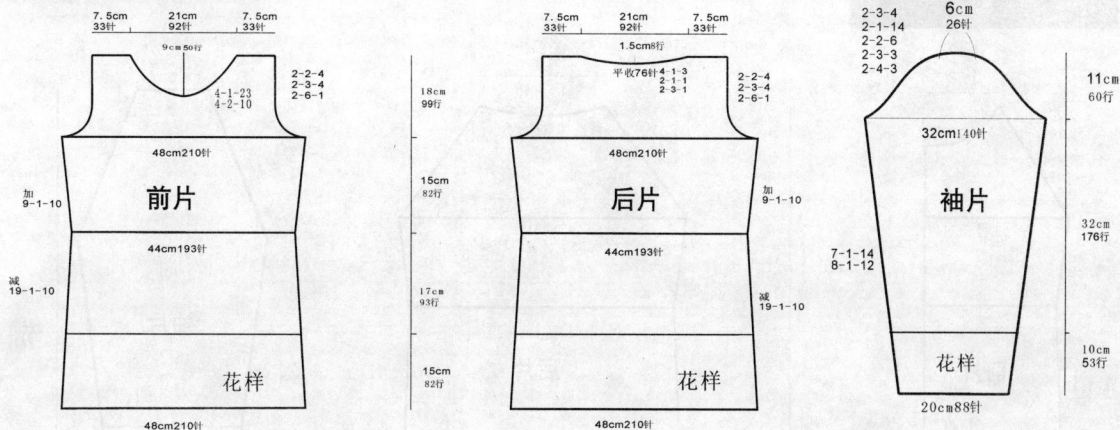

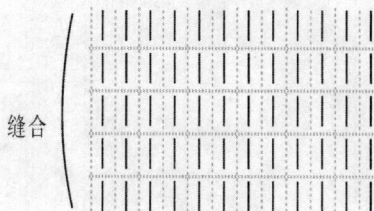

前片

7.5cm 33针　21cm 92针　7.5cm 33针
9cm 50针
2-2-4
2-3-4
2-6-1
4-1-23
4-2-10
48cm210针
加 9-1-10
44cm193针
减 19-1-10
花样
48cm210针

后片

7.5cm 33针　21cm 92针　7.5cm 33针
1.5cm8行
18cm 99行
平收76针 4-1-3
4-1-1
2-3-1
2-2-4
2-3-4
2-6-1
48cm210针
15cm 82行
44cm193针
加 9-1-10
17cm 93行
减 19-1-10
15cm 82行
花样
48cm210针

袖片

2-3-4
2-1-14
2-2-6
2-3-3
2-4-3
6cm 26针
11cm 60行
32cm140针
7-1-14
8-1-12
32cm 176行
10cm 53行
花样
20cm88针

领

7-1-14
8-1-12
25cm110针
编织方向
领 2片
花样
12cm 66行
29cm127针

缝合

双层平针底边图解

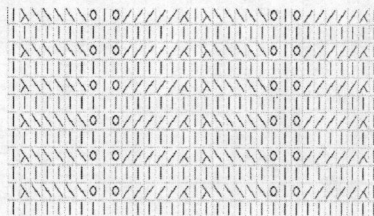

花样

中长袖镂空衫

【成品尺寸】 衣长65cm　胸围96cm　连肩袖长60cm

【工具】 1.7mm棒针

【材料】 白色纯羊毛线

【密度】 10cm²：44针×55行

【附件】 拉链1条

【制作过程】 前片：分左、右2片编织，分别按图起针，织双罗纹15cm后，改织花样，缝上拉链并开衣袋，袋口挑针，织5cm双罗纹，织至完成。后片：按图起针，织双罗纹15cm后，改织花样，织至完成，衣片、袖窿和领窝按图加减针。袖片：按图起针，织双罗纹10cm后，改织花样，织至完成，全部缝合。内袋：另织，并与袋口缝合。整件毛衣编织完成。

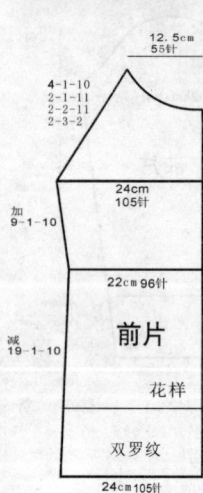

前片

12.5cm 55针

4-1-10
2-1-11
2-2-11
2-3-2

加 9-1-10

24cm 105针

22cm 96针

减 19-1-10

花样

双罗纹

24cm 105针

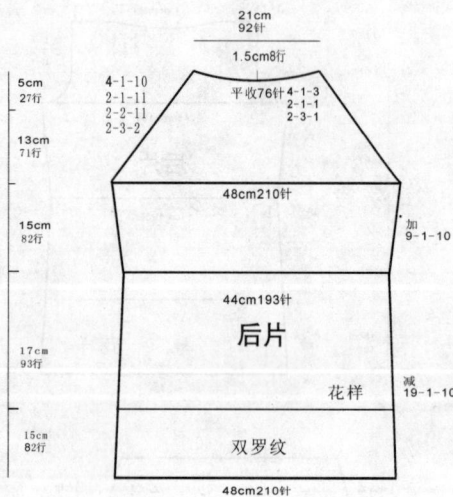

后片

21cm 92针

1.5cm 8行

5cm 27行

13cm 71行

4-1-10
2-1-11
2-2-11
2-3-2

平收76针 4-1-3
2-1-1
2-3-1

48cm 210针

15cm 82行

加 9-1-10

44cm 193针

17cm 93行

减 19-1-10

花样

15cm 82行

双罗纹

48cm 210针

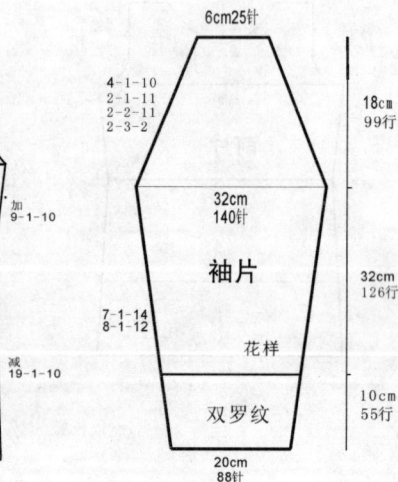

袖片

6cm 25针

18cm 99行

4-1-10
2-1-11
2-2-11
2-3-2

32cm 140针

32cm 126行

7-1-14
8-1-12

花样

10cm 55行

双罗纹

20cm 88针

领子结构图

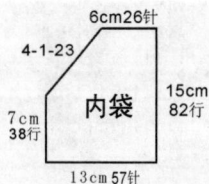

内袋

6cm 26针

4-1-23

7cm 38行

15cm 82行

13cm 57针

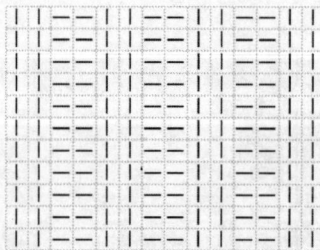

双罗纹

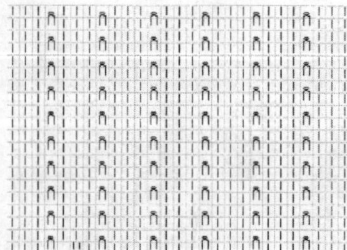

花样

【成品尺寸】衣长65cm　胸围96cm　袖长31cm

【工具】1.7mm棒针

【材料】白色纯羊毛线

【密度】10cm²：44针×54行

【附件】通花布料若干

【制作过程】前片：由通花布料和编织的双罗纹下摆组成，下摆按图起针，织双罗纹15cm，与通花布料缝制的衣片缝合。后片：织法与前片一样。袖片：袖口按图起针，织双罗纹10cm后，与通花布料缝制的袖片缝合，再全部缝合。领：另织双罗纹24cm，形成高领。与领圈缝合，整件毛衣编织完成。

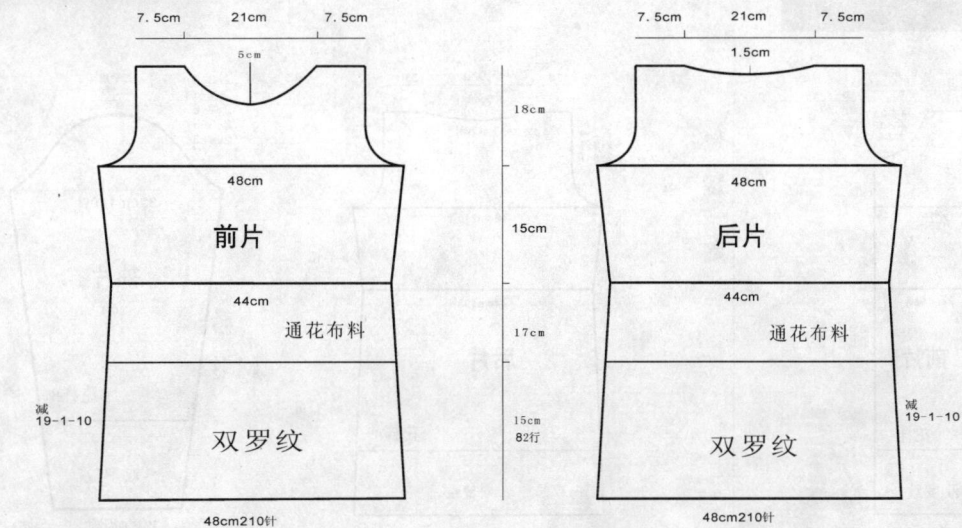

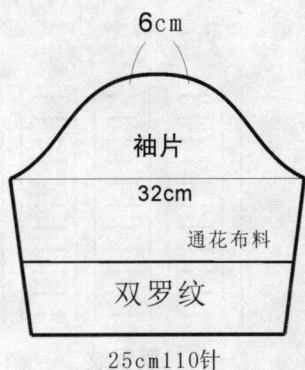

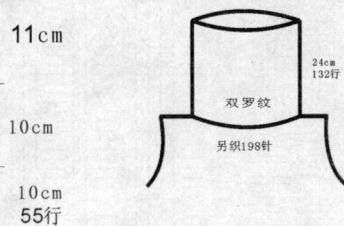

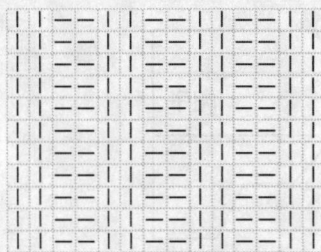

7.5cm　21cm　7.5cm

5cm

48cm

前片

48cm

44cm

通花布料

减
19-1-10

双罗纹

48cm210针

7.5cm　21cm　7.5cm

1.5cm

18cm

48cm

后片

15cm

48cm

44cm

通花布料

17cm

15cm
82行

减
19-1-10

双罗纹

48cm210针

6cm

袖片

32cm

通花布料

双罗纹

11cm

10cm

10cm
55行

25cm110针

24cm
132行

双罗纹

另织198针

领子结构图

双罗纹

213

柔美长袖衫

【成品尺寸】 衣长65cm　胸围96cm　袖长53cm

【工具】 1.7mm棒针

【材料】 白色纯羊毛线

【密度】 10cm²：44针×55行

【附件】 拉链1条

【制作过程】 前片：分左、右2片编织，分别按图起针，织12cm双罗纹后，改织花样A，织至完成。后片：按图起针，织12cm双罗纹后，改织花样A，袖窿和领窝按图加减针，织至完成。袖片：按图起针，织12cm双罗纹后，改织花样B，织至完成，袖片和袖山按图加减针。帽子：另织，与领圈缝合。缝上拉链，整件毛衣编织完成。

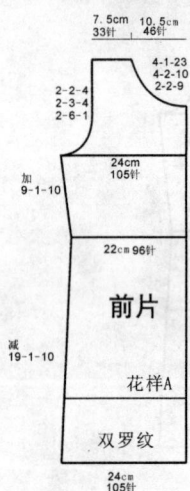

前片

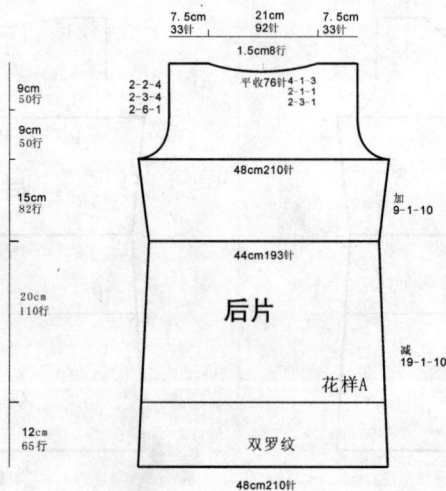

后片

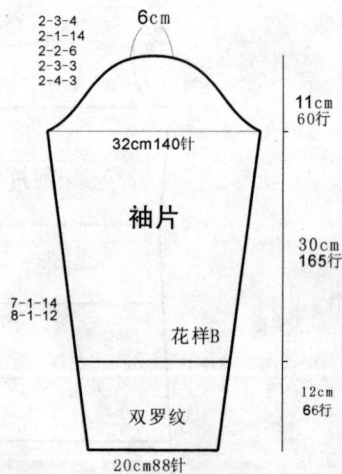

袖片

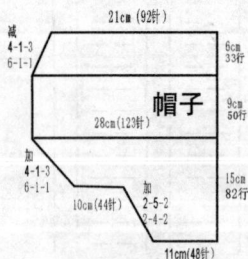

帽子

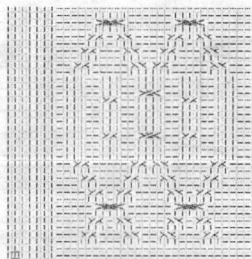

花样A

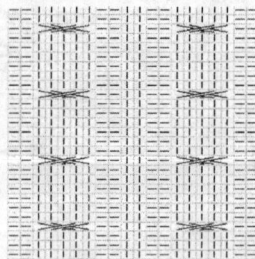

花样B

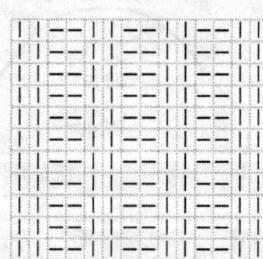

双罗纹

【成品尺寸】衣长65cm　胸围96cm　袖长53cm

【工具】1.7mm棒针

【材料】白色、黑色纯羊毛线

【密度】10cm²：44针×55行

【附件】拉链1条　装饰花1朵

【制作过程】前片：分左、右2片编织，分别按图起针，织花样，织至完成。后片：按图起针，织花样，织至完成，袖窿和领窝按图加减针。袖片：按图起针，织花样，织至完成，袖片和袖山按图加减针，同样方法织另一袖，全部缝合。门襟：另织，与前片缝合后，装上拉链。领：挑针，织12cm花样，形成翻领。缝上装饰花。整件毛衣编织完成。

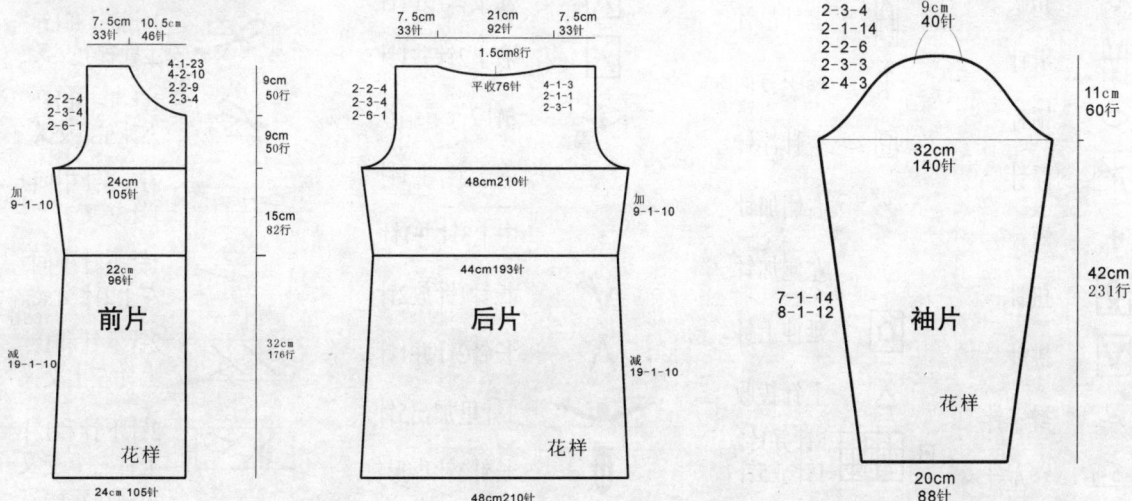

前片

7.5cm 33针　10.5cm 46针

4-1-23
4-2-10
2-2-9
2-3-4

2-2-4
2-3-4
2-6-1

9cm 50行

9cm 50行

24cm 105针

加 9-1-10

15cm 82行

22cm 96针

32cm 176行

减 19-1-10

花样

24cm 105针

后片

7.5cm 33针　21cm 92针　7.5cm 33针

1.5cm8行

2-2-4
2-3-4
2-6-1

平收76针

4-1-3
2-1-1
2-3-1

48cm210针

加 9-1-10

44cm193针

减 19-1-10

花样

48cm210针

袖片

2-3-4
2-1-14
2-2-6
2-3-3
2-4-3

9cm 40针

32cm 140针

11cm 60行

7-1-14
8-1-12

42cm 231行

花样

20cm 88针

领子结构图

门襟 双罗纹 2片
编织方向
5cm 27行
56cm 246针

55cm 242针

领 花样
编织方向
12cm 66行
加 9-1-10
47cm 206针

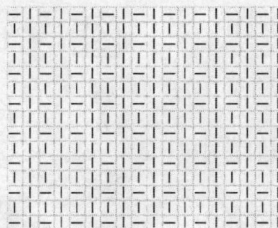

花样

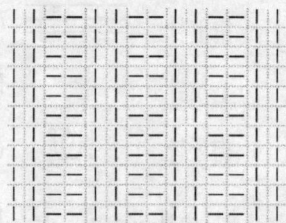

双罗纹

编织符号说明

符号	名称	符号	名称	符号	名称	符号	名称
一	上针	ＷＷ	1针加3针		右上3针交叉		右上1针和左下2针交叉
Ｉ	下针	ＷＩ	3针并1针		左上3针交叉		左上1针和右下2针交叉
Ｏ	空针	ψ	1针放2针		左上6针交叉		右上5针和左下5针交叉
Ｉ	拉针	Λ	2针并1针	⊠	左上1针交叉		右上3针和左下3针交叉
Ｔ	长针	Ａ	1针放2针	⊠	右上1针交叉		1针扭针和1针上针右上交叉
o	扣眼	∩	上针吊针	Ｙ	左上2针并1针		1针扭针和1针上针左上交叉
Ｖ	滑针	↑	编织方向	λ	右上2针并1针		右上3针中间1针交义
o	锁针	Ｑ	空针浮针	◇	3针2行节编织		1针下针中间左上2针交叉
⚹	浮针	v	右侧加针	λ	右上3针并1针		2针下针和1针上针左上交叉
＋	短针	v	左侧加针	∧	中上3针并1针		2针下针和1针上针右上交叉
Ｑ	扭针	∩	延伸上针	Ｖ	长针1针放2针		绕双线织下针，并把线套绕到正面
Ｖ	挑针	λ	上针拨收	Λ	长针2针并1针		
o	辫子针		5针并1针1针放5针		1针里加出5针		
└o┘	穿左针	ＯＹ	减1针加1针		长针3针枣形针		
∩	延伸针		平加出3针	3	1针放3针的加针		
Ｔ	中长线		7针平收针	5	1针放5针的加针		
Ｑ	扭上针	⋙	右上2针交叉	Ｙ	上针左上2针并1针		
Ｖ	上拉针	Ｗ	卷3圈的卷针	Ｙ	长针1针中心交叉		
Ｑ	狗牙针		右上4针交叉		右上2针和左下1针交叉		
	4行吊针						